"十三五"国家重点出版物出版规划项目
能源革命与绿色发展丛书
普通高等教育能源动力类系列教材

热力发电厂

第 2 版

主　编　冉景煜
参　编　赵志军　周振起　阴继翔
　　　　唐　强　丁　林
主　审　严俊杰

U0380677

机械工业出版社

本书以热力发电厂整体为对象，阐述了热力设备、热力系统及其运行与调整，并对热力发电厂的热经济性进行了分析评价。全书共六章，主要内容包括热力发电厂热经济性评价方法与指标、热力发电厂原则性热力系统、热力发电厂全面性热力系统、热力发电厂优化运行与调整、热力发电厂其他主要辅助系统。本书内容反映了热力发电厂现状及国内外的新技术、新成果，并采用了现行的国家标准。

本书可作为高等院校能源动力类专业热力发电厂课程教材（32～50学时），也可供其他相关专业及大型热力发电厂的有关工程技术人员参考。

图书在版编目（CIP）数据

热力发电厂/冉景煜主编. —2 版. —北京：机械工业出版社，2020.12
（能源革命与绿色发展丛书）

"十三五"国家重点出版物出版规划项目　普通高等教育能源动力类系列教材

ISBN 978-7-111-67355-2

Ⅰ.①热…　Ⅱ.①冉…　Ⅲ.①热电厂-高等学校-教材　Ⅳ.①TM621

中国版本图书馆 CIP 数据核字（2021）第 017668 号

机械工业出版社（北京市百万庄大街 22 号　邮政编码 100037）
策划编辑：蔡开颖　责任编辑：蔡开颖　张　丽
责任校对：王　欣　封面设计：张　静
责任印制：张　博
中教科（保定）印刷股份有限公司印刷
2021 年 7 月第 2 版第 1 次印刷
184mm×260mm · 16.25 印张 · 402 千字
标准书号：ISBN 978-7-111-67355-2
定价：49.80 元

电话服务　　　　　　　　网络服务
客服电话：010-88361066　　机　工　官　网：www.cmpbook.com
　　　　　010-88379833　　机　工　官　博：weibo.com/cmp1952
　　　　　010-68326294　　金　书　网：www.golden-book.com
封底无防伪标均为盗版　机工教育服务网：www.cmpedu.com

前言

　　随着科学技术的快速发展，以及国家对环保和节能的要求不断提高，热力发电厂发生了前所未有的巨大变化，超临界和超超临界机组正成为今后发展的主流。为适应专业教学和新工科发展的实际需要，急需编写符合国内热力发电厂现阶段实际情况、反映国内外科学技术进步的新成就、具有鲜明专业特色的教材。针对高等学校能源动力类相关专业的教学要求，本书在 2010 年第 1 版基础上进行了修订。

　　热力发电厂是能源与动力工程专业本科生的一门必修课。通过本课程的学习，学生可以掌握热力发电厂的工作过程和基本原理，树立安全、效益（经济效益、社会效益、环境效益）相统一的观点，提高分析、研究、解决热力发电厂生产实际问题的能力。同时，学生可以认识到热电联产具有节约能源、改善环境、提高供热质量和增加电力供应等综合效益的特点，是改善城市大气环境质量、节约能源的有效手段之一。

　　考虑到我国电力工业今后的发展主流以及国家对环保和节能的要求不断提高，本书的取材以亚临界、超临界及超超临界大型机组及热力系统为主，紧密结合实际，介绍新知识、新技术在现场的应用情况，系统地阐述大型热力发电厂的工作过程和基本原理、热经济性的评价方法，提出热力发电厂原则性热力系统的主要问题，给出热力发电厂全厂及机组回热原则性热力系统拟定和计算方法，介绍热力发电厂的原则性及全面性热力系统的组成、连接方式、运行及调整，并对热力发电厂的一些辅助系统给予简要阐述。

　　本书的编写综合了编者长期课程教学工作和指导实践性环节的经验，将编者的教学体会融入内容中，使学生在学习中对热力发电厂有一个整体概念，在阐述动力循环基本原理和热经济性分析方法的基础上，更注重与实际热力发电厂热力系统相联系，做到理论分析不脱离对象、实际效果与理论分析相结合，使学生在学习中既不会感到理论的枯燥，也可获得实践的乐趣。

　　本书由重庆大学冉景煜教授担任主编并统稿。第 1 章由冉景煜编写，第 2 章由阴继翔编写，第 3 章由冉景煜、唐强编写，第 4 章由周振起、丁林、冉景煜编写，第 5 章由赵志军、唐强编写，第 6 章由赵志军编写。

　　本书由西安交通大学严俊杰教授主审。严教授在百忙中详细审阅了全部书稿，提出了许多宝贵的意见和建议，使编者在修订过程中获益匪浅，在此表示诚挚的感谢。

　　由于编者水平所限，书中不足之处在所难免，恳请读者指正。

编　者

目录

第 1 章

绪　论

能源是人类进行生产和赖以生存以及经济和社会发展的重要物质基础。妥善解决能源问题对于发展国民经济、提高人民生活水平、稳定社会秩序和保障国家安全等方面至关重要。

目前全世界能源总消费量约为 134 亿吨标准煤，主要是非再生能源，如石油、天然气、煤炭和裂变核燃料，约占能源总消费量的 90%，再生能源如水力、植物燃料等只占 10% 左右。在所有发电组成中，火力发电占总发电量的约 70%，且其发电成本远低于新能源（如太阳能、风力发电）发电，是能源不可缺少的重要组成。

热力发电技术发展趋势中，提高蒸汽参数与扩大机组容量相结合是提高常规热力发电厂效率及降低单位容量造价最有效的途径。热力发电厂发展高效、节能、环保的超（超）临界火力发电机组是必然趋势。为进一步降低能耗和减少污染物排放，在材料工业发展的支持下，超（超）临界机组正朝着更高参数的方向发展。国内外已经开始了发展下一代超（超）临界机组的计划，蒸汽初温将提高到 700℃，再热汽温达 720℃，相应的压力将从目前的 30MPa 左右提高为 35~40MPa，机组的供电效率为 50%~55%。同时，热力发电厂也一直致力于超低排放，采用先进的高效低污染技术与动力循环，以减少环境污染。此外，火电厂计算机控制技术、通信技术的飞速发展，智慧热力发电厂也是未来发展的一个重要方向。

在我国电力工业技术发展中，至 2050 年，为工业化的持续期和新型工业化的发展期，这一时期将进一步优化火电结构比例，洁净煤技术仍然会得到很大的发展和广泛应用；至 2100 年，是工业化的转变期和新型工业化的实现期，也是世界能源结构发生重大转变的时期，这一时期热力发电厂将成为工业生态园，电力工业将实现智慧化、生态化生产，电力生产将形成集中与分散相结合、大中小发电机组或系统相结合的格局。

1.1　热力发电厂的构成及工作过程

1.1.1　热力发电厂生产过程工艺流程

热力发电厂能源转换过程如图 1-1 所示。燃料在热力发电厂内完成由化学能到热能，热能到机械能，机械能到电能的转换过程。

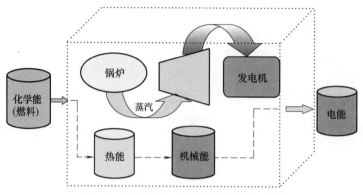

图 1-1 热力发电厂能源转换过程示意图

热力发电厂生产过程的一般性工艺流程如图 1-2 所示。以燃煤火力发电厂为例，燃煤经铁路、公路或江河运至电厂燃煤车间的煤场后，输送至锅炉车间的制粉系统。制成的煤粉再送到锅炉的燃烧系统并与送风系统合理混合后送入炉膛内燃烧。燃烧产生的辐射通过水冷壁管传给管内的炉水，炉膛出口的高温烟气进入锅炉水平烟道，以对流换热方式加热过热器中的蒸汽。中温烟气进入竖井烟道并将热量传给省煤器中的给水和空气预热器中的空气，低温烟气进入除尘器，然后再经锅炉引风机吸引并升压后排入烟囱。同时在这一过程中，燃烧烟气需经过脱硫脱硝脱汞、除尘，实现超净排放。

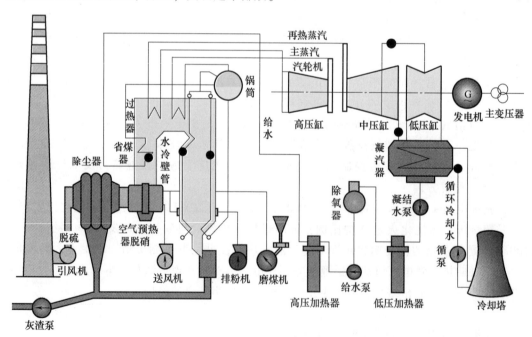

图 1-2 热力发电厂生产过程的一般性工艺流程图

锅炉给水由除氧器供给，经高压给水泵升压送入高压加热器（用部分回热抽汽加热），加热到较高的温度后送入省煤器，在炉内和锅炉尾部受热面内进行换热（自然循环炉有锅筒，直流或超临界锅炉没有锅筒），使水转化为饱和蒸汽，再进入过热器变成过热蒸汽，最终经出口集箱和主蒸汽管道送到汽机车间。

高温高压蒸汽进入汽轮机内逐级膨胀做功，将部分热能转换成汽轮机转子旋转的机械能。汽轮机再带动发电机通过电磁转换，把机械能转换成电能。电能经主变压器升压后送入电网。汽轮机中部分做过功的蒸汽被从中间级后抽出，送到回热加热系统进行加热除氧。汽轮机末级后的低温、低压排汽进入凝汽器，在凝汽器中与来自江河（或冷却塔）的冷却水（或空冷）进行表面式热交换，蒸汽被冷凝成凝结水后用疏水泵送入低压加热器和除氧器，然后给水泵送入高压加热器和锅炉。完成了工质的热力循环过程。

整个热力发电生产的热力循环过程中，锅炉车间完成把燃料的化学能转换成蒸汽的热能，其间的能量损失为5%~10%；汽轮机车间完成把蒸汽的部分热能转换成机械能，其间的能量损失约40%；电气车间完成把机械能转换成电能并向电网输出，其间的能量损失为5%~10%。热力电厂最终的能量有效利用率约为50%。因此，降低能量转换损失，提高热力发电效率是热力发电技术发展永远追求的目标。

1.1.2　热力发电厂主要设备及系统

热力发电厂的主要设备与系统完成了化学能到热能、机械能、电能的转换。热力发电厂主要的三大设备为锅炉、汽轮机与发电机。

由常规煤粉炉、凝汽式汽轮发电机组为主要设备组建的热力发电厂，由热力系统、燃料供应系统、除灰系统、化学水处理系统、供水系统、电气系统、电厂自动化系统和附属生产系统组成。

1. 热力系统

热力系统是常规热力发电厂实现热功转换热力部分的工艺系统。它通过热力管道及阀门将各热力设备有机地联系起来，以在各种工况下能安全经济、连续地将燃料的能量转换成机械能。其主要热力系统及设备有主蒸汽与再热蒸汽系统、再热机组的旁路系统、机组回热抽汽系统、主凝结水系统、除氧给水系统、回热加热器的疏水与放气系统、加热器（凝汽器）抽真空系统、汽轮机的轴封蒸汽系统、汽轮机本体疏水系统、小汽轮机热力系统、辅助蒸汽系统、锅炉的排污系统等。热力发电厂除了三大主机之外，其他主要的热力设备包括小汽轮机、高（低）压加热器、除氧器、凝汽器、汽机本体疏水扩容器、凝结水泵、给水泵、辅助蒸汽集箱、轴封加热器等。具体如图1-3所示。

连接热力设备的汽水管道有主蒸汽管道、主给水管道、再热蒸汽管道、旁路蒸汽管道、主凝结水管道、抽汽管道、低压给水管道、辅助蒸汽管道、轴封及门杆漏汽管道、锅炉排污管道、加热器疏水管道、排汽管道等。

2. 燃料供应系统

燃料供应系统是接受燃料、将燃料储存并向锅炉输送的工艺系统，包括输煤系统和点火油系统，煤粉制备系统。它是为提高锅炉热效率和经济性能，将原煤碾磨成细粉，然后送进锅炉炉膛进行悬浮燃烧所需设备和有关连接管道的组合，常简称为制粉系统。

煤的最主要的运输方式是铁路运输，沿海、沿江电厂也多采用船运。当由铁路来煤时，卸煤机械大型电厂选用自卸式底开车、翻车机，中、小型电厂选用螺旋卸煤机、装卸桥。储煤设施除储煤场外，尚有干煤棚和储煤筒仓。煤场堆取设备一般选用悬臂式斗轮堆取料机或门式斗轮堆取料机。带式输送机向锅炉房输煤是基本的上煤方式。

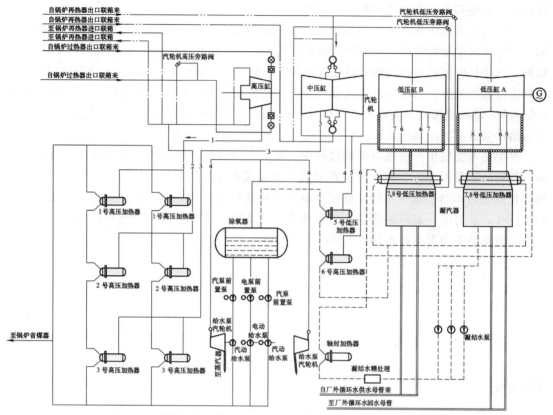

图 1-3　某热力发电厂 1000MW 超超临界机组原则性热力系统图

点火油系统除点火时投入运行外，还在锅炉低负荷时保持投油以保证其稳定燃烧。

3. 除灰系统

除灰系统是将煤燃烧后产生的灰渣运出和堆放的系统。选择除灰系统的形式是选厂阶段、可行性研究阶段考虑方案最多的环节之一。系统的选择要根据灰渣量，灰渣的化学、物理特性，除尘器形式，排渣装置形式，冲灰水质、水量，发电厂与储灰场的距离、高差、地形、地质和气象等条件，通过技术经济比较确定。

除灰系统按输送介质分为水力除灰和气力除灰系统。水力除灰分为低浓度灰渣分除系统，低浓度灰渣混除系统，高浓度灰渣混除系统，高浓度输灰低浓度（或汽车）输渣分除系统；气力除灰系统分为负压气力除灰系统和正压气力除灰系统。除渣可按需要选用于气力或水力输送。

4. 化学水处理系统

为了保证热力设备安全，防止热力设备结垢、腐蚀、积盐，化学水处理系统用化学方法对不同品质的原水，即热力系统循环用水进行处理的系统。随热力设备参数的提高和容量的增大，对作为热力循环介质的水的要求越来越高，热力发电厂化学水处理的任务也越来越重。

锅炉补给水处理是对热力系统汽水循环过程中，用来弥补各种汽水损失而向锅炉补给水的处理技术。锅炉补给水处理方式的选择与锅炉参数、原水水质有关。高压参数以上的锅炉补给水几乎都采用离子交换的除盐方式，但都要进行预处理，除去水中的悬浮物及有机物。

因此锅炉补给水处理系统一般由预处理系统及除盐系统组成；中低压锅炉一般采用钠离子交换剂对水进行软化处理。

因天然原水不能直接补入热力循环系统，需要经过混凝、澄清、过滤或反渗透、电渗析处理等预处理达到合格的品质作为补充水引入系统。对不同品质的原水处理的方式也不尽相同。流经凝汽器的循环水会因铜管泄漏而进入热力系统的凝结水中，凝结水精处理也是用化学方法使凝结水中的含盐量符合规定。另外，对循环水要进行防垢处理和防生物污染处理，对给水、炉水用化学方法除去其残余氧和盐，以保证热力设备安全。

5. 供水系统

供水系统是向热力系统凝汽器提供冷却用循环水及补充水的系统。电厂的供水主要用途为：冷却汽轮机的排汽；供给汽轮发电机组的冷油器、空气或其他气体冷却器；冷却辅助机械的轴承；补充厂内外的汽、水损失；水力除灰及其他生产和生活上的需要等。其中，凝汽器的冷却水量占总冷却水量的95%以上。

热力发电厂的供水一般有三种形式：由海洋、江河、湖泊取水，经凝汽器后直接排放的直流供水系统，或称开式供水系统；具有冷却水池、喷水池或冷水塔的循环供水系统，或称闭式供水系统；有时也可将这两种方式结合起来运行，称为联合供水系统或混合供水系统。

在缺水地区采用空气凝汽系统，空气凝汽系统的特点是取消了中间热介质——循环水或冷却水，用空气直接吸收汽轮机排汽的潜热并使排汽凝结。这种凝汽系统经常被称为干式冷却系统或空气冷却系统。空冷系统可分为直接空冷系统和间接空冷系统。

6. 电气系统

电气系统是将发电机发出的电能升压以便远距离输送给用户，并提供可靠的厂用电的系统。它也是热力发电厂内电气设施的总称，包括从发电机开始到升压站电力送出和从厂用电源开始所有的用电设备的一次回路，以及相应的控制、测量、保护和安全自动装置等二次回路，提供交直流操作和重要用电设备电源的直流、交流不停电电源和柴油机保安电源系统，保证设备安全的过电压、接地和火灾消防报警系统，以及照明、电缆、通信等厂内公用设施。

7. 电厂自动化系统

电厂自动化系统是利用各种自动化仪表和电子计算机等装置对热力发电厂生产过程进行监视、控制和管理，使之安全、经济运行的系统。由于对电厂运行的监视及控制系统起源于对热力系统的热力过程，故也习惯上称热工控制系统。随着技术的进步，现已发展到对电气系统、辅助生产系统等全厂生产过程全面监视及控制，现称电厂自动化系统更为准确。

随着机组容量的增大、参数的提高，人工控制方式已无法实现机组安全经济运行，自动化装置已成为发电厂不可缺少的重要组成部分。自动化的主要目的是：保证机组安全起停，正常经济运行；提高适应电网调度和负荷变化的能力；提高综合判断、处理事故的能力；减轻劳动强度，改善劳动条件，减少运行人员。

热力发电厂自动化的功能主要通过以下自动化系统来实现：数据采集及处理系统；模拟量控制系统；顺序控制系统；保护连锁系统；电气控制系统；辅助设备及辅助系统的控制系统。

8. 附属生产系统

附属生产系统是保证热力发电厂安全、经济运行必不可少的附属生产项目，其各自相对独立，不同的工程差别又比较大，如电厂起动用锅炉房、发电机冷却用氢气的制氢站、仪用及检修用空压机站、各种废水处理及烟气连续监测的环保工程、各种实验室及车间检修设备等。

1.2 热力发电厂动力循环

1.2.1 朗肯循环

热力发电厂最基本的蒸汽动力循环是朗肯循环（Rankine Cycle），它是利用以水蒸气为工质，由锅炉、汽轮机、凝汽器和水泵组成蒸汽动力装置的基本设备来实现的，如图1-4、图1-5所示。当忽略不可逆因素时，朗肯循环可认为是由4个可逆过程组成：4—1是未饱和水在锅炉内变成过热蒸汽的可逆定压吸热过程；1—2是过热蒸汽在汽轮机内的可逆绝热膨胀过程；2—3是湿饱和蒸汽在凝汽器内的可逆定压放热凝结过程；3—4是饱和水在水泵内的可逆绝热升压过程。朗肯循环的 $T\text{-}s$ 图，如图1-5所示。

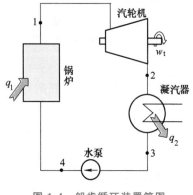

图1-4 朗肯循环装置简图

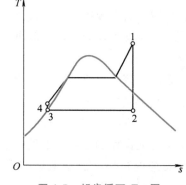

图1-5 朗肯循环 $T\text{-}s$ 图

1.2.2 蒸汽再热循环

随着蒸汽机组容量的增大，蒸汽参数不断提高，伴随蒸汽初压的提高，蒸汽乏汽干度下降，从而不能达到汽轮机安全工作的要求，为解决这个矛盾，可以采用在循环中对蒸汽中间再加热的方法。

图1-6所示是蒸汽再热循环装置简图。再热循环要求汽轮机分缸，蒸汽在汽轮机的高压缸膨胀到某一中间压力时被全部引出，送入锅炉的再热器中再次吸热，直至与初状态温度相同（或更高温度），然后返回汽轮机的中低压缸继续做功。再热后，蒸汽膨胀终态的干度有明显的提高。图1-7是再热循环的 $T\text{-}s$ 图，其中忽略泵功（点3与点4重合）。由图可见，再热循环中吸热量包括两部分，一部分是锅炉内的定压吸热过程4—1，另一部分是再热器中的5—1′。

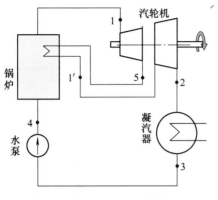

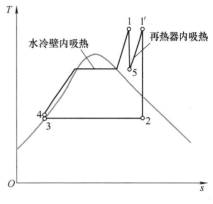

图 1-6　蒸汽再热循环装置简图　　　　　　　　图 1-7　再热循环 T-s 图

1.2.3　蒸汽回热循环

提高蒸汽的初温可以通过提高循环的平均吸热温度，以实现循环热效率的提高。从图 1-8 可以看出，朗肯循环平均吸热温度不高的主要原因是水的预热阶段温度太低，因锅炉给水的温度就是汽轮机排汽压力对应的饱和温度（一般为 30℃ 左右），此种状态的水在锅炉内与高温燃气热交换温差引起的不可逆损失很大。如果采用温度与给水温度比较接近的蒸汽实现这个阶段的加热则可明显改变这种状况。抽出汽轮机中做了部分功的蒸汽加热给水，使给水温度提高，从而可以减少水在锅炉内的吸热量，使平均吸热温度有较大的提高。这部分热交换与循环的高温热源、低温热源无关，是循环内部的回热，这种方法称为给水回热，有给水回热的蒸汽动力循环称为蒸汽回热循环。抽汽回热是提高蒸汽动力装置循环热效率的切实可行且行之有效的方法，几乎所有热力发电厂中的蒸汽动力装置都采用了这种抽汽回热循环。不同容量的机组抽汽级数不同，小机组 3~4 级，大机组 7~8 级，甚至更多。回热循环的 T-s 图如图 1-9 所示。

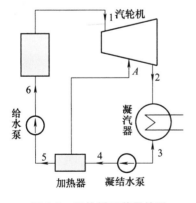

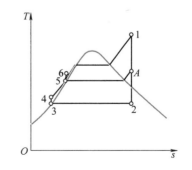

图 1-8　回热循环装置简图　　　　　　　　图 1-9　回热循环的 T-s 图

1.2.4　热电循环

现代蒸汽动力厂循环，即使采用了超高蒸汽参数，以及回热、再热等措施，其热效率仍难超过 40%，也就是说，燃料燃烧时释放出的热能大部分没有得到利用，其中通过凝汽器冷却水带走而排放到大气中去的能量占总能量的 50% 以上。这部分热能虽然数量很大，但因温度不高（例如排气压力为 4kPa 时，其饱和温度仅有 29℃），以致难以利用。所以普通的热力发电厂都将这些热量作为"废热"随大量的冷却水丢弃了。与此同时，厂矿企业常常需要压力为 1.3MPa 以下的生产用汽，房屋采暖和生活用热常常要用 0.35MPa 以下的蒸汽作为热源。利用发电厂中做了一定功的蒸汽作为供热热源，可大大提高燃料利用率，这种既发电又供热的动力循环称为热电循环。为了供热，需装设背压式或调节抽汽式汽轮机。因此，相应地有两种热电循环，即调节抽汽式热电循环与背压式热电循环。如图 1-10 和图 1-11 所示。

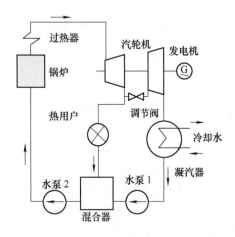

图 1-10　调节抽汽式热电循环

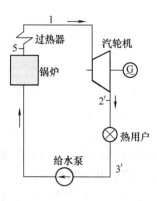

图 1-11　背压式热电循环

1.2.5　燃气-蒸汽联合循环

1. 原理及特征

燃气-蒸汽联合循环，将燃气轮机排出温度较高的废热，用以加热蒸汽循环，其主要特点为：

1）可显著提高热经济性。保证汽轮机、燃气轮机容量匹配，正确地选择各项参数和热力系统，其热效率可提高到 45%，如燃气初温提高到 1100℃，效率可达 50%。

2）减少环境污染。燃气-蒸汽联合循环中的燃气废热得以利用，蒸汽锅炉的 SO_2、NO_x 排放相应大为降低，污染物排放降低。

3）可广泛适用于缺水地区或水源较困难的坑口电站。

4）可改造热经济性低的中小型汽轮机组，提高机组热效率，减少环境污染。

2. 分类

燃气-蒸汽联合循环有不同的分类方法，按照燃气循环排气放热量被蒸汽循环全部或部分利用的不同情况及蒸汽锅炉结构的特征，燃气-蒸汽联合循环主要分为以下四类：

（1）余热锅炉联合循环　余热锅炉联合循环如图 1-12a 所示，燃气轮机的高温排气引入锅炉中，利用其余热将给水加热成蒸汽来驱动蒸汽轮机，故称余热（废热）锅炉联合循环。

余热锅炉联合循环的特点是以燃气轮机为主，汽轮机为辅。适用于旧的、小的蒸汽动力厂的改造。若燃气轮机的进气温度为 1000℃，其热效率为 40%～45%。

（2）补燃余热锅炉联合循环 补燃余热锅炉联合循环如图 1-12b 所示，除燃气轮机的排气引入锅炉之外，还可在燃气轮机的排气通道中（或余热锅炉）中补充部分燃料燃烧。随着补燃量的增加，汽轮机容量的比例随之增大，可占 50%～90%。补燃温度和蒸汽温度受锅炉金属材料的限制。其热效率为 40%～45%。

（3）助燃锅炉联合循环 助燃锅炉联合循环如图 1-12c 所示，燃气轮机的排气引入附加锅炉做助燃空气之用，故称为助燃锅炉联合循环。由于燃气轮机排气温度比普通锅炉空气预热器出口的热风温度高，故汽轮机可采用较高的蒸汽参数，使汽轮机容量比例达到 80%～90%。但高温燃气轮机排气中剩余氧量减少，需鼓风补充空气。显然，助燃锅炉可燃用任何燃料，且运行灵活，只要配以全容量的送风机，汽轮机既可联合运行，也可单独运行。适用于大容量的燃气-蒸汽联合循环。

（4）正压锅炉联合循环 正压锅炉联合循环系统如图 1-12d 所示，其特点是以压气机取代送风机，空气经压缩为 0.6～1MPa 后，引入正压锅炉（又称 Velox 锅炉），将正压锅炉和燃气轮机的燃烧室合二为一，燃气轮机仅用于拖动压气机，其排气可直接送入烟囱，也可经省煤器后再排往烟囱，且不需要引风机。由于是正压锅炉，其传热面积大为减少，锅炉体积可缩至 1/6～1/5，其金属耗量、厂房投资等大为降低。由于无需另外的引送风机，厂用电也相应减少。正压锅炉起动只需 7～8min。正压锅炉燃料受炉膛密封和燃气轮机工作要求的限制，目前还不能用煤，而且汽轮机不能单独运行。某电厂 150MW 燃气-蒸汽联合循环热电合供装置的原则性热力系统如图 1-13 所示。

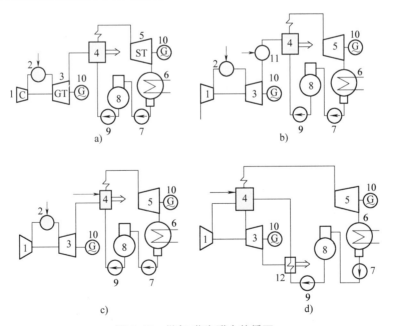

图 1-12 燃气-蒸汽联合的循环

a）余热锅炉型 b）补燃余热锅炉型 c）助燃锅炉型 d）正压锅炉型

1—压气机 2—燃烧室 3—燃气轮机 4—锅炉 5—汽轮机 6—凝汽器

7—凝结水泵 8—除氧器 9—给水泵 10—发电机 11—补燃室 12—省煤器

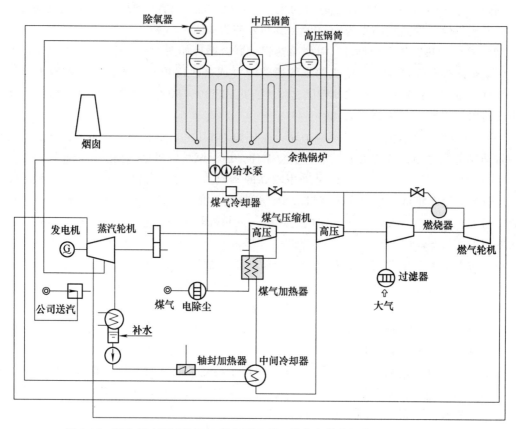

图 1-13 某电厂 150MW 燃气-蒸汽联合循环热电合供装置的原则性热力系统

1.2.6 新型燃煤联合循环

常规热力发电厂中，煤是通过在锅炉中燃烧后加以利用的，这样做不仅效率低而且污染环境，若采取烟气处理，就会使电厂投资大幅度增加，热效率下降 2%~3%。因此，世界主要工业发达国家都致力于研究高效、洁净的燃煤技术途径。美国于 1986 年率先提出洁净煤技术（Clean Coal Technology），给出相应示范计划，现已成为各国解决热电环境问题的主要技术之一。高效率、低污染、少用水的燃煤联合循环，就是一种先进的发电技术。

洁净燃煤发电技术，有循环流化床燃烧（CFBC），常压、增压流化床燃煤联合循环（AFBC-CC、PFBC-CC），整体煤气化燃气-蒸汽联合循环（IGCC），整体煤气化燃料电池联合循环（IGFC-CC）及磁流体发电联合循环（MHD-CA）等。目前，最有发展前途的是 PF-BC-CC 和 IGCC。

1. PFBC-CC

流化床锅炉内气压可为常压流化床（AFBC）和炉内气压为 0.6~2.0MPa 的增压流化床（PFBC）两种。PFBC-CC 是采用增压流化床和燃气轮机代替燃煤锅炉，煤和脱硫剂在一定压力下燃烧、脱硫产生高温燃气，经除尘后引至燃气轮机做功，燃气轮机排气经省煤器余热利用后排入烟囱，增压流化床锅炉产生的过热蒸汽引至汽轮机，带动发电机发电，如图 1-14 所示。

2. IGCC

整体煤气化燃气-蒸汽联合循环（IGCC）是先将煤在 2~3MPa 压力下气化成可燃粗煤气，气化用的压缩空气引自压气机，气化用的蒸汽从汽轮机抽汽而来。粗煤气经净化（除尘、脱硫）后供燃气轮机用，其排气引至余热锅炉产生蒸汽，供汽轮机用。以煤气化设备和燃气轮机余热锅炉取代锅炉，将煤的气化、蒸汽、燃气的发电过程组成整体，故称为 IGCC。一般由煤气发生炉及其净化系统、燃气轮机余热锅炉、汽轮机、发电机及有关附属设备构成，其系统构成如图 1-15 所示。其主要特点为：

（1）热效率高　目前供电效率为 40%~46%，21 世纪内可望突破 50%。

（2）优良的环境保护性能　即使使用高硫煤，也能满足严格的环保标准的要求，SO_2、NO_x 排放量远低于目前美国环保标准允许值，脱硫率不低于 98%，废物处理量最少。

（3）充分利用资源　和煤化工结合成多联产系统，可同时生产电、热、城市煤气和化工产品（甲醇、尿素、汽油等）。

（4）易于大型化　装机容量为 300~600MW 等级。

（5）耗水量少　较常规汽轮机电站少 30%~50%。

（6）热损失偏大　煤气化与净化的热损失偏大，初投资也相对较高，为 1400~1600 美元/kW（美国常规燃煤汽轮机组约为 1200 美元/kW）。但是，降低单位容量投资的途径很多，如机组功率每增长 1 倍，单位造价就下降 10%~20%；燃用廉价高硫煤；采用多联产系统等。

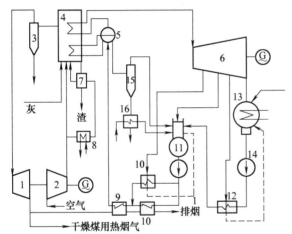

图 1-14　某电厂 15MW PFBC-CC 中试电站原则性热力系统

1—燃气轮机　2—压气机　3—高温除尘器　4—PFBC
5—锅筒　6—汽轮机　7—空气冷却器
8—高温省煤器　9—低温省煤器　10—高压加热器
11—除氧器　12—低压加热器　13—凝汽器
14—凝结水泵　15—排汽扩容器　16—排污冷却器

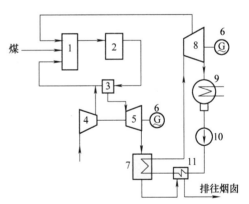

图 1-15　IGCC 系统示意图

1—气化炉　2—煤气净化装置　3—燃烧室
4—压气机　5—燃气轮机　6—发电机
7—余热锅炉　8—汽轮机　9—凝汽器
10—凝结水泵　11—给水加热器（排气冷却器）

1.2.7　核能发电循环

压水堆核电站的生产循环如图 1-16 所示。它可分为核电站一回路系统、二回路系统。一回路系统以反应堆为核心，核燃料在反应堆中进行可控链式裂变反应，将裂变产生的大量热量带出反应堆的物质称为冷却剂（水或气体），再通过蒸汽发生器将热量传给水，水被加热成蒸汽供汽轮机拖动发电机转变为电能。冷却剂释热后，通过冷却剂循环主泵送回反应堆去吸热，不断地将反应堆中核裂变释放的热能引导出来，其压力靠稳压器维持稳定。核电站的反应堆和蒸汽发生器相当于热力发电厂的锅炉，有人称为原子锅炉。一回路系统及其设备都封闭在巨大的安全壳式厂房内，该厂房是厚为 1m 的钢筋混凝土带球面封顶的圆柱形建筑，内衬为 6mm 的不锈钢钢板，可承受 0.4MPa 的压力，耐受温度为 150℃，通称为核岛。

水在蒸汽发生器内被加热汽化成 5~7MPa 的饱和蒸汽（湿度约为 0.5%），用于驱动汽轮发电机，做功后蒸汽排入凝汽器凝结成水，再通过回热系统后用泵送回蒸汽发生器。

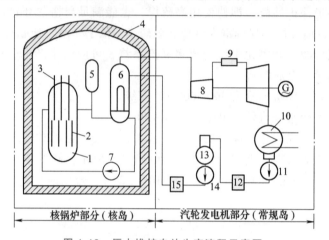

图 1-16　压水堆核电站生产流程示意图

1—反应堆　2—燃料元件　3—控制棒　4—安全壳　5—稳压器　6—蒸汽发生器
7—冷却剂循环主泵　8—汽轮机发电机组　9—汽水分离再热器　10—凝汽器
11—凝结水泵　12—低压加热器组　13—除氧器　14—给水泵　15—高压加热器组

1.2.8　其他新型动力循环

如利用太阳能、燃料电池、膜驱动动力循环等。

1.3　热力发电厂类型

热力发电厂是将燃料的化学能转化为热能，热能再转化为机械能，最终将机械能转化为电能的工厂，是将自然界的一次能源转化为洁净、方便的二次能源的工厂，热力发电厂的类型见表 1-1。

表 1-1　热力发电厂的类型

分类方法	热力发电厂类型
能源	化石燃料发电厂、核能发电厂、地热发电厂、太阳能发电厂、磁流体发电厂、垃圾发电厂
供出产品种类	纯凝汽式发电厂、热电厂、热电冷发电厂
原动机类型	汽轮机发电厂、燃气轮机发电厂、燃气-蒸汽联合发电厂、内燃机发电厂
电厂容量	小型发电厂（单机 50MW 以下，全厂 200MW 以下）、中型发电厂（单机 300MW 以下，全厂 200~800MW）、大型发电厂（单机 300MW 以上，全厂 1000MW 及以上）

（续）

分类方法	热力发电厂类型
蒸汽初参数(压力)	中低压发电厂(≤3.43MPa)、高压发电厂(≥8.83MPa)、超高压发电厂(≥12.75MPa)、亚临界压力发电厂(≥16.18MPa)、超临界压力发电厂(≥22.05MPa)、超超临界压力发电厂(30MPa及以上)
承担负荷特性	基本负荷电厂、中间负荷电厂、调峰负荷电厂
主设备布置	室内布置、半露天、露天
服务性质	孤立发电厂、移动式发电厂、企业自备电厂、区域性发电厂
电厂位置	负荷中心发电厂、坑口发电厂

1.4 热力发电厂的技术经济及环保指标

1.4.1 热力发电厂技术经济指标

热力发电厂的技术经济指标是指热效率、成本及工作的可靠程度。建成投产的发电厂应该力求效率高、成本低，而且工作可靠。

1. 热效率

热力发电厂全厂热效率是指发电厂发出的有效电能 $3600P_e$ 与输入电厂燃料热量 Q_{cp} 的百分比。热力发电厂尚有很多辅助设备，如风机、水泵、磨煤机等，它们要消耗电能和蒸汽。在有效利用能量中减去这些能量消耗则可得到净热效率。一般热力发电厂全厂热效率是指前者，即

$$\eta_{cp} = \frac{3600P_e}{Q_{cp}} \times 100\% \tag{1-1}$$

2. 发电厂成本

发电厂成本，除总投资外，还往往利用每千瓦时所需的投资数来表示。

3. 发电厂的可靠性指标

发电厂主要设备的可靠性是热力发电厂可靠性指标的基础。设备的可靠性是以统计时间为基准用机组所处状态的各种性能指标来表征。我国热力发电厂可靠性指标有23个，其中最主要的是可用系数（AF）、非计划停运系数（UOF）、等效可用系数（EUF）、强迫停用率（FOR）和非计划停用次数。后两项是目前考核发电厂可靠性的指标。

可用系数   AF = AH/PH = (SH+RH)/PH

非计划停用系数 UOF = UOH/PH

等效可用系数 EUF = [AH−(EUNDH+ESDH)]/PH

强迫停用率   FOR = FOH/(FOH+SH)

式中，AH 为可用小时数；PH 为统计期间小时数；SH 为运行小时数；RH 为备用小时数；UOH 为非计划停运小时数；ESDH 为等效季节性降低出力小时数；FOH 为强迫停运小时数；EUNDH 为等效降低出力小时，EUNDH = ∑TI/GMC(h)；GMC 为统计期内机组各次降低出力数；TI 为各次降低出力的运行和备用时间（h）。

1.4.2 热力发电厂的环保指标

热力发电厂锅炉燃用大量化石燃料，燃烧过程中产生大量粉尘、SO_2、NO_x 等污染物，

锅炉是重要的污染源。为贯彻《中华人民共和国大气污染防治法》，防治环境污染，保护和改善生活环境和生态环境，2012年1月1日开始执行国家标准GB 13223—2011《火电厂大气污染物排放标准》，表1-2列出了重点地区的热力发电锅炉及燃气轮机组执行的大气污染物排放限值。从表1-2可知，现有热力发电厂大气污染物特别排放要求已特别严格。

表1-2　重点地区的热力发电锅炉及燃气轮机组执行的大气污染物特别排放限值

（单位：mg/m³）（烟气黑度除外）

序号	燃料和热能转化设施类型	污染物项目	适用条件	限值	污染物排放监控位置
1	燃煤锅炉	烟尘	全部	20	烟囱或烟道
		二氧化硫	全部	50	
		氮氧化物（以 NO_2 计）	全部	100	
		汞及其化合物	全部	0.03	
2	以油为燃料的锅炉或燃气轮机组	烟尘	全部	20	
		二氧化硫	全部	50	
		氮氧化物（以 NO_2 计）	燃油锅炉	100	
			燃气轮机组	120	
3	以气体为燃料的锅炉或燃气轮机组	烟尘	全部	5	
		二氧化硫	全部	35	
		氮氧化物（以 NO_2 计）	燃气锅炉	100	
			燃气轮机组	50	
4	燃煤锅炉，以油、气体为燃料的锅炉或燃气轮机组	烟气黑度（林格曼黑度，级）	全部	1级	烟囱排放口

思 考 题

1-1　试述我国能源现状、发展趋势及对策。

1-2　我国电力工业和发电技术未来发展趋势如何？

1-3　热力发电厂的构成及工作过程是怎样的？其主要包括哪些设备和系统？

1-4　热力发电厂动力循环有哪些？热力发电厂的发展趋势如何？发电厂容量、参数有哪些？

1-5　简要说明热力发电厂的主要形式与分类。

1-6　热力发电厂的技术经济及环保指标有哪些？

第 2 章
热力发电厂热经济性评价方法与指标

2.1 热力发电厂热经济性评价方法

　　热力发电厂的电能生产过程是一个能量转换的过程，即由燃料的化学能转换成蒸汽的热能，蒸汽在汽轮机中膨胀做功，将蒸汽的热能转换为机械能，通过发电机最终将机械能转变为电能。在转换过程的不同阶段会因各种原因会产生各种损失，使得能量不能被全部利用。热力发电厂的热经济性主要用来说明热力发电厂燃料利用程度，以及热力过程中各部分的能量利用或损失的情况。所谓热经济性评价是以燃料化学能转换为热能和电能的过程中能量利用程度（正平衡方法）或损失的大小（反平衡方法）来衡量的。通过研究发电厂能量转换及利用过程中的各项损失产生的部位、大小、原因，找出减少这些损失的方法和措施，进而提高发电厂的热经济性。

　　评价能量利用的程度有两种观点：一种是能量数量的利用，另一种是能量质量的利用，为此产生了不同的评价方法。但从热力学观点来分析，只有两种基本分析方法，第一种方法是以热力学第一定律为基础的热量法（效率法、热平衡法），第二种方法是以热力学第二定律为基础的熵分析法或以热力学第一定律和第二定律相结合的㶲分析法（㶲分析法和熵分析法统称为做功能力分析法）。

　　热量法是从能量转换的数量来评价其效果的，即以热效率或热损失的大小对热力发电厂或热力设备的热经济性进行评价，一般用于电厂热经济性的定量分析。熵分析法或㶲分析法（简称熵方法和㶲方法）是以燃料化学能的做功能力被利用的程度来评价电厂的热经济性，由于它的定量计算复杂，使用起来不方便、不直观，一般用于热力发电厂热经济性定性分析，以从本质上指导技术改进方向。

2.1.1 评价热力发电厂热经济性的主要方法

1. 热量法

　　热量法以燃料产生的热量被利用的程度对电厂热经济性进行评价，其实质是用热量的利用程度（如各种效率）或损失大小（如热量损失或热量损失率）在热力设备或过程中的分布情况来表示发电厂的热经济性。

能量转换及传递过程中的热平衡关系为

$$供给的总热量 = 有效利用的热量 + 损失的热量$$

于是可以定义热效率（某一热力循环中装置或设备有效利用的能量占供给的总能量的百分数）η 的通用表达式

$$\eta = \frac{有效利用的热量}{供给的总热量} \times 100\%$$
$$= \left(1 - \frac{损失的热量}{供给的总热量}\right) \times 100\% \tag{2-1}$$

即数学表示为

$$\eta = \frac{W_a}{Q_1} = \frac{Q_1 - \sum_i^n Q_i}{Q_1} = 1 - \sum_i^n \zeta_i \tag{2-2}$$

式中，Q_1 为外部供给的总热量；W_a 为热力循环中的循环做功量；$\sum_i^n Q_i$ 为循环中各项能量损失之和；$\sum_i^n \zeta_i$ 为循环中各项能量损失系数之和。

效率的大小定量地表征了设备或热力过程的热能转换效果，反映了设备的技术完善程度。在发电厂整个能量转换过程的不同阶段，采用各种效率来反映不同阶段的能量的有效利用程度（同样，也可以用能量损失率来反映各阶段能量损失的大小）。效率分析法以热力学第一定律为依据，其实质是能量的数量平衡，所以也称为热力学第一定律效率。

2. 做功能力分析法

做功能力分析法是从能量的做功能力角度出发，把能量分为有做功能力和无做功能力两部分，即以做功能力的有效利用程度或做功能力损失的大小作为评价动力设备热经济性的指标，旨在评价电厂能量的质量利用率，具体分为㶲分析法和熵分析法。

（1）㶲分析法　㶲分析是用做功能力法评价电厂能量的质量利用程度的一种方法，用㶲效率（可用能的利用率）和㶲损失（做功能力损失）来衡量。㶲在某种程度上可以被理解为能够被利用的能量，可分为热量㶲、热力学能㶲与焓㶲。㶲损失可以被认为是损失掉的可被利用的能量。

1）热量㶲。在环境温度为 T_{amb} 的条件下，系统温度高于环境温度（即 $T > T_{amb}$）时，系统所提供的热量中可转化为有用功的最大值即为热量㶲，用 E_q 表示；1kg 工质所具有的热量㶲称为比热量㶲，用 e_q 表示。

2）热力学能㶲。当闭口系统所处状态不同于环境状态时都具有做功的能力，即有㶲值。闭口系统从给定的状态可逆地变到与环境相平衡的状态所能做的最大有用功称为该状态下闭口系统的㶲，或称热力学能㶲，用 E_u 表示。1kg 工质所具有的热力学能㶲称为比热力学能㶲，用 e_u 表示。

3）焓㶲。开口系统稳态流动工质在只与环境作用时，从给定的状态可逆地变到环境状态所能做出的最大有用功称为稳态流动工质的焓㶲。

4）㶲方程和㶲效率。㶲平衡方程是㶲分析的基础，任何可逆过程不存在熵增和㶲损失。各种热力过程的不可逆因素将会产生熵增，熵增将带来做功能力的损失，即㶲损失，进而使得部分可用能变成了无用能，整个发电厂的㶲损失等于能量转换过程中各有关热力设备㶲损失的总和。在这一点上它不同于能量方程。系统㶲方程的建立可参照能量平衡方程的建立，但需要增加一项支出项——㶲损失项，用 L 表示。

根据能量平衡有

输入–输出–㶲损＝系统的㶲变

热力系统输出的各种㶲的总和总是小于进入系统㶲的总和，两者之差就是热力系统的㶲损失，即

$$L = \sum_{i=1}^{n} E_{\text{in},i} - \sum_{j=1}^{m} E_{\text{out},j} \tag{2-3}$$

式中，E_{in}、E_{out} 为进、出热力系统的任何形式的㶲。

式（2-3）为开口稳流系统㶲平衡的通用方程，通过该方程可求出某热力设备或整个发电厂的㶲损失。

以㶲损失作为评价热力设备和热力发电厂热经济性的指标，是个绝对数值，不便与其他热力设备进行相互比较，为此，引入相对指标——㶲效率，用 η_e 表示。

㶲效率的定义是有效利用的可用能（㶲）与供给的可用能（㶲）之比，有时也称为热力学第二定律效率，即

$$\eta_e = \frac{\text{有效利用的可用能}}{\text{供给的可用能}} \times 100\% \tag{2-4}$$

（2）熵分析法　在工程热力学中已经介绍了孤立系统熵增原理，即孤立系统的熵只能增大或保持不变，但绝不能减少。若过程可逆，则孤立系统的熵不变；但一切实际过程都是不可逆的，必然引起孤立系统的熵增（熵产），引起做功能力的损失，不可逆程度可用熵增量的大小来表示。熵方法是通过熵增的计算来确定做功能力损失的方法，通常取环境状态作为衡量系统做功能力大小的参考状态，即认为系统与环境相平衡时，系统不再具有做功能力。例如，环境温度为 T_{amb}，某一热力过程或设备中的熵增为 ΔS，则引起的做功损失 ΔW_1 为

$$\Delta W_1 = T_{\text{amb}} \Delta S \tag{2-5}$$

发电厂的整个能量转换过程是由一系列的不可逆过程组成的，各过程做功能力损失的总和即为发电厂总的能量损失，即

$$\Delta W_1 = \sum_{i=1}^{n} \Delta W_{1i} = T_{\text{amb}} \sum_{i=1}^{n} \Delta S_i \tag{2-6}$$

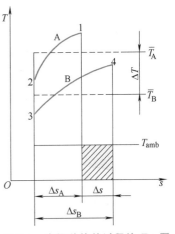

图 2-1　有温差换热过程的 $T\text{-}s$ 图

应注意到，熵增原理只适用于孤立系统，即与外界既无能量交换又无物质交换的系统。也就是说，研究对象是整个电厂或循环，就非孤立系统或孤立系统中的某一物体而言，在过程中既可以吸热也可以放热，其熵可以增大、减少或不变。

在发电厂能量转换的各种不可逆过程中，存在温差换热、工质绝热节流及工质膨胀（或压缩）三种典型的不可逆过程。

1）有温差的换热过程。如图 2-1 所示，高温工质 A 经过 1—2 过程放热，其平均放热温度为 $\overline{T}_A$，放热过程中单位

工质的熵减少了 Δs_A，放热量为 $\overline{T}_A \Delta s_A$；低温工质 B 经过 3—4 过程吸热，其平均吸热温度为 $\overline{T}_B$，吸热过程中单位工质的熵增加了 Δs_B，其吸热量为 $\overline{T}_B \Delta s_B$。它们的平均换热温差为 $\Delta \overline{T} = \overline{T}_A - \overline{T}_B$。

根据放热量与吸热量相等的能量平衡方法，单位工质的换热量 δq 为

$$\delta q = \overline{T}_A \Delta s_A = \overline{T}_B \Delta s_B \tag{2-7}$$

换热过程的熵增 Δs 为

$$\Delta s = \Delta s_B - \Delta s_A = \frac{\delta q}{\overline{T}_B} - \frac{\delta q}{\overline{T}_A} = \delta q \frac{\Delta \overline{T}}{\overline{T}_B \overline{T}_A} \tag{2-8}$$

换热过程中，单位工质做功能力的损失 Δw_1（图 2-1 阴影部分的面积）的表达式为

$$\Delta w_1 = T_{amb} \Delta s = T_{amb} \frac{\delta q \Delta \overline{T}}{\overline{T}_B \overline{T}_A} \tag{2-9}$$

由式（2-8）和式（2-9）可知，环境温度为 T_{amb} 一定时，换热温度差 $\Delta \overline{T}$ 越大，熵增及做功能力损失就越大；在换热量 δq 以及换热温度差 $\Delta \overline{T}$ 一定时，工质 A 和 B 的平均温度 $\overline{T}_A$ 及 $\overline{T}_B$ 越大，熵增以及做功能力损失就越小，即高温换热比低温换热做功能力损失小。

2）工质绝热节流过程。蒸汽在汽轮机进汽调节机构中的节流过程，如图 2-2 所示，节流前后工质的焓不变，即 $dh = 0$。由热力学第一定律解析式 $\delta q = dh - v dp$ 可得

$$\delta q = -v dp$$

同时，对于微元过程，有 $\delta q = T ds$，因此绝热节流过程的熵增 Δs 为

$$\Delta s = -\int_{p_0}^{p_1} \frac{v}{T} dp \tag{2-10}$$

工质的节流过程总是伴随着压力的降低，即式（2-10）中的 dp 为负，熵增为正。图 2-2 阴影部分的面积 5-6-7-8-5 表示了绝热节流过程的做功能力损失 Δw_1 的大小，其表达式为

$$\Delta w_1 = T_{amb} \Delta s = -T_{amb} \int_{p_0}^{p_1} \frac{v}{T} dp \tag{2-11}$$

式中，v 为工质的比体积（m^3/kg）；T 为工质的温度（K）；dp 为工质的压力降（Pa）。

由式（2-10）和式（2-11）可知，压降越大，熵增和做功能力的损失就越大。为此，减少节流过程中的压降是减少节流做功能力损失的有效途径。此外，熵增和做功能力的损失还与工质的比体积和温度有关，在损失相等时，高温高压的蒸汽管道可以采用较大的工质压降，因此，可使用小管径的通道，以节省投资。

3）工质膨胀或压缩过程。图 2-3 所示，蒸汽在汽轮机中做可逆绝热膨胀时，排汽熵为 s_c。但实际上蒸汽在汽轮机中的膨胀过程是一个不可逆过程，实际的排汽熵为 s_c'，由不可逆引起的熵增为

$$\Delta s = s_c' - s_c \tag{2-12}$$

图 2-3 中阴影部分的面积 5-6-7-8-5 表示了做功能力的损失 Δw_1 的大小，其表达式为

$$\Delta w_1 = T_{amb} \Delta s = T_{amb} (s_c' - s_c) \tag{2-13}$$

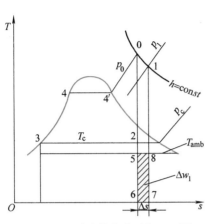

图 2-2 工质绝热节流过程 *T-s* 图

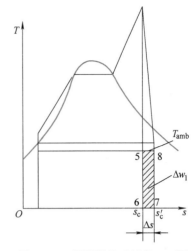

图 2-3 工质膨胀做功过程 *T-s* 图

同理，在发电厂热力系统中，水在水泵中被不可逆绝热压缩也将引起损失。显然，减少工质膨胀或压缩过程做功能力损失的途径是减少其做功过程中的扰动、摩擦等不可逆影响。

值得指出，无论哪种方法，分析对象可以是某一热力设备或整个发电厂，可以用绝对量，也可以用相对量来计算。热量法、熵方法以及㶲方法从不同的角度评价发电厂的热经济性。热量法只表明能量数量转换的结果，不能揭示能量损失的本质原因，而熵方法及㶲方法不仅可以表明能量转换的结果，而且还考虑了不同能量有质的区别。

2.1.2 凝汽式发电厂能量转换过程中能量的损失及利用

热力发电厂按其产品可分为凝汽式发电厂和热电厂两种。凝汽式发电厂只生产电能，在汽轮机中做完功的蒸汽，排入凝汽器凝结成水，故称为凝汽式发电厂；热电厂既生产电能又对外供热，利用汽轮机较高压力的排汽或可调节抽汽为热用户供热。

下面将对凝汽式电厂电能生产过程中各热力设备的能量损失和热效率进行分析，以进一步说明评价发电厂热经济性的两种主要方法的具体应用。

1. 电能生产过程与循环热效率

凝汽式电厂电能生产过程由以下几部分组成：燃料在锅炉中燃烧，烟气将热量传递给工质，工质吸热成为高温高压的过热蒸汽，蒸汽通过主蒸汽管道进入汽轮机内膨胀做功，进行热功转换，再通过机械传动与发电机将机械能转换为电能，其生产过程流程见图 2-4a 所示。

热力发电厂以朗肯循环为基础，通过热功转换获取电能。朗肯循环是一种最基本、最简单的动力循环，图 2-4b 为循环过程的 *T-s* 图，其工作过程为：4—5—6—1 是给水在锅炉中被定压加热、汽化和过热过程；1—2 是过热蒸汽在汽轮机中等熵膨胀做功过程；2—3 是排汽在凝汽器中定压凝结过程；3—4 是凝结水在水泵中等熵压缩过程，压力升高后的水再次进入锅炉完成循环。循环中热功转换的完善程度用理想循环热效率表示，它等于有效利用的热量（理想循环做功量）与供给热量（循环吸热量）之比，即

$$\eta_{\mathrm{t}} = \frac{w_{\mathrm{t}}}{q_1} = \frac{q_1 - q_2}{q_1} = 1 - \frac{q_2}{q_1} = 1 - \frac{\overline{T_2}}{\overline{T_1}} \tag{2-14}$$

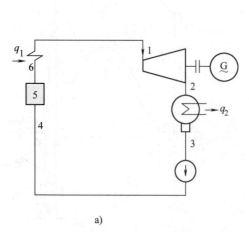 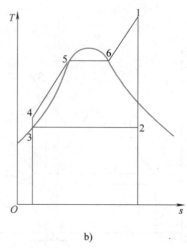

a) b)

图 2-4 蒸汽动力循环装置及朗肯循环的 $T\text{-}s$ 图

式中，w_t 为理想循环做功量（kJ/kg）；q_1 为理想循环吸热量（kJ/kg）；q_2 为理想冷源热损失（kJ/kg）；$\overline{T}_2$ 为平均放热温度（K）；$\overline{T}_1$ 为平均吸热温度（K）。

在具体计算时，做功量、吸热量以及放热量均可用工质焓的变化表示。如 1kg 工质理想循环的做功量 w_t 可表示为

$$w_t = (h_0 - h_{c,a}) - (h'_{fw} - h'_c)$$

式中，h_0 为进入汽轮机新蒸汽的比焓（kJ/kg）；$h_{c,a}$ 为新蒸汽在汽轮机中做等熵膨胀后的比焓（kJ/kg）；h'_c 为凝结水比焓（kJ/kg）；h'_{fw} 为锅炉给水比焓（kJ/kg）；$(h_0 - h_{c,a})$ 表示 1kg 蒸汽在汽轮机中等熵膨胀所做的功，$(h'_{fw} - h'_c)$ 表示 1kg 凝结水通过给水泵时所消耗的功。

1kg 蒸汽从热源的吸热量 q_1 可表示为

$$q_1 = h_0 - h'_{fw}$$

于是，理想循环热效率 η_t 可表示为

$$\eta_t = \frac{w_t}{q_1} = \frac{(h_0 - h_{c,a}) - (h'_{fw} - h'_c)}{h_0 - h'_{fw}} \tag{2-15a}$$

在蒸汽初压不高时，给水泵的耗功可以忽略不计，即 $h'_{fw} = h'_c$，于是

$$\eta_t = \frac{w_t}{q_1} = \frac{h_0 - h_{c,a}}{h_0 - h'_{fw}} \tag{2-15b}$$

2. 凝汽式发电厂能量转换过程中能量的损失及利用

本节主要应用热量法和㶲分析法评价凝汽式发电厂能量转换过程的热经济性。

（1）热量法 在发电厂实际生产过程中，由于各种不可逆因素的存在，使得能量传递和转换过程中存在各种损失，通常用过程或设备的热效率表示损失的大小，这种评价发电厂热经济性的方法即为热量法。在发电厂整个能量转换过程的不同阶段，采用各种效率来反映不同阶段的能量的有效利用程度，用能量损失率来反映各阶段能量损失的大小。

1）锅炉设备的热效率与热损失率。锅炉设备中的热损失主要包括：排烟热损失、散热损失、未完全燃烧热损失、排污热损失、灰渣热物理损失等，其中排烟热损失最大，占总损失的 40%~50%。

锅炉热效率 η_b 为锅炉设备输出的被有效利用的热量（锅炉热负荷）与输入热量（燃料在锅炉中完全燃烧时的放热量）之比，其表达式为

$$\eta_b = \frac{Q_b}{Q_{cp}} = \frac{Q_b}{Bq_{net}} = \frac{D_b(h_b - h'_{fw})}{Bq_{net}} = 1 - \frac{\Delta Q_b}{Q_{cp}} = 1 - \zeta_b \tag{2-16}$$

锅炉热损失率 ζ_b 为

$$\zeta_b = \frac{\Delta Q_b}{Q_{cp}} = \frac{Bq_{net} - Q_b}{Bq_{net}} = 1 - \frac{Q_b}{Bq_{net}} = 1 - \eta_b \tag{2-17}$$

式中，Q_b 为锅炉热负荷（kJ/h）；Q_{cp} 为凝汽式发电厂全厂热耗量（kJ/h）；ΔQ_b 为锅炉中的热损失量（kJ/h）；B 为锅炉煤耗量（kg/h）；q_{net} 为燃料的低位发热量（kJ/kg）；D_b 为锅炉的蒸发量（kg/h）；h_b 为锅炉出口过热蒸汽的比焓值（kJ/kg）；h'_{fw} 为锅炉给水比焓（kJ/kg）。

锅炉热效率反映了锅炉设备运行经济性的完善程度，其影响因素很多，如锅炉的参数、容量、结构特性、燃烧方式及燃料的种类等。一般情况下，需要通过试验来确定各项损失的大小。

大型锅炉热效率一般在 90%~94% 范围内。

2）管道的热效率与热损失率。锅炉生产的蒸汽流过主蒸汽管道进入汽轮机做功，在管道内流动时会有节流损失和散热损失。节流损失放在汽轮机相对内效率中考虑，而散热损失放在管道热效率中考虑。管道热效率用汽轮机的热耗量 Q_0 与锅炉设备热负荷 Q_b 之比表示，若不计工质的泄漏损失，即 $D_0 = D_b$，其表达式为

$$\eta_p = \frac{Q_0}{Q_b} = \frac{D_0(h_0 - h'_{fw})}{D_b(h_b - h'_{fw})} = 1 - \frac{\Delta Q_p}{Q_b} \tag{2-18}$$

管道的热损失率 ζ_p 为

$$\zeta_p = \frac{\Delta Q_p}{Q_{cp}} = \frac{\Delta Q_p}{Q_b} \frac{Q_b}{Q_{cp}} = \frac{Q_b}{Q_{cp}} \left(1 - \frac{Q_0}{Q_b}\right) = \eta_b(1 - \eta_p) \tag{2-19}$$

式中，Q_0 为汽轮机组的热耗量（kJ/h）；D_0 为汽轮机组的汽耗量（kg/h）；ΔQ_p 为管道热损失量（kJ/h）。

管道热效率反映了管道设施保温的完善程度和工质损失热量的大小。管道热效率一般为 98%~99%。

3）汽轮机的绝对内效率与冷源损失率。蒸汽在汽轮机中膨胀做功的过程是一个不可逆过程，因此在理想情况下（汽轮机无内部损失），除汽轮机排汽在凝汽器中放热的冷源损失外，还存在着进汽节流、排汽及内部损失（包括漏汽、摩擦、湿汽等）等。这些损失造成了做功量的减少，使得汽轮机的实际排汽焓 h_c 大于理想排汽焓 $h_{c,a}$，从而增加了一部分冷源损失（$h_c - h_{c,a}$），这些损失的大小用汽轮机绝对内效率 η_i（又称为实际循环热效率）表示，即汽轮机实际内功 W_i（kJ/h）与汽轮机热耗量 Q_0 之比（即单位时间所做的实际内功与耗用的热量之比）。忽略给水泵耗功时，绝对内效率 η_i 的表达式为

$$\eta_i = \frac{W_i}{Q_0} = 1 - \frac{\Delta Q_c}{Q_0} = \frac{W_i W_a}{W_a Q_0} = \eta_{ri} \eta_t \tag{2-20}$$

式中，W_a 为汽轮机汽耗为 D_0 时理想内功（kJ/h）；ΔQ_c 为汽轮机冷源损失量（kJ/h），汽轮机冷源损失 ΔQ_c 由两部分组成，即理想冷源损失和由做功量减少造成的附加冷源损失；η_t 为

理想循环热效率（%）；η_{ri} 为汽轮机相对内效率，是汽轮机中蒸汽的实际焓降与理想焓降之比，它反映汽轮机内部结构的完善程度，现代大型汽轮机相对内效率为 87%～90%。

若考虑给水泵的耗功 W_{pu}（kJ/h），则汽轮机的净内效率 η_i^n 可表示为

$$\eta_i^n = \frac{W_i - W_{pu}}{Q_0} \tag{2-21}$$

若不计系统中工质的损失，进入汽轮机的流量 D_0 与给水流量 D_{fw} 相等，则式（2-20）用比焓降的形式表示为

$$\eta_i = \frac{W_i}{Q_0} = \frac{D_0(h_0 - h_c)}{D_{fw}(h_0 - h'_{fw})} = \frac{h_0 - h_c}{h_0 - h_{c,a}} \cdot \frac{h_0 - h_{c,a}}{h_0 - h'_{fw}} = \eta_{ri}\eta_t \tag{2-22}$$

其中

$$\eta_{ri} = \frac{W_i}{W_a} = \frac{h_0 - h_c}{h_0 - h_{c,a}} \tag{2-23}$$

$$\eta_t = \frac{W_a}{Q_0} = \frac{h_0 - h_{c,a}}{h_0 - h'_{fw}} \tag{2-24}$$

式中，η_i 为汽轮机的绝对内效率（一般简称为汽轮机的内效率），它不仅包含凝汽式汽轮机的热量利用率（η_t 或理想冷源损失），还包含了汽轮机的实际热功转换效率（η_{ri} 或附加冷源损失），因此具有一定质量利用的意义。

现代大型汽轮机的绝对内效率为 45%～47%。

冷源损失率 ζ_c 为

$$\zeta_c = \frac{\Delta Q_c}{Q_{cp}} = \frac{\Delta Q_c}{Q_0}\frac{Q_0}{Q_b}\frac{Q_b}{Q_{cp}} = \frac{Q_b}{Q_{cp}}\frac{Q_0}{Q_b}\left(1 - \frac{W_i}{Q_0}\right) = \eta_b\eta_p(1 - \eta_i) \tag{2-25}$$

4）汽轮机的机械损失及机械效率。汽轮机转动时产生的机械损失包括支撑轴承和推力轴承的机械摩擦损失，以及拖动主油泵和调速器的功率消耗，它使汽轮机输出的有效功率（轴功率）总是小于其内功。汽轮机输出给发电机轴端的功率 P_{ax} 与汽轮机内功 W_i 之比称之为机械效率 η_m，其表达式为

$$\eta_m = \frac{3600P_{ax}}{W_i} = 1 - \frac{\Delta Q_m}{W_i} \tag{2-26}$$

式中，P_{ax} 为发电机输入功率（kW）；ΔQ_m 为机械损失量（kJ/h）；3600 为电热当量，1kW·h 的电能相当于 3600kJ 的热量。

汽轮机机械损失率 ζ_m 为

$$\zeta_m = \frac{\Delta Q_m}{Q_{cp}} = \frac{Q_b}{Q_{cp}}\frac{Q_0}{Q_b}\frac{W_i}{Q_0}\left(1 - \frac{3600P_{ax}}{W_i}\right) = \eta_b\eta_p\eta_i(1 - \eta_m) \tag{2-27}$$

机械效率一般在 96.5%～99.0%的范围内。

5）发电机的能量损失及发电机的效率。发电机的能量损失包括轴承摩擦机械损失、通风耗功和发电机内冷却介质的摩擦和铜损（由于线圈具有电阻而发热）、铁损（由于励磁铁心产生涡流而发热）而造成的功率消耗。发电机的效率 η_g 定义为发电机输出的电功率 P_e 与输入的轴功率 P_{ax} 之比，即

$$\eta_g = \frac{P_e}{P_{ax}} = 1 - \frac{\Delta Q_g}{3600P_{ax}} \tag{2-28}$$

式中，ΔQ_g 为发电机损失量（kJ/h）。

现代大型发电机的效率随冷却介质的不同而异，氢冷时为 98%～99%，空冷时为 97%～98%，双水内冷时为 96%～98.7%。

发电机能量损失率 ζ_g 为

$$\zeta_g = \frac{\Delta Q_g}{Q_{cp}} = \eta_b \eta_p \eta_i \eta_m (1-\eta_g) \tag{2-29}$$

6）全厂能量损失及全厂热效率。对整个发电厂的生产过程而言，全厂热效率表示为发电厂有效利用的能量（电能 P_e）与其消耗的能量（燃料完全燃烧时的放热量）之比，其表达式为

$$\eta_{cp} = \frac{3600P_e}{Bq_{net}} = \frac{3600P_e}{Q_{cp}} = \eta_b \eta_p \eta_t \eta_{ri} \eta_m \eta_g = \eta_b \eta_p \eta_i \eta_m \eta_g \tag{2-30}$$

式（2-30）表明，凝汽式发电厂的总效率取决于各热力设备的分效率，其中任一热力设备经济性的改善都有助于全厂热效率的提高。

从上述各热力设备热效率数值范围可以看出，发电厂的主要热力设备——汽轮机的内效率 η_i 最低，与汽轮机内效率 η_i 相对应的冷源损失 ΔQ_c 是发电厂各项损失中最大的项。这是由于热量法中的能量损失是以散失到环境为准，不区分能量品位的高低，汽轮机排汽的汽化潜热被凝汽器中的冷却水带走，最终损失在大气中所致。因此，汽轮机的冷源损失 ΔQ_c（或汽轮机的绝对内效率 η_i）是影响全厂热效率 η_{cp} 的关键。

全厂的总能量损失 ΔQ_{cp} 为

$$\Delta Q_{cp} = \Delta Q_b + \Delta Q_p + \Delta Q_c + \Delta Q_m + \Delta Q_g \tag{2-31}$$

全厂的总能量平衡为

$$\begin{aligned} Q_{cp} &= 3600P_e + \Delta Q_{cp} \\ &= 3600P_e + \Delta Q_b + \Delta Q_p + \Delta Q_c + \Delta Q_m + \Delta Q_g \end{aligned} \tag{2-32}$$

全厂的能量损失率 ζ_{cp} 为

$$\zeta_{cp} = \frac{\Delta Q_{cp}}{Q_{cp}} = \sum_i \zeta_i \tag{2-33}$$

依据式（2-32）可绘制简单凝汽式电厂相应的热流图，如图 2-5 所示。

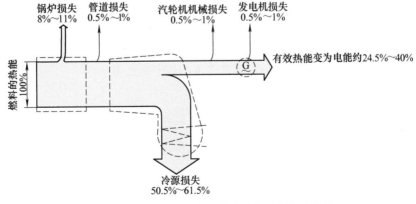

图 2-5　简单凝汽式电厂能量转换过程的热流图

发电厂的各项损失与发电厂的蒸汽参数和设备容量有关，其数据见表 2-1。

表 2-1 热力发电厂的各项损失

项目	电厂初参数（%）				
	中参数	高参数	超高参数	亚临界参数	超超临界参数
锅炉热损失	11	10	9	8	6
管道热损失	1	1	0.5	0.5	0.5
汽轮机冷源损失	61.5	57.5	52.5	50.5	47.1
汽轮机的机械损失	1	0.5	0.5	0.5	0.2
发电机损失	1	0.5	0.5	0.5	0.2
总能量损失	75.5	69.5	63	60	54
供电效率	24.5	30.5	37	40	46

综上所述，热量法分析认为，发电厂效率低的主要原因是冷源损失太大。而冷源损失的大小取决于热力循环方式和蒸汽的初、终参数。欲提高电厂的热经济性，其根本途径是提高蒸汽初参数，降低终参数，采用给水回热加热、蒸汽中间再热和热电联产等。

（2）㶲分析法　按能量转换的顺序，对图 2-4 所示的简单凝汽式发电厂各热力设备中的㶲损失及㶲效率进行分析。

以 1kg 工质作为计算基准，并忽略工质在水泵中的焓升（即给水的焓与主凝结水的焓相等）。根据给定的汽水参数及各热力设备的效率，由各热力设备中的㶲平衡式，求得热力系统中各有关热力设备的㶲值。

实际凝汽式发电厂能量转换的全过程是由若干不可逆过程组合而成的，每一不可逆过程均存在㶲损失，总的㶲损失包括锅炉的 ΔE_b、管道的（散热与节流）ΔE_p、汽轮机的 ΔE_t、凝汽器的 ΔE_c、机械的 ΔE_m 与发电机的 ΔE_g。下面对每个热力设备的㶲损失进行分析。

1）锅炉中的㶲损失 ΔE_b。不计给水㶲，锅炉的㶲平衡式为

$$E_{cp} = E_q = E_b + \Delta E_b \tag{2-34a}$$

式（2-34a）左边为供给锅炉的㶲值（来自燃料的㶲 E_q 与进入锅炉㶲相等），式（2-34a）右边为锅炉有效利用的热量㶲 E_b 以及锅炉的㶲损 ΔE_b，它由三部分损失组成：①锅炉的散热引起的㶲损失 ΔE_b^{I}；②化学能转变为热能引起的㶲损失 ΔE_b^{II}；③工质温差传热引起的㶲损失 ΔE_b^{III}。

锅炉的㶲损失 ΔE_b 可表示为

$$\Delta E_b = \Delta E_b^{I} + \Delta E_b^{II} + \Delta E_b^{III} = E_q - E_b \tag{2-34b}$$

2）主蒸汽管道中的㶲损失 ΔE_p。主蒸汽管道的㶲平衡式为

$$E_b = E_0 + \Delta E_p \tag{2-35a}$$

蒸汽流经主蒸汽管道时的㶲损失 ΔE_p（由散热和节流引起）为

$$\Delta E_p = E_b - E_0 \tag{2-35b}$$

式中，E_0 为进入汽轮机的新蒸汽㶲值；E_b 为锅炉出口处蒸汽的㶲值。

3）汽轮机内部的㶲损失 ΔE_t。汽轮机内部的㶲损失是由不可逆膨胀引起的，㶲平衡式为

$$E_0 = W_i + E_c + \Delta E_t \tag{2-36a}$$

因此，汽轮机内部的㶲损失 ΔE_t 可表示为

$$\Delta E_t = E_0 - W_i - E_c \tag{2-36b}$$

式中，W_i 为蒸汽在汽轮机中所做的内功；E_c 为汽轮机排汽的㶲值。

4）凝汽设备中的㶲损失 ΔE_c。凝汽器中的㶲损失是由温差传热引起的，㶲平衡式为

$$E_c = E'_c + \Delta E_c \tag{2-37a}$$

因此，凝汽设备中的㶲损失 ΔE_t 可表示为

$$\Delta E_c = E_c - E'_c \tag{2-37b}$$

式中，E'_c 为凝结水的㶲值。

5）汽轮机机械摩擦阻力引起的㶲损失 ΔE_m。汽轮机轴端的有效功 W_e 与蒸汽在汽轮机中所做的内功 W_i 之差即为汽轮机机械摩擦阻力引起的㶲损失 ΔE_m，其表达式为

$$\Delta E_m = W_i - W_e \tag{2-38a}$$

由于 $w_e = w_i \eta_m$，因此，式（2-38a）可写为下式：

$$\Delta E_m = W_i(1 - \eta_m) \tag{2-38b}$$

6）发电机的㶲损失 ΔE_g。发电机输出的电能 P_e 总是小于汽轮机轴端的有效功 W_e，两者之差值即为发电机的㶲损失 ΔE_g，其表达式为

$$\Delta E_g = W_e(1 - \eta_g) = W_i \eta_m(1 - \eta_g) \tag{2-39}$$

7）发电厂的总㶲损失 ΔE_{cp} 及㶲效率。发电厂的总㶲损失 ΔE_{cp} 等于组成循环过程的各热力设备㶲损失的和，即

$$\Delta E_{cp} = \Delta E_b + \Delta E_p + \Delta E_t + \Delta E_c + \Delta E_m + \Delta E_g = \sum_j \Delta E_j \tag{2-40}$$

发电厂的㶲效率 $\eta_{e,cp}$ 定义为

$$\eta_{e,cp} = \frac{3600 P_e}{E_{cp}} = 1 - \frac{\Delta E_{cp}}{E_{cp}} \tag{2-41}$$

其中，燃料㶲 E_{cp} 也可由发电厂总的㶲平衡方程式确定，即

$$E_{cp} = 3600 P_e + \Delta E_b + \Delta E_p + \Delta E_t + \Delta E_c + \Delta E_m + \Delta E_g \tag{2-42}$$

若燃料㶲以 100% 计，可算出电能及各项㶲损失所占的份额。若简单凝汽式发电厂蒸汽的初参数为 16.5MPa，550℃，终参数为 5kPa，且不计给水泵的耗功，上述各热力设备的㶲损失分别为：$\Delta E_b = 56.35\%$，$\Delta E_p = 0.21\%$，$\Delta E_t = 5.23\%$，$\Delta E_c = 2.5\%$，$\Delta E_m = 0.73\%$，$\Delta E_g = 0.46\%$。据此可绘制简单凝汽式电厂相应的㶲流图，如图 2-6 所示。

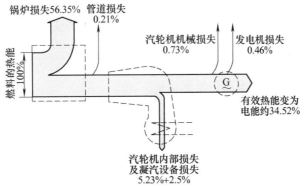

图 2-6　简单凝汽式电厂能量转换过程的㶲流图

由㶲分析可知，凝汽器中造成的可用能的损失很小，仅占输入可用能的 2.5%，而锅炉可用能的损失很大，占输入可用能的 56.35%，这一结论与热量法所得结论正好相反。㶲分析法认为，热力过程的不可逆性是导致电厂热经济性低的根本原因。所以，要提高热力发电厂热经济性，主要是减小换热设备中的不可逆传热温差、汽水流动过程中的摩阻、节流和散热损失等。

热量法及㶲分析法从不同的角度分析发电厂的热经济性。热量法认为，在凝汽器中的能量损失数量最大，而锅炉的热损失却很小；而㶲分析法则认为，发电厂中，锅炉的㶲损失最大，而凝汽器中㶲损失却很小。这是因为两种分析方法的角度不同，热量法从数量上计算各热力设备及全厂的热效率，不区分能量品位的高低；而㶲方法的㶲损失则是以不可逆为准，考虑了不同能量质的区别，即在凝汽器中的能量损失数量虽然很大，但其品位很低，这些热量的绝大部分在锅炉就已丧失了做功能力，即由于燃烧、传热的严重不可逆性，尤其是锅炉中巨大的温差不可逆传热使得可用能的利用大为降低，其㶲损失成为全厂总㶲效率 $\eta_{e,cp}$ 降低的关键。

热量法只表明不同形式能量转换的结果，不能揭示能量损失的本质原因；而㶲分析法却不仅表明能量转换的结果，而且能揭示能量损失的根本原因。两者从不同的角度对同一事物的不同侧面进行分析，相辅相成，互为补充，但不能相互取代。鉴于热量分析法计算简单，使用方便，用于定量分析发电厂的热经济性；而㶲分析法的定量计算复杂，目前主要用于定性分析，对技术改进方向起着重要的指导作用。

2.2 凝汽式发电厂的主要热经济指标

我国热力发电厂通常采用热量法来定量分析其热经济性。凝汽式发电厂常用的热经济性指标有：能耗量（汽耗量、热耗量、煤耗量）、能耗率（汽耗率、热耗率、煤耗率）和热效率。它们除了反映热经济性之外，还与产量（发电量）有关，能耗量以每小时或每年计、能耗率以每千瓦时电能来度量、效率以百分比来度量。本节介绍纯凝汽式发电厂主要热经济指标。

1. 汽轮发电机组的热经济指标

（1）汽轮发电机组的汽耗量 D_0 和汽耗率 d_0

1）无回热和再热的汽耗量和汽耗率。汽轮发电机组的汽耗量 D_0（kg/h）是指单位时间汽轮发电机组生产电能所消耗的蒸汽量。发电机组由热能转变为电能的热平衡方程式（也称功率方程式）为

$$D_0 w_i \eta_m \eta_g = 3600 P_e \tag{2-43}$$

若机组无回热和再热，则式（2-43）可表示为

$$D_0(h_0 - h_c)\eta_m \eta_g = 3600 P_e$$

即

$$D_0 = \frac{3600 P_e}{(h_0 - h_c)\eta_m \eta_g} \tag{2-44}$$

汽轮发电机组的汽耗率 d_0[kg/(kW·h)] 是指汽轮发电机组生产单位电能所消耗的蒸汽量，即

$$d_0 = \frac{D_0}{P_e} = \frac{3600}{(h_0 - h_c)\eta_m\eta_g} \tag{2-45}$$

2）有回热和再热的汽耗量和汽耗率。对于有回热和再热式的汽轮机，如图 2-7 所示（图中括号内的标注为进汽 1kg 时各部分汽水流量的相对值），新汽在汽轮机内的实际做功量可以用输入能量与输出能量之差表示，其实际内功 W_i（kJ/h）的表达式为

$$W_i = D_0 h_0 + D_{rh}q_{rh} - \left(\sum_{j=1}^{z} D_j h_j + D_c h_c\right) \tag{2-46}$$

式中，D_j、D_c 分别为回热抽气量（kg/h）和凝汽流量（kg/h）；h_j、h_c 分别为实际抽汽和实际排汽的比焓（kJ/kg）；$\sum_{j=1}^{z} D_j h_j$ 包含再热前抽汽和再热后抽汽两部分，汽轮机组的实际比内功 w_i（kJ/kg）表达式为

$$w_i = \frac{W_i}{D_0} = (h_0 + \alpha_{rh}q_{rh}) - \left(\sum_{1}^{z} \alpha_j h_j + \alpha_c h_c\right) \tag{2-47}$$

式中，h_0 为新汽的比焓（kJ/kg）；α_j、α_{rh}、α_c 分别为相对于 1kg 新汽的抽汽系数、再热蒸汽系数和凝汽系数，如 $\alpha_j = D_j/D_0$；q_{rh} 为 1kg 再热蒸汽的热量（kJ/kg）。

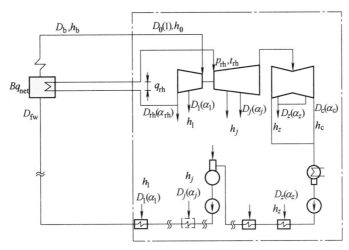

图 2-7 具有回热、再热的凝汽式发电厂热力系统图

将物质平衡式 $\alpha_1 + \alpha_2 + \cdots + \alpha_z + \alpha_c = 1$ 代入式（2-47）中，整理得

$$\begin{aligned}
w_i &= \alpha_1(h_0 - h_1) + \alpha_2(h_0 - h_2) + \cdots + \alpha_{z-1}(h_0 - h_{z-1} + q_{rh}) + \\
&\quad \alpha_z(h_0 - h_z + q_{rh}) + \alpha_c(h_0 - h_c + q_{rh}) \\
&= \underbrace{(\alpha_1\Delta h_1 + \alpha_2\Delta h_2 + \cdots)}_{\text{I}} + \underbrace{\cdots + \alpha_z\Delta h_z^r}_{\text{II}} + \underbrace{\alpha_c\Delta h_c^r}_{\text{III}}
\end{aligned} \tag{2-48}$$

式中，I 项表示高压缸内回热抽汽的内功 $\sum_{j=1}^{z} \alpha_j(h_0 - h_j)$；II 项表示再热后，即中、低压缸回热抽汽的内功 $\sum_{i=1}^{z} \alpha_i(h_0 - h_i + q_{rh})$；III 项表示单位时间凝汽流的实际做功量 $\alpha_c(h_0 - h_c + q_{rh})$。

将式中的 I 项和 II 项合并整理后得

$$w_i = \alpha_c \Delta h_c^r + \sum_{j=1}^{z} \alpha_j \Delta h_j^r \tag{2-49}$$

式中，Δh_c^r 为表示有回热抽汽时凝汽流的实际焓降（kJ/kg）；Δh_j^r 为表示有回热抽汽时工质的焓降（kJ/kg）。

将式（2-47）或式（2-49）代入式（2-43）可得到用状态参数焓或焓降表示的具有回热和再热汽轮机组汽耗量的表达式

$$D_0 = \frac{3600 P_e}{\left[(h_0 + \alpha_{rh} q_{rh}) - \left(\sum_{j=1}^{z} \alpha_j h_j + \alpha_c h_c \right) \right] \eta_m \eta_g} \tag{2-50a}$$

或

$$D_0 = \frac{3600 P_e}{\left(\alpha_c \Delta h_c^r + \sum_{j=1}^{z} \alpha_j \Delta h_j^r \right) \eta_m \eta_g} \tag{2-50b}$$

由式（2-50）可获得具有回热和再热的汽轮机组汽耗率 d_0 的表达式

$$d_0 = \frac{D_0}{P_e} = \frac{3600}{\left[(h_0 + \alpha_{rh} q_{rh}) - \left(\sum_{j=1}^{z} \alpha_j h_j + \alpha_c h_c \right) \right] \eta_m \eta_g} \tag{2-51a}$$

或

$$d_0 = \frac{D_0}{P_e} = \frac{3600}{\left(\alpha_c \Delta h_j^r + \sum_{j=1}^{z} \alpha_j \Delta h_j^r \right) \eta_m \eta_g} \tag{2-51b}$$

3）仅有再热机组的汽耗量和汽耗率。仅具有再热的纯凝汽（无回热抽汽）机组，$\sum_{1}^{z} \alpha_j h_j = 0$，则式（2-50）及式（2-51）可分别写为

$$D_0 = \frac{3600 P_e}{(h_0 - h_c + q_{rh}) \eta_m \eta_g} \tag{2-52}$$

$$d_0 = \frac{D_0}{P_e} = \frac{3600}{(h_0 - h_c + q_{rh}) \eta_m \eta_g} \tag{2-53}$$

（2）汽轮发电机组的热耗量 Q_0 和热耗率 q_0　汽轮发电机组的热耗量 Q_0（kJ/h）是指单位时间汽轮发电机组生产电能所消耗的热量，实质上就是经管道输送给汽轮机的有效热量。假设无工质损失（$D_0 = D_{fw}$），热耗量 Q_0 的表达式为

$$Q_0 = D_0 (h_0 - h_{fw}') + D_{rh} q_{rh} \tag{2-54}$$

汽轮发电机组的热耗率 q_0 ［kJ/(kW·h)］表示为汽轮发电机组生产单位电能所消耗的热量，即

$$q_0 = \frac{Q_0}{P_e} = d_0 \left[(h_0 - h_{fw}') + \alpha_{rh} q_{rh} \right] \tag{2-55}$$

当 $q_{rh} = 0$ 时，式（2-54）和式（2-55）分别代表简单的非再热凝汽式机组的热耗量和热耗率。

由汽轮发电机组能量平衡式

$$Q_0 \eta_i \eta_m \eta_g = W_i \eta_m \eta_g = 3600 P_e$$

得
$$q_0 = \frac{Q_0}{P_e} = \frac{3600}{\eta_i \eta_m \eta_g} = \frac{3600}{\eta_e} \qquad (2\text{-}56)$$

式中，η_e 为汽轮发电机组的绝对电效率。

由式（2-56）可知，热耗率 q_0 的大小与效率 η_i、η_m 及 η_g 有关，而 η_m 及 η_g 的值均在 0.99 左右，所以汽轮机的内效率 η_i 在 η_e 中占有主导地位，决定着汽轮发电机组的热耗率。

q_0 与 η_e 两者紧密联系，知其一即可由式（2-56）求得另一个指标。

2. 全厂的热经济指标

（1）全厂的热耗量 Q_{cp} 和热耗率 q_{cp}　　全厂的热耗量 Q_{cp}（kJ/h）是指凝汽式发电厂单位时间内生产电能所消耗的热量，即

$$Q_{cp} = B q_{net} = \frac{Q_b}{\eta_b} = \frac{Q_0}{\eta_b \eta_p} = \frac{3600 P_e}{\eta_b \eta_p \eta_e} \qquad (2\text{-}57)$$

全厂的热耗率 q_{cp}〔kJ/（kW·h）〕凝汽式发电厂生产单位电能所消耗的热量，即

$$q_{cp} = \frac{Q_{cp}}{P_e} = \frac{3600}{\eta_{cp}} = \frac{3600}{\eta_b \eta_p \eta_e} \qquad (2\text{-}58)$$

其中，η_{cp} 为全厂热效率。

（2）全厂的用电率 ζ_{ap}　　在同一时间，发电厂生产过程中所有辅助设备所消耗的厂用电量 P_{ap} 与发电量的比值为全厂的用电率，即

$$\zeta_{ap} = \frac{P_{ap}}{P_e} \times 100\% \qquad (2\text{-}59)$$

η_{cp} 为全厂热效率，全厂的净效率 η_{cp}^n 则为发电量扣除厂用电量 P_{ap} 所得的全厂热效率，也称为供电热效率，其计算式为

$$\eta_{cp}^n = \frac{3600(P_e - P_{ap})}{B q_{net}} = \frac{3600 P_e (1 - \zeta_{ap})}{Q_{cp}} = \eta_{cp}(1 - \zeta_{ap}) \qquad (2\text{-}60)$$

（3）全厂的煤耗量和煤耗率

1）全厂的发电煤耗量 B 和煤耗率 b。全厂煤耗量 B（kg/h）表示单位时间内发电厂所消耗的燃料量，即

$$B = \frac{Q_{cp}}{q_{net}} = \frac{Q_b}{\eta_b q_{net}} = \frac{3600 P_e}{\eta_{cp} q_{net}} \qquad (2\text{-}61)$$

全厂煤耗率 b〔kg/（kW·h）〕为发电厂每生产 1kW·h 电能所消耗的燃料量，即

$$b = \frac{B}{P_e} = \frac{q_{cp}}{q_{net}} = \frac{q_0}{q_{net} \eta_b \eta_p} = \frac{3600}{\eta_{cp} q_{net}} \qquad (2\text{-}62)$$

由式（2-62）可知，煤耗率 b 除了与全厂热效率 η_{cp} 有关外，还受煤的低位发热量 q_{net} 的影响。为消除不同燃料的影响，使得煤耗率仅与热效率有关，采用标准煤耗率 b^s 作为通用的经济指标，而 b 相应称为实际煤耗率。

2）全厂的标准煤耗率 b^s。为比较发电厂的热经济性，采用标准煤耗率 b^s〔kg/（kW·h）〕。标准煤的低位发热量为 29308kJ/kg，则标准煤耗率 b^s 为

$$b^s = \frac{q_0}{29308 \eta_b \eta_p} = \frac{3600}{29308 \eta_{cp}} \approx \frac{0.123}{\eta_{cp}} \qquad (2\text{-}63)$$

标准煤耗率是一个电厂范围内能量转换过程的技术完善程度的标志，它也反映了电厂管理水平和运行水平的高低。

由式（2-62）与式（2-63）可得实际煤耗率与标准煤耗率之间的换算关系为

$$29308b^s = bq_{net}$$

即有

$$b^s = b\frac{q_{net}}{29308} \tag{2-64}$$

3）供电标准煤耗率 b_n^s。发电厂向外供应单位电能所消耗的标准燃料量为供电标准煤耗率 b_n^s ［kg/（kW·h）］，即

$$b_n^s = \frac{3600}{29308\eta_{cp}^n} \approx \frac{0.123}{\eta_{cp}^n} \tag{2-65}$$

由上述表达式可知，能耗率中热耗率 q_0 和煤耗率 b 与热效率之间是一一对应关系，它们是通用的热经济性指标。而汽耗率 d_0 与热效率 q_0 之间无直接关系，主要取决于汽轮机实际比内功 w_i 的大小。因此，严格地讲，汽耗率 d_0 不能作为单独的热经济指标，只有当汽轮发电机组的热耗率 q_0 一定时，d_0 才能反映电厂的热经济性。

2.3　热电厂的主要热经济指标

2.3.1　热电联产与热电分产

蒸汽动力循环装置即使采用了高参数蒸汽、回热和再热等措施，热效率仍很少超过40%，也就是说，燃料燃烧释放出的热能中有大部分能量没有得到充分利用，60%左右散发到环境中，其中通过凝汽器冷却水带走而排放到大气中的能量占总能量的50%以上。这部分能量数量很大，但品质不高，所以普通热力发电厂将这些热量作为"废热"随大量冷却水丢弃。与此同时，厂矿企业、房屋采暖和生活用汽需要大量的压力较低、品位不高的热能，若用效率较低的工业锅炉直接供给，会造成燃料的极大浪费。为减少或避免冷源损失，将电能生产中的低品质热能，部分或全部用于对外供热，进行热电联合能量生产，可以大大提高燃料利用率，这种同一股蒸汽汽流（简称为热电联产汽流）先发电，后供热的能量生产方式称为热电联产，这种形式的发电厂称为热电厂，其热力循环称之为供热循环，以热电联产方式集中供热称为热化。由于做功的那部分排汽热量供给了用户，未传给冷源，所以电能是在供热基础上产生的，这是热电联产的一个基本特征。

1. 热电分产与热电联产的特点

热能和电能的生产分单一能量生产和联合能量生产两种形式，即热电分产和热电联产。

热力设备只用来供应单一能量（热能或电能）的方式称为热电分产，如供热锅炉房只供应热能（蒸汽和热水），凝汽式发电厂只供应电能，如图2-8a所示；又如凝汽式发电厂在供应电能的同时，由锅炉产生的蒸汽经减温减压后直接向热用户供应蒸汽，虽然也同时供应两种能量，但仍属热电分产，如图2-8b所示。热电分产对一次能源使用极不合理，在凝汽式发电厂中，热功转换过程产生的低品质热能未被利用；而在供热锅炉中，将燃料的化学能直接转化为低品质的热能供应给热用户，使能量大幅度缩减。

热电联产将高品位的热能用于发电，低品位的热能用以对外供热，符合按质用能的原

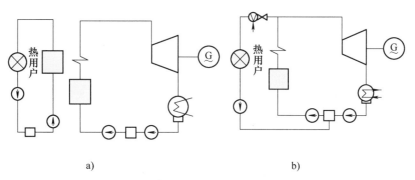

图 2-8 热电分产热力系统

a）分散供热 b）集中供热

则。由于对外供热的蒸汽没有冷源损失，达到了"热尽其用"的目的，实现了能量的梯级利用，使热电厂的热经济性大为提高。

热电厂热电联产的生产方式有：背压式汽轮机组、调节抽汽式汽轮机组和背压式汽轮机组加凝汽式汽轮机组三种（抽汽背压式），其热力系统如图 2-9 所示。

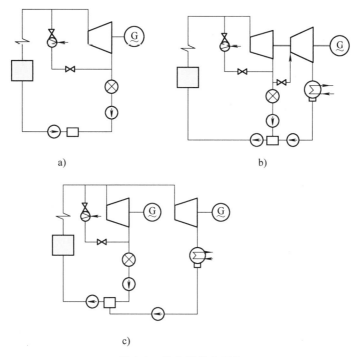

图 2-9 热电厂热力系统

a）背压式汽轮机组 b）调节抽汽式汽轮机组 c）背压式汽轮机加凝汽式汽轮机组

排汽压力高于大气压的汽轮机称为背压式汽轮机，如图 2-9a 所示。这种系统没有凝汽器，蒸汽在汽轮机内做功后具有一定压力，通过管路送给热用户作为热源，利用其排汽供热，无冷源损失，热经济性最高，而且结构简单，投资少。其缺点是：发电和供热相互制约，难以同时满足用户对于电、热负荷的需要；其机组适应性差，在热负荷变化时，机组的电功率变化剧烈，相对内效率也会显著降低。因此，采用背压式汽轮机组必须要有稳定的热负荷，否则不宜单独采用，通常与凝汽式机组并列运行（图2-9c）。

蒸汽在调节抽汽式汽轮机中膨胀至一定压力时，被抽出一部分送给热用户，其余蒸汽则经过调节阀继续在汽轮机内做功，乏汽送往凝汽器。这种循环能自动调节热电出力，保证供汽量和供汽参数，从而可以较好地满足用户对热、电负荷的不同要求，如图2-9b所示。

采用抽汽背压式汽轮机组，同样可以通过改变凝汽流量，在较大的范围内调节功率，而不受热负荷的影响，能同时满足电、热负荷的需要，应用广泛；因同时存在凝汽发电和热化发电，故整个机组的热经济性介于凝汽式机组与背压式机组之间，主要取决于热化发电所占比例的大小；且调节抽汽的回转隔板增加了节流损失，使供热机组的相对内效率比纯凝汽式机组的低。

2. 热电联产的热量法定性分析

对具有相同初参数的纯凝汽式机组（按朗肯循环工作）和背压式机组（纯供热循环）的理想循环进行定性分析。

如图2-10a所示，理想循环热效率 η_t 和实际朗肯循环效率 η_i 的表达式分别为

$$\eta_t = \frac{w_a}{q_0} = \frac{q_0 - q_{ca}}{q_0} = 1 - \frac{q_{ca}}{q_0} = 1 - \frac{h_{ca} - h_c'}{h_0 - h_c'} \tag{2-66}$$

$$\eta_i = \frac{w_i}{q_0} = \frac{q_0 - q_c}{q_0} = 1 - \frac{q_c}{q_0} = 1 - \frac{h_c - h_c'}{h_0 - h_c'} \tag{2-67}$$

如图2-10b所示的供热循环，即背压式汽轮机组的循环，其理想的热效率 η_{th} 与实际热效率 η_{ih} 的表达式分别为

$$\eta_{th} = \frac{w_a' + q_{ha}}{q_0'} = \frac{(h_0 - h_{ca}) + (h_{ca} - h_h')}{h_0 - h_h'} = 1 \tag{2-68}$$

$$\eta_{ih} = \frac{w_i' + q_h}{q_0'} = \frac{(h_0 - h_h) + (h_h - h_{ha}) + (h_{ha} - h_h')}{h_0 - h_h'} = 1 \tag{2-69}$$

式中，w_a、w_a' 分别为朗肯循环、供热循环的理想比内功（kJ/kg）；w_i、w_i' 分别为朗肯循环、供热循环的实际比内功（kJ/kg）；q_0、q_{ca}、q_c 分别为朗肯循环的吸热量、理想的放热量、实际放热量（kJ/kg）；q_0'、q_{ha}、q_h 分别为供热循环的吸热量、理想对外供热量、实际对外供热量（kJ/kg）；h_{ca}、h_c、h_c' 分别为朗肯循环理想的、实际的排汽比焓以及该排汽压力 p_c 下的饱和水焓（kJ/kg）；h_{ha}、h_h、h_h' 分别为供热循环理想的、实际的排汽比焓以及该排汽压力 p_h 下的饱和水焓（kJ/kg）。

由图2-10及式（2-66）～式（2-69）分析可知：按热量法分析，朗肯循环的效率均较低，是由于冷源损失较大所致；纯供热循环的 η_{th}、η_{ih} 均为1，因为做过功的全部蒸汽用以对外供热，完全无冷源损失，使得热电厂热经济性提高；但为了适应供热参数的要求，需将排汽压力提高（即 $p_h > p_c$），这样致使 $w_i' < w_i$，即在汽轮机中的做功能力降低，做功量减少。为此要提高热电联产的热经济性，仍应设法提高汽轮机的相对内效率。

3. 热电联产的节煤量

热电联产的节煤量是指在能量（热负荷 Q，电负荷 W）供应相等的原则下，热电联产与热电分产方式相比节省的燃料量。图2-11a、b所示分别为热电联产及热电分产的热力系统图。

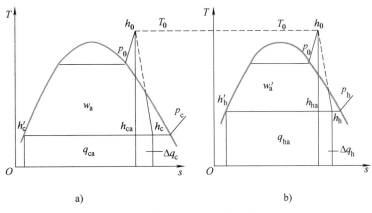

图 2-10　朗肯循环、供热循环的 T-s 图

a）朗肯循环　b）供热循环

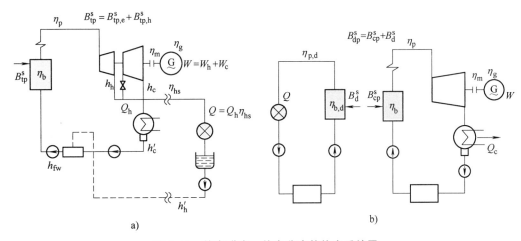

图 2-11　热电联产、热电分产的热力系统图

a）热电联产　b）热电分产

热电分产时，电能由电力系统中的凝汽式发电厂（称代替凝汽式机组）生产，热能由分散的小锅炉供应。

设代替凝汽式机组的锅炉热效率 η_b、管道热效率 η_p、汽轮机的机械效率 η_m 和发电机的效率 η_g 与联产发电的完全相同；联产供热的锅炉热效率 η_b 却远高于分产供热的锅炉热效率 $\eta_{b,d}$，即 $\eta_b > \eta_{b,d}$；联产供热通过热网干管的散热损失用热网效率 η_{hs} 来反映。这样，若有相同的热负荷 Q（热用户处的用热量）时，热负荷 Q 与联产时的供热量 Q_h 之间的关系为 $Q_h = Q/\eta_{hs}$。

设热电厂的标准煤耗量为 B_{tp}^s，代替凝汽式机组的标准煤耗量为 B_{cp}^s，标准煤耗率为 b_{cp}^s，分散小锅炉的总标准煤耗量为 $\sum B_d^s$，锅炉热效率 $\eta_{b,d}$，管道热效率 $\eta_{p,d}$。联产与分产节煤的比较按热量法进行，则联产较分产的标准节煤量 ΔB^s 为

$$\Delta B^s = (B_{cp}^s + \sum B_d^s) - B_{tp}^s = (B_{cp}^s - B_{tp,e}^s) + (\sum B_d^s - B_{tp,h}^s)$$

$$= \Delta B_e^s + \Delta B_h^s \tag{2-70}$$

式中，$B_{tp,e}^s$ 为热电厂发电的标准煤耗量（kg/h）；$B_{tp,h}^s$ 为热电厂供热的标准煤耗量（kg/h）；ΔB_e^s 为联产发电较分产发电时节约的标准煤量（kg/h）；ΔB_h^s 为联产供热较分产供热时节约的标准煤量（kg/h）。

式（2-70）中的煤耗量可以用负荷（热负荷 Q、电负荷 W）以及效率表示。分产凝汽式机组（代替凝汽式机组）的标准煤耗量 B_{cp}^s 的计算式为

$$B_{cp}^s = \frac{0.123}{\eta_{cp}}W = \frac{0.123}{\eta_b\eta_p\eta_i\eta_m\eta_g}W \tag{2-71}$$

分产供热（分散小锅炉）的总标准煤耗量 $\sum B_d^s$ 的计算式为

$$\sum B_d^s = \frac{Q}{29308\eta_{b,d}\eta_{p,d}} = \frac{Q_h\eta_{hs}}{29308\eta_{b,d}\eta_{p,d}} \tag{2-72}$$

联产机组发电量包括供热汽流发电量 W_h 和凝汽流的发电量 W_c，总的电负荷 $W = W_h + W_c$（背压式机组的 $W_c = 0$）。为此，联产机组的煤耗量也由两部分产生，即联产发电的标准煤耗量 $B_{tp,e}^s$ 以及联产供热的标准煤耗量 $B_{tp,h}^s$，其中联产发电的标准煤耗量 $B_{tp,e}^s$ 为

$$
\begin{aligned}
B_{tp,e}^s &= \frac{3600W_h}{29308\eta_b\eta_p\eta_{i,h}\eta_m\eta_g} + \frac{3600W_c}{29308\eta_b\eta_p\eta_{i,e}\eta_m\eta_g} \\
&= 0.123 \times \left(\frac{W_h}{\eta_b\eta_p\eta_m\eta_g} + \frac{W_c}{\eta_b\eta_p\eta_{i,e}\eta_m\eta_g} \right)
\end{aligned}
\tag{2-73}
$$

式中，$\eta_{i,h}$ 为联产机组在供热基础上供热部分的效率，$\eta_{i,h} = 1$；$\eta_{i,e}$ 为联产机组凝汽发电部分的绝对内效率；η_i 为代替凝汽式机组的绝对内效率，它们之间存在下列关系：

$$\eta_{i,h} > \eta_i > \eta_{i,e}$$

联产机组供热汽流的实际循环，因其不存在冷源损失，使其热效率 $\eta_{i,h} = 1$；代替凝汽式机组的绝对内效率 η_i 大于供热机组凝汽发电的绝对内效率 $\eta_{i,e}$，这是因为供热机组为调节热负荷而增加了配汽机构，增大了凝汽流的节流损失，使绝对内效率下降；另外，在电网中一般供热机组的容量及初参数均低于代替电站的凝汽式机组。

联产供热的标准煤耗量 $B_{tp,h}^s$ 为

$$B_{tp,h}^s = \frac{Q}{29308\eta_b\eta_p\eta_{hs}} = \frac{Q_h}{29308\eta_b\eta_p} \tag{2-74}$$

将式（2-71）~式（2-74）代入式（2-70）中，整理可得

$$
\begin{aligned}
\Delta B^s &= (B_{cp}^s - B_{tp,e}^s) + (\sum B_d^s - B_{tp,h}^s) \\
&= \frac{0.123}{\eta_b\eta_p\eta_m\eta_g}\left[\frac{W}{\eta_i} - \left(W_h + \frac{W_c}{\eta_{i,e}} \right) \right] + \frac{Q_h}{29308}\left[\frac{\eta_{hs}}{\eta_{b,d}\eta_{p,d}} - \frac{1}{\eta_b\eta_p} \right]
\end{aligned}
\tag{2-75a}
$$

将 $W = W_h + W_c$ 代入式（2-75a）中，化简可得

$$
\begin{aligned}
\Delta B^s &= \frac{0.123}{\eta_b\eta_p\eta_m\eta_g}\left[W_h\left(\frac{1}{\eta_i} - 1 \right) - W_c\left(\frac{1}{\eta_{i,e}} - \frac{1}{\eta_i} \right) \right] + \\
& \quad \frac{Q_h}{29308}\left[\frac{\eta_{hs}}{\eta_{b,d}\eta_{p,d}} - \frac{1}{\eta_b\eta_p} \right]
\end{aligned}
\tag{2-75b}
$$

式（2-75b）等号右边第一项为热电联产发电较分产发电的节煤量，第二项为热电联产

供热较分产供热的节煤量。

由式（2-75b）可知，并不是在任何条件下联产较分产都可节煤，而是存在着节煤量为零的临界条件，超过此临界条件则节煤。就供热节煤而言，只要保证

$$\eta_b \eta_p \eta_{hs} > \eta_{b,d} \eta_{p,d} \tag{2-76}$$

供热方面就能节省燃料。现阶段，一些小型锅炉的效率都比电厂锅炉的效率低得多，上述条件通常可以满足，所以一般联产供热比分散供热节煤。若采用集中锅炉房供热，由于容量大，设计效率高，倘若热电厂供热距离长，热用户又分散，热网损失过大，会使热电联产节煤效果变得不再显著。

联产发电节煤量由式（2-75b）中的 $\dfrac{0.123}{\eta_b \eta_p \eta_m \eta_g}\left[W_h\left(\dfrac{1}{\eta_i}-1\right)-W_c\left(\dfrac{1}{\eta_{i,e}}-\dfrac{1}{\eta_i}\right)\right]$ 项来确定，其中第一项为热化发电的节煤量，即联产及分产发电功率均为 W_h 时，联产发电较分产发电的节煤量，由于供热循环汽流的实际循环热效率为 100%，远大于代替凝汽式机组的绝对内效率，所以其节煤效益非常显著。第二项是凝汽发电 W_c 较代替凝汽式机组发相同 W_c 时多耗的煤量。但一般供热机组的凝汽发电量不大，尽管供热机组凝汽发电的绝对内效率 $\eta_{i,e}$ 比代替凝汽式机组的绝对内效率 η_i 小，由供热机组凝汽发电多耗的燃料也不多。故总的来讲，热电联产发电较分产发电的煤耗量小，只是不如供热方面节煤效果明显而已。

综上所述，热电联产首先减少或避免了冷源损失，将电能生产中的低品质热能部分或全部用于供热；其次，热电联产集中供热，用高效率的大型电站锅炉代替分散的、低效率的小锅炉进行供热，减少了因锅炉热效率低而产生的热损失，提高了燃料利用率，节约了大量燃料，进而使得热经济性提高。

2.3.2 热电联产主要热经济指标

凝汽式发电厂的主要热经济指标有全厂热效率 η_{cp}、全厂热耗率 q_{cp} 和标准煤耗率 b_{cp}^s，它们均能表明凝汽式发电厂能量转换过程的技术完善程度，也就是说，它们既是反映热量利用的数量指标，又是做功能力的质量指标，且三者相互联系，已知其一，即可求得其他两个。

对于热电厂，因同一股联产汽流既发电又供热，电能与热能形式不同，而且电、热两种能量产品的质量不等价；且供热参数不同，热能的品位也不同；此外，当热电厂有主蒸汽经减温减压后直接供热时，热电厂内还同时存在热电分产。显然，热电厂的主要热经济指标比凝汽式电厂的复杂得多。迄今为止，尚未有可与凝汽式电厂相类比的，同时可反映能量的数量与质量，且计算简便的单一的热电厂用的热经济指标，热电厂只能采用既有总指标又有分项指标的综合指标来进行评价。

1. 热电厂总热耗量的分配

对分产而言，其发电和供热是各自独立的，因此其发电及供热所消耗的热量（或耗煤量）是明确的。对联产而言，同一股联产汽流既发电又供热，必须对热电厂总热耗量（或耗煤量）在两种能量产品之间进行合理分配，以确定电能和热能的生产成本及其相关的热经济指标。

图 2-12 所示为单抽汽式供热机组的原则性热力系统，热电厂的总热耗量 Q_{tp} 为供热汽流 $D_{h,t}$、凝汽流量 D_c 和经减温减压后直接供热汽流 $D_{h,b}$ 三者携带热量之和。D_c 和 $D_{h,b}$ 属

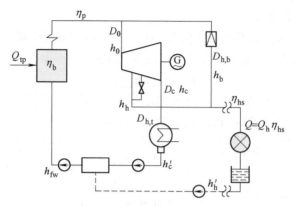

图 2-12　单抽汽式供热机组的原则性热力系统

于分产发电和分产供热能量生产，它们携带的能量归宿明确，不存在热耗量的分配问题，只有供热（或联产）汽流 $D_{h,t}$ 的热耗量需要在两种产品之间进行分配，以确定热电联产的收益在两种产品之间的分配关系。

国内外学者对热电联产总热耗量分配进行了许多研究，提出了各种不同的分配方法。如热电联产效益归电的热量法、热电联产效益归热的实际焓降法、热电联产效益折中的做功能力法以及热经济学法等。各类方法都有一定的合理性，也有其相应的局限性，但无论采用何种方法，只要将一种产品的热耗量分配确定，则另一种产品的热耗量即可由热电厂总热耗量减去已分配的热耗量来确定，下面简要介绍几种典型的分配方法。

（1）热量法　热量法将热电厂的总热耗量按生产两种能量的用热数量比例进行分配，它只考虑能量的数量，不考虑能量的质量差别。热电厂总热耗量为 Q_{tp} （kJ/h）

$$Q_{tp} = B_{tp} q_{net} = \frac{Q_b}{\eta_b} = \frac{Q_0}{\eta_b \eta_p} = \frac{D_0(h_0 - h_{fw})}{\eta_b \eta_p} \tag{2-77}$$

式中，B_{tp} 为热电厂总燃料消耗量（kg/h）；h_{fw} 为给水比焓（kJ/kg）。

汽轮机的热化供热量 Q_h 原本是指先在汽轮机中做功发电后的供热汽流再用以对外供热所消耗的热量，其 $\eta_{ih} = 1$，全无冷源损失；可是在按热量法分配热电厂总热耗时，分配给供热方面的热耗量 $Q_{tp,h}$ 仍按从热电厂锅炉直接引出的集中供热量计，即以热用户实际消耗的热量 Q_h 为依据计算

$$Q_{tp,h} = \frac{Q_h}{\eta_b \eta_p} = \frac{D_{ht}(h_h - h_h')}{\eta_b \eta_p} \tag{2-78}$$

式中，h_h 为供热抽汽焓（kJ/kg）；h_h' 为供热蒸汽的凝结水焓（kJ/kg）。

若用供给热用户的热量 Q 计算，则可表示为

$$Q_{tp,h} = \frac{Q}{\eta_b \eta_p \eta_{hs}} \tag{2-79}$$

热电厂供热的热效率为
$$\eta_{tp,h} = \frac{Q}{Q_{tp,h}} = \eta_b \eta_p \eta_{hs} \tag{2-80}$$

式中，Q_h 为热电厂送出的热量（kJ/h）；Q 为供给热用户的热量（kJ/h）；η_{hs} 为热网效率；$\eta_{tp,h}$ 为热电厂供热的热效率。

分配给发电方面的热耗量为

$$Q_{tp,e} = Q_{tp} - Q_{tp,h} = \frac{Q_0 - Q_h}{\eta_b \eta_p} = \frac{Q_0 - (Q/\eta_{hs})}{\eta_b \eta_p} \qquad (2\text{-}81)$$

由上述分析可知，联产发电部分的绝对内效率为1。为方便起见，以背压式汽轮机为例说明（抽汽式汽轮机中联产汽流发电部分等同于背压机）。

依据热力学第一定律，其能量平衡式为

$$Q_0 = W_i + Q_h = Q_{(e)} + Q_h$$

式中，W_i 为汽轮机的内功（kJ/h）；$Q_{(e)}$ 为分配给发电部分的热耗量（kJ/h）。

汽轮机的绝对内效率

$$\eta_i = \frac{W_i}{Q_{(e)}} = \frac{Q_{(e)}}{Q_{(e)}} = 1 \qquad (2\text{-}82)$$

热量法将分配给供热的热耗量按等数量的新蒸汽折算，未考虑汽轮机中已做功而引起能级降低的实际情况，也未考虑热、电两种产品间的质量差别。将热联产的节能效益全部归发电部分，不管汽轮机热功转换过程是否完善，汽轮机的内效率总是1，热经济性高。

按热量法分配给供热的热耗量 $Q_{tp,h}$ 是作为电站锅炉集中供热来计算的，不论供热蒸汽参数的高低，一律按锅炉新蒸汽直接供热方式处理，不利于鼓励用户降低用热参数，也不能调动电厂改进热功转换技术的积极性，从而使热电联产总的热经济性降低。这种将热电联产的热经济效益分摊到发电方面的分析法，简称为"好处归电法"。

（2）实际焓降法　实际焓降法是把联产汽流的热耗量，按联产供热抽汽汽流在汽轮机中少做的功（或称实际焓降不足）与新汽实际焓降的比例来分配供热的热耗量，其基本的思想是考虑了供热抽汽使汽流未能完全膨胀到排汽参数，则供热应按比例承担少做功对应的热耗量。

分配给联产供热的热耗量为（仅存在抽汽汽流联产供热）

$$Q_{tp,h}^t = Q_{tp} \frac{D_{h,t}(h_h - h_c)}{D_0(h_0 - h_c)} \qquad (2\text{-}83)$$

式（2-83）成立的前提是 $D_{h,t} = D_h$，即来自锅炉的新蒸汽经减温减压后的分产供热 $Q_{tp,h}^b = 0$，且机组无再热（对再热机组还应考虑再热中的吸热项）。

若电厂还有新蒸汽直接减温减压后对外供热，则应将其供热量直接加在供热方面，减温减压后的供热量为

$$Q_{tp,h}^b = \frac{D_{h,b}(h_h - h_h')}{\eta_b \eta_p} \qquad (2\text{-}84)$$

则供热总的热耗量为

$$Q_{tp,h} = Q_{tp,h}^t + Q_{tp,h}^b \qquad (2\text{-}85)$$

发电的热耗量为

$$Q_{tp,e} = Q_{tp} - Q_{tp,h} \qquad (2\text{-}86)$$

实际焓降法对联产发电而言，其冷源损失 $D_{h,t}(h_c - h_c')$ 全部由发电部分承担，即供热部分未分摊任何冷源损失，热电联产的好处全部由供热部分独占，所以称之为联产效益归热法，也称"好处归热法"。这种热耗量的分摊方法，考虑了供热抽汽的品位，用户要求的供热参数越高，分摊的热耗量越大，所以可鼓励热用户主动降低对供热参数的要求，从而提高热化的节能效果。但抽汽式汽轮机的供热调节装置不可避免地会增加流动阻力，从而使该机

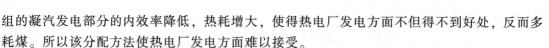

组的凝汽发电部分的内效率降低，热耗增大，使得热电厂发电方面不但得不到好处，反而多耗煤。所以该分配方法使热电厂发电方面难以接受。

（3）做功能力法　做功能力法是把联产汽流的热耗量，按联产供热蒸汽与新蒸汽的最大做功能力的比例来分配热电厂的总热耗量，即按蒸汽的最大做功能力在电、热两种产品间分配。按此方法，联产汽流的热耗量中，供热方面分摊的热耗量为

$$Q_{tp,h}^t = Q_{tp} \left(\frac{D_{h,t}}{D_0} \right) \frac{e_h}{e_0} \tag{2-87}$$

$$e_0 = h_0 - T_{amb} s_0$$

$$e_h = h_h - T_{amb} s_h$$

式中，e_0、e_h 分别为新蒸汽及供热抽汽的比㶲（kJ/kg）；h_0、h_h 分别为新蒸汽及供热抽汽的比焓（kJ/kg）；s_0、s_h 分别为新蒸汽及供热抽汽的比熵 [kJ/（kg·K）]；T_{amb} 为环境温度（K）。

这种分配方法以热力学第一及第二定律为依据，同时考虑了热能的数量和质量差别，将热电联产的热经济效益较合理地分配给电、热两种产品。理论上讲较为合理。但是，因供热式汽轮机的排汽温度与环境温度相差较小，此法与实际焓降法的分配结果相差无几，也就是说，热电联产的好处，大部分仍归供热方面所得，发电方面分摊所得好处还不足以补偿因汽轮机绝对内效率降低而多耗的热量，所以热电厂方面仍不能接受这种分配方法。

以上三种方法都有其局限性。相对而言，热量法的分配方法较为简单，已成为长期采用的一种传统方法。

2. 热电厂总的热经济指标

热电厂总的热经济指标包括热电厂的燃料利用系数 η_{tp}、供热机组的热化发电率 ω 和热电厂的标准节煤量 ΔB^s。

（1）热电厂的燃料利用系数 η_{tp}　热电厂的燃料利用系数定义为热电厂生产的电、热两种产品的总能量与其输入能量之比，即

$$\eta_{tp} = \frac{3600W + Q_h}{B_{tp} q_{net}} = \frac{3600P_e + Q_h}{Q_{tp}} \tag{2-88}$$

燃料利用系数只表明燃料能量利用的总效率，却没有考虑电和热两种产品在品位上的差别，只是将其单纯地按数量相加，仅能表明燃料能量利用的数量指标。因此，不能反映热、电生产整个能量供应系统的热经济性，它只是一项能量利用情况的数量指标，一般用于热电厂设计估算电厂燃煤量，不能用以比较供热机组的热经济性，更不能比较各热电厂的热经济性，故称之为燃料利用系数而不称作热效率。

（2）供热机组的热化发电率 ω　热化发电率只与联产汽流生产的电能和热能有关。联产汽流生产的电能 W_h 称为热化发电量，联产汽流生产的热量 $Q_{h,t}$ 称为热化供热量。所谓热化发电率 ω [（kW·h）/kJ] 是指质量不等价的热电联产部分的热化发电量 W_h 与热化供热量 $Q_{h,t}$ 的比值，即单位热化供热量的电能生产率，其表达式为

$$\omega = \frac{W_h}{Q_{h,t}} \tag{2-89}$$

图 2-13 为供热机组的实际给水回热系统。该系统的 z 级回热抽汽中，其中有一级调节抽汽的大部分用以对外供热，很小一部分用作一级回热加热器的加热蒸汽。对外供热蒸汽的

热化发电量称为外部热化发电量，用 $W_{\mathrm{h}}^{\mathrm{o}}$ 表示；z 级回热抽汽用以回热给水，实质也是热电联产，其热化发电量称为内部热化发电量，用 $W_{\mathrm{h}}^{\mathrm{i}}$ 表示，总的热化发电量 W_{h}（kW·h）为

$$W_{\mathrm{h}} = W_{\mathrm{h}}^{\mathrm{o}} + W_{\mathrm{h}}^{\mathrm{i}} = \frac{D_{\mathrm{h,t}}(h_0 - h_{\mathrm{h}})\eta_{\mathrm{m}}\eta_{\mathrm{g}}}{3600} +$$

$$\sum_{j=1}^{z} \frac{D_j^{\mathrm{h}}(h_0 - h_j)\eta_{\mathrm{m}}\eta_{\mathrm{g}}}{3600} \quad (2\text{-}90)$$

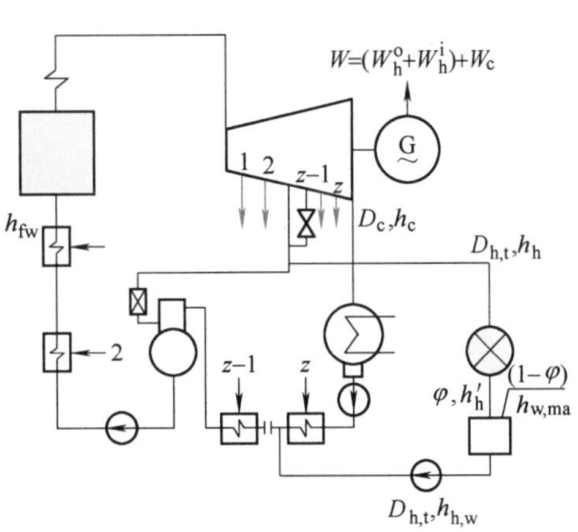

式中，$D_{\mathrm{h,t}}$ 为热化供热汽流量（kg/h），如果热电厂无对外分产供热，则供热抽汽量 $D = D_{\mathrm{h,t}}$，D_j^{h} 为各级抽汽加热供热回水所增加的回热抽汽量（kg/h）；h_j 为各级回热抽汽的焓（kJ/kg）。

图 2-13 热电厂给水回热系统

另外，热化的供热量 $Q_{\mathrm{h,t}}$（GJ/h）为

$$Q_{\mathrm{h,t}} = \frac{D_{\mathrm{h,t}}(h_{\mathrm{h}} - h_{\mathrm{h}}')}{10^{-6}} \quad (2\text{-}91)$$

由于热网中有工质损失，返回水率为 φ，则需补充热网水 $(1-\varphi)$，补充水的比焓为 $h_{\mathrm{w,ma}}$，两者混合后的热网返回水的比焓 $h_{\mathrm{h,w}}$ 为

$$h_{\mathrm{h,w}} = \varphi h_{\mathrm{h}}' + (1-\varphi)h_{\mathrm{W,ma}}$$

将式（2-90）和式（2-91）代入式（2-89）中，有

$$\omega = \frac{W_{\mathrm{h}}}{Q_{\mathrm{h,t}}} = \frac{W_{\mathrm{h}}^{\mathrm{o}} + W_{\mathrm{h}}^{\mathrm{i}}}{Q_{\mathrm{h,t}}} = \omega_{\mathrm{o}} + \omega_{\mathrm{i}} = \omega_{\mathrm{o}}(1+e)$$

$$= \frac{\dfrac{D_{\mathrm{h,t}}(h_0 - h_{\mathrm{h}})\eta_{\mathrm{m}}\eta_{\mathrm{g}}}{3600}}{\dfrac{D_{\mathrm{h,t}}(h_{\mathrm{h}} - h_{\mathrm{h}}')}{10^{-6}}}(1+e) \quad (2\text{-}92)$$

$$= 278\frac{(h_0 - h_{\mathrm{h}})\eta_{\mathrm{m}}\eta_{\mathrm{g}}}{h_{\mathrm{h}} - h_{\mathrm{h}}'}(1+e)$$

式中，e 称为相对热化份额 [(kW·h)/GJ]，其表达式为

$$e = \frac{W_{\mathrm{h}}^{\mathrm{i}}}{W_{\mathrm{h}}^{\mathrm{o}}} = \frac{\displaystyle\sum_{j=1}^{z} D_j^{\mathrm{h}}(h_0 - h_j)}{D_{\mathrm{h,t}}(h_0 - h_{\mathrm{h}})}$$

式中，ω_{o}、ω_{i} 分别称为外部、内部热化发电率 [(kW·h)/GJ]。

一般内部热化发电量在总的热化发电量中所占的份额不大，近似计算中可以忽略。

由式（2-92）可知，热化发电率 ω 与热电厂供热机组的初参数及其主要蒸汽参数（再热参数、回热参数、供热抽汽参数）以及技术完善程度（$\eta_{\mathrm{m}}\eta_{\mathrm{g}}$）有关，也与供热返回水率、返回水参数和补水参数有关。任一因素的改善都可提高热化发电率。对外供热量一定时，热化发电率越高，则热化发电量也越大，从而可以减少系统的凝汽发电量，节省更多的燃料。这说明 ω 可用作评价同类型、同参数供热机组热经济性的质量指标。

应该强调指出的是，不能用热化发电率 ω 比较凝汽式电厂和热电厂之间的热经济性，只能用来比较抽汽参数相同的供热机组之间的热经济性，所以它也不能作为评价热电厂热经济性的单一指标。

综上所述，燃料利用系数 η_{tp} 和热化发电率 ω 均不能作为评价热电厂经济性的单一的热经济指标，通常是以式（2-75b）计算的热电联产较热电分产的标准节煤量 ΔB^s 为评价热电厂热经济性的指标。

3. 热电厂分项计算的主要热经济指标

将热电厂总热耗量 Q_{tp} 按热量法分为 $Q_{tp,e}$ 及 $Q_{tp,h}$ 后，可以分别计算热电厂发电与供热方面的热经济指标。

（1）发电方面的热经济指标

热电厂的发电热效率 $\eta_{tp,e}$

$$\eta_{tp,e} = \frac{3600 P_e}{Q_{tp,e}} \qquad (2-93)$$

热电厂的发电热耗率 $q_{tp,e}$ $[kJ/(kW \cdot h)]$

$$q_{tp,e} = \frac{Q_{tp,e}}{P_e} = \frac{3600}{\eta_{tp,e}} \qquad (2-94)$$

热电厂的发电标准煤耗率 $b_{tp,e}^s$ $[kg/(kW \cdot h)]$

$$b_{tp,e}^s = \frac{B_{tp,e}^s}{P_e} = \frac{3600}{\eta_{tp,e} q_{net}} \approx \frac{0.123}{\eta_{tp,e}} \qquad (2-95)$$

上述三个指标中，已知其一，即可求得其余两个。

（2）供热方面的热经济指标

热电厂供热热效率 $\eta_{tp,h}$

$$\eta_{tp,h} = \frac{Q}{Q_{tp,h}} = \eta_b \eta_p \eta_{hs} \qquad (2-96)$$

热电厂供热标准煤耗率 $b_{tp,h}^s$ （kg/GJ）

$$b_{tp,h}^s = \frac{B_{tp,h}^s}{Q/10^6} = \frac{10^6}{q_{net} \eta_{tp,h}} \approx \frac{34.1}{\eta_{tp,h}} \qquad (2-97)$$

上述两个指标，知其一，可求另一个。

思 考 题

2-1 对于凝汽式发电厂生产过程中的最大损失，为何热量法和做功能力分析法分析的结果不一致？

2-2 热力发电厂热经济性的两种基本方法有何特点？两者有何区别？

2-3 热力发电厂的热经济分析，为何定量计算常用热量法？

2-4 凝汽式发电厂的总效率由哪些效率组成？

2-5　发电厂有哪些主要的热经济性指标？它们之间存在什么关系？

2-6　为什么说标准煤耗率是一个比较完善的热经济性指标？

2-7　为什么汽耗率不能独立作为热经济指标进行评价热力发电厂热经济性？

2-8　什么是热电联产？

2-9　热电厂总热耗量为何要进行分配？常用的分配方法有哪几种？

2-10　热电厂的燃料利用系数是否能反映热电厂热功转换的完善程度？为什么？

2-11　什么是供热机组的热化发电率？

2-12　热电联产与热电分产比较时，节省燃料的条件是什么？

第 3 章

热力发电厂原则性热力系统

3.1 热力系统及主设备与参数选择原则

3.1.1 热力系统概念及分类

1. 热力系统与热力系统图

热力系统是热力发电厂实现热功转换的热力部分工艺系统。根据发电厂热力循环的特征，以安全和经济为原则，通过热力管道及阀门将汽轮机本体与锅炉本体、辅助热力设备有机地连接起来，能在各种工况下安全、经济、连续地将燃料的能量转换成机械能，最终转变为电能，从而有机地组成了发电厂的整体热力系统。用特定的符号、线条等将热力系统绘制成图，称为热力系统图。热力系统图广泛用于设计、研究和运行管理中。

2. 热力系统的分类

由于现代热力发电厂的热力系统是由许多不同功能的局部系统有机地组合在一起的，复杂而庞大，为有效研究和便于管理，常将全厂热力系统进行分类。

以范围划分，热力系统可分为全厂热力系统和局部热力系统。局部热力系统又可分主要热力设备的系统（如汽轮机本体、锅炉本体等）和各种局部功能系统（如主蒸汽系统、给水系统、主凝结水系统、回热系统、供热系统、抽空气系统和冷却水系统等）两种。全厂热力系统则是以汽轮机回热系统为核心，将锅炉、汽轮机和其他所有局部热力系统有机组合而成的。

按照应用与绘制的详略程度、用途来划分，热力系统分可为原则性热力系统和全面性热力系统。原则性热力系统图是一种原理性图，它主要表明热力循环中工质能量转换及热量利用的过程，反映了发电厂热功转换过程中的技术完善程度和热经济性。它的拟定是电厂设计工作的重要环节，也是全面性热力系统制定与设计的基本依据。对机组而言，如汽轮机（或回热）的原则性热力系统，对全厂而言，如发电厂的原则性热力系统，它们主要用来反映在额定工况下系统的安全经济性；对不同功能的各种热力系统，如主蒸汽、给水、主凝结水等系统，其原则性热力系统则是用来反映该系统的主要特征：采用的主辅热力设备、系统形式。根据原则性热力系统图的目的要求，在全厂的原则性热力系统图上，不应有反映其他工况（如低负荷、启停工况、事故工况等）的设备及管线，除个别与热经济性有关的阀门如定压除氧器的压力调节阀外，所有其他阀门均不呈现，多个相同的设备也只需用一个来代表。

全面性热力系统全面反映了电厂的生产过程和设备组成，它不仅要求表示机组在额定工况下正常运行时系统的状况，还需要考虑机组在非额定工况下（包括起动、停机、升负荷、甩负荷等以及某些设备检修、停运、切换等情况）机组的管路连接、设备设置，因此，全面性热力系统包括了电厂热力部分的所有管道及设备。由于全面性热力系统比较复杂，通常按功能分解为主蒸汽和再热蒸汽系统、汽轮机旁路系统、回热抽汽系统、主凝结水系统、主给水及除氧系统、加热器疏放水系统、辅助蒸汽系统、凝汽器抽真空系统、冷却水系统等。全面性热力系统由电力设计部门根据原则性热力系统以各个电厂的具体情况拟定。

对不同范围的热力系统，都有其相应的原则性和全面性热力系统。如回热的原则性和全面性热力系统，主蒸汽的原则性和全面性热力系统等。

3.1.2 热力发电厂原则性热力系统的组成

由于现代热力发电厂的汽轮机组都毫无例外地采用给水回热加热，机组回热系统既是汽轮机热力系统的基础，也是热力发电厂热力系统的核心。确定热力发电厂原则性热力系统时，必须在机组原则性热力系统基础上，考虑锅炉与汽轮机的匹配、辅助原则性热力系统与机组回热系统的匹配。热力发电厂原则性热力系统是在机组回热原则性热力系统的基础上，加上辅助原则性热力系统所组成，具体细化可包括：锅炉与汽轮机的连接、汽轮机与凝汽设备的连接、给水和凝结水的回热加热及其疏水回收系统、除氧器与给水泵的连接、补充水的连接方式、锅炉连续排污回收利用系统、对外供热系统等。

图1-3为某汽轮机厂1000MW超超临界机组的原则性热力系统图。该机组采用一机一炉单元制，每个单元中包括锅炉、汽轮机、2台汽动给水泵和1台电动给水泵、1台除氧器及给水箱和7台表面式加热器等设备。汽轮机有8段非调整抽汽（编号从高压到低压为1、2、…、8段），分别引入3台高压加热器（双列配置）、1台除氧器和4台低压加热器。其加热器（包括除氧器）的编号从高压到低压依次排列，为1~8号。不同汽轮机厂的1000MW超超临界机组的原则性热力系统大体相同，稍有区别。

3.1.3 热力发电厂主要热力设备选择原则

3.1.3.1 汽轮机组

汽轮机组的选择就是确定汽轮机的单机容量、种类、参数和台数。

（1）汽轮机单机容量 汽轮机单机容量是指单台汽轮机的额定电功率。设计规划热力发电厂，首先应进行机组单机容量的选择。从造价上考虑，机组单位功率的造价随机组容量的增大而减小。同样，电厂运行和维护费用也遵循这个规律。因此，单机容量应该尽量选择大一些。但是，当单机容量超过500MW以后，机组单位容量造价的降低不是很明显。

此外，单机容量的选择还要受负荷增长预测、厂址和电网容量的限制。当电网中最大容量的机组突然停止运行时，为了维持供电负荷的稳定，必须要提高其他机组负荷或由相邻电网的供电以补偿功率的缺额。也就是说，机组单机容量越大，其出现故障对电网的影响就越大。

目前，在世界范围内，最大单机容量基本上在 600~1000MW 之间。只有美国投运了单机容量为 1300MW 的机组。

国家标准 GB 50660—2011《大中型火力发电厂设计规范》规定，热力发电厂应选用高效率的大容量机组，但最大机组容量不宜超过系统总容量的 10%。对于负荷增长较快的、正在形成中的电力系统，可根据具体情况并经技术经济论证后选用较大容量的机组。随着我国电网规模的逐渐扩大，电网允许的最大单机容量也在逐步增大，发电厂的机组容量也在逐步增大。目前，应选用高效率的单机容量为 600MW、800MW 和 1000MW 的汽轮机。

（2）汽轮机种类　汽轮机应按照电力系统负荷的要求，承担基本负荷或变动负荷。对电网中承担变动负荷的机组，其设备和系统性能应满足调峰要求，并应保证机组的寿命。

对兼有热力负荷的地区，经技术经济比较证明合理时，应采用供热式机组。在有稳定可靠的热负荷时，宜采用背压式机组或带抽汽的背压式机组，并宜与抽汽式供热机组配合使用。

（3）汽轮机参数　汽轮机参数包括主蒸汽参数、再热蒸汽参数和背压，详见 3.1.4。

（4）汽轮机台数　在发电厂的总容量及单机容量确定后，机组的台数也就相应确定了。一般地，对于单机容量较大的发电厂，机组台数不宜超过六台，机组容量等级不宜超过两种。同容量机、炉宜采用同一形式或改进形式，其配套设备的形式也宜一致。这样可使主厂房投资少，布置紧凑、整齐，备品配件通用率高，占用流动资金少，便于运行管理。

新建发电厂宜根据负荷需要和资金落实情况，按规划容量一次建成或分两期建成。大型发电厂宜多台大容量、高效率的同型机组一次设计、连续建成。

供热式汽轮机的种类、容量及台数，应根据近期热负荷和规划热负荷的大小和特性，按照以热定电的原则，通过比选确定，宜优先选用高参数、大容量的供热汽轮机。

3.1.3.2　锅炉机组

锅炉机组的选择包括锅炉参数、锅炉类型及锅炉容量与台数的选择。

（1）锅炉参数　锅炉主蒸汽参数的选择应该与汽轮机初参数及再热蒸汽参数匹配。同时，应该考虑到锅炉主蒸汽参数对锅炉水循环的影响。为此，《大中型火力发电厂设计规范》规定：热力发电厂对于大容量机组，锅炉过热器出口至汽轮机进口的压降，宜为汽轮机额定进汽压力的 5%；过热器出口额定蒸汽温度，对于亚临界及以下参数机组宜比汽轮机额定进汽温度高 3℃；对于超临界参数机组，宜比汽轮机额定进汽温度高 5℃。额定工况下，冷段再热蒸汽管道、再热器、热段再热蒸汽管道的压力降，宜分别为汽轮机额定工况下高压缸排汽压力的 1.5%~2.0%、5%、3.0%~3.5%；再热器出口额定蒸汽温度比汽轮机中压缸额定进汽温度宜高 2℃。

（2）锅炉类型　锅炉的选型包括燃烧方式的选择和水循环方式的选择。

燃烧方式必须适应燃用煤种的煤质特性及现行规定中的煤质允许变化范围。对燃煤及其灰分应进行物理、化学试验与分析，以取得煤质的常规特性数据和非常规特性数据，为锅炉燃烧方式的选择奠定基础。通常，燃用煤粉的煤粉炉由于其燃烧效率高、煤种适应能力强、容量大等优点在大型热力发电厂中得到广泛应用。

水循环方式与蒸汽初参数有关，通常亚临界参数以下多采用自然循环锅筒锅炉，水循环安全可靠，热经济性高；亚临界参数可采用自然循环或强制循环锅炉，强制循环锅炉能适应调峰情况下承担低负荷时水循环的安全；超临界参数只能采用直流锅炉。

（3）锅炉容量与台数 对于中间再热机组，通常采用单元制，宜一机配一炉。锅炉的最大连续蒸发量宜与汽轮机调节阀全开时的进汽量相匹配。

对于装有非中间再热供热式机组且主蒸汽采用母管制系统的发电厂，当一台容量最大的蒸汽锅炉停用时，其余锅炉（包括可利用的其他可靠热源）应满足：

1）热力用户连续生产所需的生产用汽量。

2）冬季采暖、通风和生活用热量的 $60\% \sim 75\%$（严寒地区取上限）。此时，可降低部分发电出力。

对于装有中间再热供热式机组的发电厂，其对外供热能力的选择，应与同一热网其他热源能力一并考虑；当一台容量最大的蒸汽锅炉停用时，其余锅炉的对外供汽能力若不能满足要求时，则不足部分依靠同一热网的其他热源解决。

3.1.4 机组初终参数、再热参数的确定

3.1.4.1 蒸汽初参数

蒸汽初参数是指新蒸汽进入汽轮机自动主汽门前的过热蒸汽压力 p_0 和温度 t_0。从经济性的角度看，汽轮机初参数越高，其理想焓降越大，循环热效率越高。但是，汽轮机初参数越高，给水泵耗功也越大；汽轮机进汽容积流量减少，高压缸相对内效率略有降低；排汽湿度增大，低压缸相对内效率降低；高、中压缸轴封漏汽量增大，级间漏汽损失也增大。随着汽轮机单机容量的增大，这些有利因素继续保持，不利因素则削弱。因此，机组容量越大，采用超临界、超超临界参数的汽轮机越合适。

从安全性的角度看，目前的超临界参数汽轮机的主蒸汽温度已在 $560℃$ 以上，汽轮机转子、叶片等旋转部件在此高温下运行需持续承受很高的离心力。长期处于高温下工作的汽轮机转子，由于高温和起停中的热应力，会造成持久强度的消耗（低周热疲劳）和高温蠕变的累积。而且，超临界参数汽轮机初参数提高后，汽缸、喷嘴室、主汽阀、导汽管等承压部件的壁厚增加，将使非稳定热应力增大。此外，超临界参数汽轮机的蒸汽密度大，蒸汽携带的能量也大。机组甩负荷时，汽缸、管道、加热器中的蒸汽推动转子转速的飞升要比亚临界机组的大。

随着我国金属材料的科技水平和开发能力的提高以及汽轮机控制系统的日益完善，汽轮机采用超临界、超超临界参数的条件已经逐步具备。近年建设的大型凝汽式热力发电厂汽轮机组多为 $300MW$、$600MW$、$1000MW$，其参数为亚临界压力、超临界压力和超超临界压力。

1. 蒸汽初参数对机组热效率 η_i 的影响

（1）提高蒸汽初温度 应用热量法分析：机组热效率 $\eta_i = \eta_t \eta_{ri}$。一方面对于 $\eta_t = 1 - (\overline{T_c}/\overline{T_1})$ 在蒸汽初压和排汽压力一定的情况下，如图 3-1 所示，将朗肯循环 1—2—3—4—5—6—1 的初温由 T_0 提高到 T_0' 时，该循环的吸热过程的平均温度将由 $\overline{T_1}$ 升高到 $\overline{T_1}'$。由 $\eta_t' = 1 - (\overline{T_c}/\overline{T_1}')$ 可知，在 $\overline{T_c}$ 一定时，理想循环热效率 η_t 增加了；另一方面，对于 η_{ri}，由图 3-1 可知，当汽轮机的容量、蒸汽初压力一定时，提高蒸汽的初温，蒸汽的比体积增大，使进入汽轮机的容积流量增加。在其他条件不变时，汽轮机高压部分叶片高度增大，漏汽损失相对减小。同时，随着初温的提高，减少了汽轮机末几级叶片中蒸汽的湿度，使汽轮机的湿气损

失减小，使得汽轮机相对内效率提高。所以，提高初温，η_i 总是增加的。

做功能力法分析表明，对锅炉部分，提高蒸汽初温度，可提高锅炉内平均吸热温度，在锅炉其他参数未变的情况下，锅炉内平均换热温差减小，烟损减小，机组热经济性提高。

如将提高初温后的朗肯循环（初温为 T_0'）作为是由原朗肯循环 1—2—3—4—5—6—1（初温为 T_0）与一个附加循环 1—1′—2′—2—1 组成的复合循环来考虑时，则附加循环的平均吸热温度大于朗肯循环的平均吸热温度，所以附加循环的热效率，高于原朗肯循环的热效率。因此，复合循环的热效率也必然高于原朗肯循环的热效率。

（2）提高蒸汽初压力　应用热量法分析：提高蒸汽初压力，对机组绝对内效率的影响也体现在 η_t 和 η_{ri} 上。

一方面，提高 p_0 对 η_t 的影响，存在一极限初始压力的限制。在蒸汽初温度和排汽温度一定的情况下，如图 3-3 和图 3-4 所示，随着 p_0 的增加，有一使循环热效率开始下降的压力，称为极限压力。在极限压力范围内，随着初压的升高，初焓 h_0 虽略有减小，但汽轮机中焓降增加了。因此，理想循环热效率 η_t 提高。

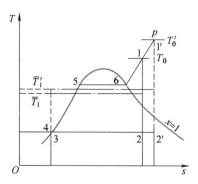

图 3-1　不同初温的朗肯循环 T-s 图

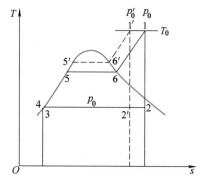

图 3-2　不同初压的朗肯循环 T-s 图

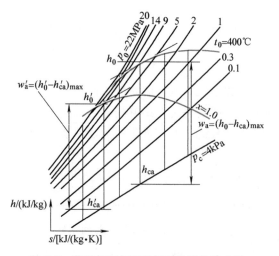

图 3-3　蒸汽初压与理想循环焓降关系曲线

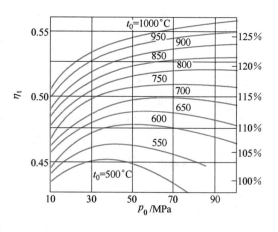

图 3-4　初压与理想循环热效率关系曲线

当 p_0 提高到极限压力以后，随着 p_0 的增加，汽轮机中的理想焓降逐渐减少。因为提高蒸汽的初压力时，水的汽化过程吸热量在整个吸热过程的总吸热量中所占的比例减少，而把给水加热到沸腾温度时的吸热量相对地增加，而水在这一段吸热过程的温度总是低于其他阶段（汽化段、过热段）吸热过程的温度，当初压 p_0 提到一定的数值后，水及蒸汽的整个吸热过程的平均温度会降低，η_t 将下降。表3-1是蒸汽初参数与机组热效率的对应关系。

表 3-1 蒸汽初参数与机组热效率关系

序号	机组类型	蒸汽压力/MPa	蒸汽温度/℃	机组热效率（%）	标准供电煤耗/[g/(kW·h)]
1	高压机组	9.0	535	33	390
2	超高压机组	13.0	535/535	35	360
3	亚临界机组	17.0	540/540	38	324
4	超临界机组	25.5	567/567	41	300
5	高温超临界机组	25	600/600	44	278
6	超超临界机组	30	600/600/600	48	256
7	高温超超临界机组	31	700	57	216
8	超过700℃超临界机组	>31	>700	60	205

从图3-4可知，随着初压 p_0 的增加，在极限压力范围内，η_t 是增加的。蒸汽的初温越高，理想循环热效率越大，极限压力越高。

提高蒸汽初压力使循环热效率开始下降的极限压力，在工程上没有实际意义。在当前工程范围内，提高初压 p_0，机组的 η_t 是增加的。因为目前应用的初压力数值，还在极限压力范围以内，所以提高蒸汽初压力对循环热效率的影响在实际应用中可看成只有一个方向：即随着蒸汽初压的提高，循环热效率也提高，但提高的相对幅度却越来越小。例如蒸汽初温度为540℃时，极限初压力超过40MPa。目前，世界范围内火力发电机组的最高初压力为35MPa。

另一方面，提高初压 p_0 对 η_{ri} 的影响为：在汽轮机的容量、蒸汽初温和终压力一定的情况下，提高蒸汽的初压力，蒸汽的比体积减小，进入汽轮机的蒸汽容积流量减少，级内叶栅损失和级间漏汽损失相对增大；同时从图3-2可知，随着初压的提高，汽轮机末几级叶片中蒸汽湿度增加，从而导致汽轮机相对内效率有所降低。而且，蒸汽初温越低，改变蒸汽初压时，汽轮机的相对内效率的变化也越大，因为低温蒸汽的压力变化时，蒸汽比体积的变化率较大，汽轮机叶片高度的变化也大些。因而，提高蒸汽初压 p_0，机组相对内效率 η_{ri} 总是下降的。

因此，提高蒸汽初压 p_0 受 η_i 是否是提高而限制，只有使 η_i 增加，提高 p_0 才是有用的，在 η_{ri} 和 η_t 两者相互作用下，使 η_i 达到最大值的初压，称为机组的最佳初始压力 p_0^{op}。

同时应当注意，当汽轮机的容量不同时，提高蒸汽初压，对汽轮机相对内效率影响的程度也不同。图3-5所示为200MW和80MW凝汽式汽轮机在各种不同的初温下，相对内效率与蒸汽初参数的关系曲线。当初温不变时，初压提高，容量大的汽轮机相对内效率下降的较慢。这主要是因为其蒸汽容积流量较大，汽轮机高压级叶片的高度和汽轮机的部分进气度大。汽轮机容量越小，影响越大。因为汽轮机的容量越小，汽轮机的间隙相对数值较大，级间漏汽损失增大的缘故。所以汽轮机容量越小，其相对内效率随初压的提高而降低得越快。

做功能力法分析表明：当提高蒸汽的初压力时，整个吸热过程的平均温度将升高，换热温差减少，㶲损减少，热经济性将提高。但当初压 p_0 提到一定的数值后，整个吸热过程的平均温度会降低，㶲损增加，热经济性将下降。与热量分析法一样，提高初压 p_0，汽轮机㶲损将增加，热经济性将下降。因此，机组存在最佳初始压力 p_0^{op}。

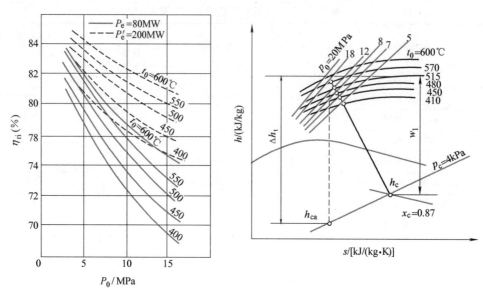

图 3-5　汽轮机相对内效率与蒸汽初参数的关系

（3）蒸汽初压力和初温度同时改变　此时，机组热效率的变化情况取决于两参数变化的方向和大小，对容量和排汽压力一定的汽轮机，如果同时改变蒸汽初温和初压，汽轮机的相对内效率的变化情况取决于两参数变化的大小，可通过计算或查图确定。图 3-6 所示为蒸汽初参数与实际循环热效率的关系。在图 3-5 的相对效率与初参数的关系图中，小容量机组初参数由 9MPa、450℃ 提高到 17MPa、537℃，汽轮机的相对内效率由 76.3% 下降至 73.8%。

同时提高汽轮机新蒸汽的初压力和初温度，则使汽轮机相对内效率 η_{ri} 降低和提高的因素同时起作用。经分析计算表明，提高蒸汽初压力对相对内效率降低的影响大于提高蒸汽初温度对相对内效率提高的影响。也就是说，同时提高蒸汽的初压力和初温度，汽轮机的相对内效率 η_{ri} 是降低的。而这个影响的大小与汽轮机的单机容量有关的，汽轮机的单机容量越小，这一影响就越大。反之，就越小。

经技术经济比较，只有当汽轮机的蒸汽消耗量大于 100t/h 时，采用高参数（9.0MPa，500~535℃）时，经济性才有明显提高。

综上所述，汽轮机的单机容量与其进汽参数应是相配合的，即高参数必须是大容量，低参数必然是小容量。

2. 提高蒸汽初参数受到的限制

（1）提高蒸汽初温度　提高蒸汽初温度受热力设备材料强度的限制。当初温度升高时，钢材的强度极限、屈服强度及蠕变强度都会降低，而且在高温下，金属会发生氧化、腐蚀、结晶变化，使热力设备零件强度大大降低。在非常高的温度下，即使高级合金钢或特殊合金钢也无法应用。

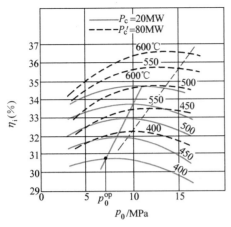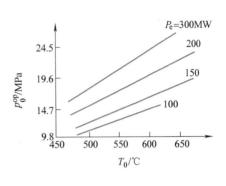

图 3-6 蒸汽初参数与实际循环热效率和容量的关系

从设备造价角度看，合金钢尤其是高级合金钢比普通碳钢的价格高得多。从热力发电厂技术经济性和运行可靠性考虑，中低压机组的蒸汽初温度大多选取 $390 \sim 450℃$，以便广泛采用碳素钢材；高压至亚临界级机组的蒸汽初温度一般选取 $500 \sim 565℃$，这样可以避免采用价格昂贵的奥氏体钢材，而采用低合金元素的珠光体钢材。奥氏体钢与珠光体钢相比，奥氏体钢耐温高，奥氏体钢可允许 $>600℃$ 的高温。珠光体钢耐温较低，可以在 $550 \sim 570℃$ 温度下使用。但奥氏体钢价高，膨胀系数大，热导率小，加工和焊接比较困难。另外对温度变化的适应性、抗蠕变和抗锈蚀的能力都比较差。目前超超临界参数机组选用回火马氏体钢，蒸汽初温度可达 $600 \sim 620℃$。

（2）提高蒸汽初压力　提高蒸汽初压力主要受到汽轮机末级叶片允许的最大湿度的限制，在其他条件不变时，对于无再热的机组，随着蒸汽初压力的提高，蒸汽膨胀终点的湿度是不断增加的。这一方面会影响到设备的经济性，使汽轮机的相对内效率降低，同时还会引起叶片的侵蚀，降低其使用寿命，危害设备的安全运行。

根据末级叶片金属材料的强度计算，一般凝汽式汽轮机的最大湿度在 $12\% \sim 14\%$。对调节抽汽式汽轮机，最大允许的湿度可以为 $14\% \sim 15\%$，这是因为调节抽汽式汽轮机的凝汽流量较少的缘故。对于大型机组，其排汽湿度常限制在 10% 以下。

为了克服湿度的限制，热力发电厂可以采用蒸汽的中间再热来降低汽轮机的排汽湿度。

3. 蒸汽初参数的选择

采用配合初参数的选择方法。首先由选定的材料性能选定初温，再根据机组容量、汽轮机排汽压力共同确定初压 p_0。

3.1.4.2 机组终参数

蒸汽终参数是指凝汽式汽轮机的排汽压力 p_c 和排汽温度 t_c。由于凝汽式汽轮机的排汽是湿饱和蒸汽，其压力和温度有一定的对应关系，通常蒸汽终参数的数值只要表明其中一个即可。而在决定热经济性的三个主要蒸汽参数初压力、初温度和排汽压力中，排汽压力对机组热经济性影响最大。

1. 终参数对机组热效率 η_i 的影响

降低机组终参数对机组热经济性的影响可以用做功能力法与热量法进行分析。做功能力法分析表明：一方面，降低机组终参数可以降低凝汽器内的换热温差，减少㶲损；另一方面，降低终参数，蒸汽湿度增加，湿气损失增加，同时，增加了汽轮机的余速损失，增大了汽轮机的㶲损，因而存在最佳终参数。热量法分析表明：降低机组终参数，使工质放热过程的平均温度降低，可以提高机组循环热效率，但另一方面，机组湿气损失和余速损失增加，减小了汽轮机相对内效率，因此，机组的绝对内效率存在一个极大值。

　　2. 降低蒸汽终参数受到的限制

　　实际的凝汽式汽轮机背压 p_c 由排汽饱和温度 t_c 决定，汽轮机排汽的饱和温度 t_c，必然受到以下三个极限限制：

　　（1）自然极限　排汽的饱和温度必然等于或大于自然水温，绝不可能低于这个温度。

　　（2）技术极限　冷却水在凝汽器内冷却汽轮机排汽的过程中，由于冷却蒸汽的凝汽器冷却面积不可能无穷大，传热效果不可能无限制的好的缘故，必须要保证一定的传热温差。

　　（3）经济极限　在保证机组最大的经济性条件下，机组背压降低存在极限背压与最佳真空。

　　机组排汽压力的降低存在极限真空的限制。图3-7是计算得到的汽轮机背压变化引起的汽轮机功率变化曲线。由该曲线可以看出，在背压变化的较大范围内，汽轮机功率成直线变化。当背压低于某个值（极限压力）时，再降低背压，汽轮机功率不仅不增加，反而减小。由此可见，在汽轮机运行过程中，汽轮机背压并不是越低越好。

　　当背压降低时，汽轮机的理想循环热效率提高，但最末级的余速损失增大，汽轮机相对内效率降低。在背压降低的初始阶段，理想循环热效率的升高起主要作用，故随着背压的降低，汽轮机电功率增大；但当背压降低到一定程度时，汽轮机相对内效率降低起主要作用，使实际循环热效率开始降低，将汽轮机实际循环热效率开始降低时的背压称为极限背压。

　　因此，在极限背压以上，随着排汽压力 p_c 的降低，热经济性提高，但存在凝汽器的最佳真空的限制，最佳真空是以热力发电厂净燃料消耗量最小为原则来确定，图3-8为凝汽器中传热温度与传热面积的关系曲线，其具体特性参见第5章。例如，冬季冷却水温很低，同样冷却水量可以达到更低的凝汽器压力；但如果凝汽器压力已经低于极限背压，则多消耗循环水泵功率而没有任何效益，此时应降低冷却水量，使凝汽器压力低于极限真空，表3-2列出几种典型的汽轮机极限背压，可供参考。

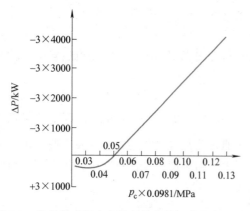

图3-7　汽轮机背压变化引起的汽轮机功率变化曲线

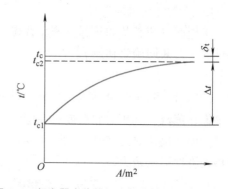

图3-8　凝汽器中传热温度与传热面积的关系曲线

表 3-2 几种典型的汽轮机极限背压

单机功率/MW	低压缸排汽口数量和末级叶片高度/mm	设计工况下的极限背压/MPa
200	3F665	0.00343
200	2F710	0.00529
200	2F800	0.00432
300	2F869	0.00445
600	4F869	0.00445
600	4F1044	0.00369
1000	4F1146	0.00369

　　影响排汽压力的因素主要有凝汽器的冷却面积、凝汽器的蒸汽负荷、凝汽器冷却水进口温度、冷却水量等。所以，排汽压力的确定，应根据冷却水温和供水方式，排汽流量和末级叶片特性，汽轮机、凝汽设备的造价和运行费用，结合产品系列和总体布置合理确定。

3.1.4.3 再热及其参数

　　再热蒸汽参数的选择也是机组原则性热力系统拟定中一项很重要的工作。一般地，对于采用锅炉烟气再热的汽轮机，再热蒸汽温度一般等于主蒸汽温度。再热蒸汽压力，一般结合汽轮机热经济性、最高一级的回热抽汽压力、汽缸结构、中间再热管道的布置、材料消耗和投资费用、高中压缸功率分配以及轴向推力的平衡等因素，通过优化选择确定。

1. 再热的概念

　　蒸汽的中间再热是指将汽轮机高压部分做过部分功的蒸汽从汽轮机的某一中间级（如高压缸出口）引出，送到再热器中再加热；提高温度后再引回汽轮机中，在以后的级中（如中、低压缸中）继续膨胀做功的过程，其装置循环称为再热循环，图 3-9 所示为再热循环及其热力系统图。

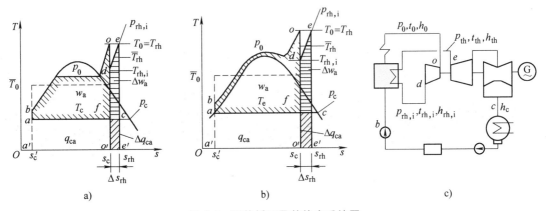

图 3-9 再热循环及其热力系统图

a）理想再热循环的 T-s 图　b）超临界参数理想再热循环的 T-s 图　c）烟气再热循环的热力系统

2. 采用蒸汽中间再热的目的

　　如果提高初压力 p_0，则排汽湿度增大，危及汽轮机的安全。采用蒸汽中间再热的初始目的是在提高蒸汽初压 p_0 时，以减小膨胀终湿度，从而保证汽轮机安全运行。

当前，随着高参数、大容量机组的发展，在再热参数选择合适时，采用再热除能减少排汽的终湿度外，还可以提高大容量机组的热经济性。如采用一次中间再热后，热力发电厂热效率可以提高5%左右。所以，采用高参数大容量再热机组，已成为现代化热力发电厂的主要标志之一。

3. 采用再热对机组及系统带来的影响

1）采用蒸汽中间再热，不仅减少了汽轮机排汽湿度，而且改善了汽轮机末几级叶片的工作条件，提高了汽轮机的相对内效率。

2）由于蒸汽再热，使工质的焓降增大，如果电功率不变，则可减少汽轮机的总汽耗量的15%～18%。

3）采用再热后，将使再热后回热抽汽的焓和抽汽过热度增加。

4）蒸汽中间再热的应用，能够采用更高的蒸汽初压力，增大机组的单机容量。

但是，采用蒸汽中间再热将使汽轮机的结构、布置及运行方式变复杂，金属消耗及造价增大，对调节系统要求高，使设备投资和维护费用增加，因此，通常只在100MW以上的大功率、超高压参数汽轮机组上才采用蒸汽中间再热。

4. 最佳中间再热参数

蒸汽中间再热循环（图3-9a、图3-9b）可以看作由基本循环（朗肯循环）$a—b—o—d—f—o'—a'$和再热附加循环$f—d—e—e'—o'$所组成的复合循环。

整个再热循环的热效率公式为

$$\eta_{t}^{rh}=\frac{q_0\eta_t+q_f\eta_f}{q_0+q_f}=\frac{\eta_t+\dfrac{q_f}{q_0}\eta_f}{1+\dfrac{q_f}{q_0}} \tag{3-1}$$

式中，η_{t}^{rh} 为再热循环热效率；η_f 为附加循环热效率；q_0 为基本循环加入热量（kJ/kg）；q_f 为附加循环加入热量（kJ/kg）；η_t 为理想循环热效率。

若用 $\delta\eta$ 表示再热引起的效率相对变化，则有：

$$\delta\eta=\frac{\eta_{t}^{rh}-\eta_t}{\eta_t}=\frac{\eta_{t}^{rh}}{\eta_t}-1=\frac{\eta_f-\eta_t}{\eta_t\left(\dfrac{q_0}{q_f}+1\right)}\times100\% \tag{3-2}$$

从式（3-2）可以看出：

1）当 $\eta_f>\eta_t$ 时，则$\delta\eta>0$，即中间再热附加循环热效率大于基本循环热效率时，中间再热循环的热经济性提高。

2）当 $\eta_f=\eta_t$ 时，则$\delta\eta=0$，即中间再热附加循环热效率等于基本循环热效率时，中间再热循环的热经济性不变。

3）当 $\eta_f<\eta_t$ 时，则$\delta\eta<0$，即中间再热附加循环热效率小于基本循环热效率时，中间再热循环的热经济性降低。因此：

a）采用中间再热使热经济性得到提高的必要条件是再热附加循环的热效率一定要大于基本循环的热效率。

b）基本循环热效率越低，再热加入的热量越多，再热所得到的相对热经济效益就越大。

c）存在最佳再热压力。

要使 $\delta\eta$ 获得较大的正值，主要在于再热参数（温度、压力）的合理选择。必须恰当地选择中间再热参数，使再热循环的吸热平均温度高于基本循环吸热平均温度，则中间再热循环的热效率高于基本循环的热效率。

5. 蒸汽中间再热的参数选择

（1）再热的参数选择方法　在蒸汽初、终参数以及循环的其他参数已定时，再热参数的选择方法为：①选定合理的蒸汽再热后的温度，当采用烟气再热时一般选取再热后的蒸汽温度与初温度相同；②根据已选定的再热温度按实际热力系统计算并选出最佳再热压力；③校核汽轮机内的蒸汽湿度是否在允许范围内，按汽轮机结构上的需要，进行适当的调整。一般地讲，这种调整使得再热压力偏离最佳值时对整个装置热经济性的影响并不大，再热压力偏离最佳值 10% 时，其热经济性只降低 0.01%～0.02%。通常蒸汽再热前在汽轮机内的焓降为总焓降的 30% 左右。

（2）再热后蒸汽温度的确定　从图 3-9a、图 3-9b 可以看出，在其他参数不变的情况下，提高再热后的温度，可使再热附加循环热效率 η_f 提高（吸热平均温度提高），因而再热循环热效率必然提高，同时对汽轮机相对内效率也有良好的影响。所以再热温度的提高，对再热的经济效果总是有利的。再热温度每提高 10℃ 可提高再热循环热效率 0.2%～0.3%。但是，再热温度的提高，同样要受到高温金属材料的限制。用烟气再热时，一般取再热温度等于或接近于新蒸汽的温度，$t_{rh} = t_0 \pm (10～20)$℃。

（3）最佳再热压力的确定　在最佳再热压力下进行再热，可使再热循环热效率达到最大值。当再热温度等于蒸汽初温度时，最佳再热压力为蒸汽初压力的 18%～26%。当再热前有回热抽汽时，取 18%～22%；再热前无回热抽汽时，取 22%～26%。例如某 600MW 机组 $p_0 = 16.67$MPa，中间再热压力 $p_{rh} = 3.547$MPa，约为初压的 21%。

合理地选择再热压力，还应考虑最高一级的回热抽汽压力、汽缸结构、中间再热管道的布置、材料消耗和投资费用、高中压缸功率分配以及轴向推力的平衡等因素，在理论计算的最佳值附近确定。表 3-3 中列出了国产中间再热机组的再热参数。

再热蒸汽在再热前后的管道和再热器中，因流动阻力造成的压力损失称为再热器的压损 Δp_{rh}。减小 Δp_{rh}，可以提高再热机组的热经济性，但必须加大管径，增加金属消耗和投资费用。通常取 $\Delta p_{rh} = (8～12)\% p_{rh,i}$（$p_{rh,i}$ 为再热前蒸汽压力）。

表 3-3　国产中间再热机组的再热参数

机组参数	单位	机组铭牌功率/MW						
		200	300			600		1000
p_0	MPa	12.75	16.18	16.18	16.67	16.67	24.2	25.0
t_0	℃	535	550	535	537	538	538	600
$p_{rh,i}$	MPa	2.47	3.46	3.42	3.52	3.96	4.85	4.94
$t_{rh,i}$	℃	312	328	321	315	332	305	349.8
p_{rh}	MPa	2.16	3.12	3.27	3.17	3.61	4.29	4.45
t_{rh}	℃	535	550	535	537	538	566	600
$p_{rh,i}/p_0$	%	19.37	21.38	21.13	21.11	23.75	20.04	19.76

6. 蒸汽中间再热的方法

再热方法的选择取决于再热的目的，它与再热的参数（再热温度 t_{rh}，再热蒸汽管道压损 Δp_{rh}）有密切关系，影响机组的经济性和安全性。根据加热介质的不同，再热方法有烟气中间再热、新蒸汽中间再热以及中间载热质中间再热等几种。

（1）烟气再热 如图3-10所示，在汽轮机中做过部分功的蒸汽，经冷段管道引至安装在锅炉烟道中的再热器中进行再加热，再热后的蒸汽经管道的热段送回汽轮机的中、低压缸中继续做功。烟气再过热可使再热蒸汽温度提高到 $550 \sim 600℃$。因而在采用合理的中间再热压力和保证再热有较大的效果时，可使总的热经济性提高 $6\% \sim 8\%$；所以，烟气再热在电厂中得到广泛应用。但是，由于再热蒸汽管道要往返于锅炉房和汽机房，因而带来了一些不利因素。首先是蒸汽在管道中流动产生压力降，使再热的经济效益减少 $1.0\% \sim 1.5\%$，其次是再热管道中储存有大量蒸汽，一旦汽轮机突然甩负荷，此时若不采取适当措施，就会引起汽轮机超速。为了保证机组的安全，在采用烟气再热的同时，汽轮机必须配备灵敏度和可靠性高的调节保护系统，即旁路系统。图3-10中所示为两级串联旁路系统。

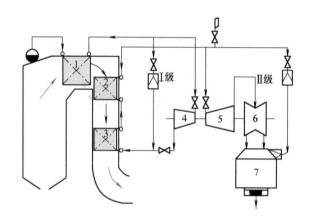

图 3-10 烟气再热系统

1—过热器 2—高温再热器 3—低温再热器 4—高压缸 5—中压缸 6—低压缸 7—凝汽器

（2）蒸汽再热 蒸汽再热是指利用汽轮机的新汽或抽汽为热源来加热再热蒸汽。图3-11所示为用新蒸汽再热系统，在汽轮机中做过部分功的蒸汽引出至表面式加热器中用新蒸汽进行再加热。与烟气加热相比，再热后的汽温较低，比再热用的汽源温度还要低 $10 \sim 40℃$，相应的再热蒸汽压力也不高。所以用新汽进行再过热要比用烟汽再过热的效果差得多，在一般情况下，热经济性只能提高 $3\% \sim 4\%$。因此新汽再热的方法在热力发电厂里很少单独采用，多数情况是作为再热温度调节的一种手段，与烟气再热同时使用。

蒸汽再热具有再热器简单、便宜，可以布置在汽轮机旁边，从而大大缩短厂再热管道的长度，使再热管道中的压损减小，再热汽温的调节比较方便等优点，因此蒸汽再热在核电站中得到了广泛应用。核电站中汽轮机的主蒸汽是饱和蒸汽或微过热蒸汽，汽轮机高压缸的排汽湿度高，若直接进入低压缸，汽轮机将无法运行。必须通过去湿和再热来提高进入低压缸的蒸汽过热度。一般去湿再热器是采用蒸汽再热的方法，先经过抽汽再热，再采用新蒸汽再热。

（3）中间载热质再热　中间载热质的蒸汽再热方法综合了烟气再热蒸汽（热经济性高）和蒸汽再热蒸汽（构造简单）的优点，是一种有发展前途的中间再热系统，如图3-12所示。在这种系统中，需要有两个热交换器：一个装在锅炉设备烟道中，用来加热中间载热质；另一个装在汽轮机附近，用中间载热质对汽轮机的排汽再加热。中间载热质应当具有的必要特征有：高温下的化学稳定性较好，对金属设备没有侵蚀作用，无毒，比热容要尽可能大、而比体积要尽量小等。

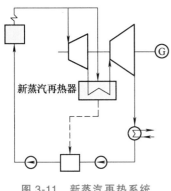

图3-11　新蒸汽再热系统

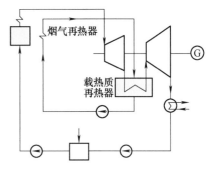

图3-12　中间载热质再热系统

3.2　机组回热原则性热力系统

现代热力发电厂的汽轮机组都有给水回热加热系统。回热系统既是汽轮机热力系统的基础，也是全厂热力系统的核心，它对机组和全厂的热经济性起着决定性作用。

汽轮机组回热原则性热力系统主要包括给水原则性热力系统、主凝结水原则性热力系统、回热抽汽原则性热力系统、加热器疏水系统、除氧器原则性热力系统等。

3.2.1　机组回热原则性热力系统拟定方法

回热原则性热力系统的设计或拟定，是一个影响机组热经济性的重要方面之一。蒸汽参数、机组类型和回热原则性热力系统三者共同决定机组的热经济性，用机组的热耗率 q_0 表示。现代大型汽轮机组的 η_m、η_g 较高，均为99%左右，可视为定值。由公式 $q_0 = 3600/\eta_i \eta_m \eta_g$ 可知，$q_0 = f(\eta_i)$。因此，定性分析原则性热力系统的热经济性时，都用汽轮机绝对内效率（即实际循环热效率）η_i 来说明。任何实际系统的选择，必须妥善处理热经济性、安全可靠性和投资之间的矛盾，一般应通过综合的技术经济比较来进行合理选择。

机组回热原则性热力系统的拟定，主要包括以下内容：

1）确定汽轮机的形式和抽汽参数。

2）选定给水回热参数：给水温度、回热级数和回热分配。

3）选取合适的回热加热器类型、除氧器类型、轴封加热器类型。

4）确定回热系统的连接方式，选择合理的疏水方式、蒸汽侧和水侧的工质流程。

5）合理选取或假定抽汽压降、加热器端差等参数。

6）针对每个加热器，拟定热平衡和物质平衡公式，在定功率或定流量条件下，计算得到每个加热器的汽、水参数和流量。

7）计算得到回热系统的热经济性指标。

3.2.2 机组回热原则性热力系统主要问题及分析

3.2.2.1 机组回热循环的热经济性

热力发电厂最基本的蒸汽动力循环是朗肯循环。朗肯循环热效率低的主要原因是蒸汽吸热过程的平均温度较低，致使烟气与蒸汽之间的换热温差较大，相应做功能力损失较大。采用回热循环以提高工质吸热过程的平均温度，就是利用已在汽轮机中做过功的蒸汽来加热给水，以提高回热循环的吸热平均温度，使循环热效率提高。回热循环具有明显的热经济效益，它是热力发电厂最早最普遍采用的提高热经济性的基本手段。

1. 采用回热循环可减少机组冷源损失

可以采用两种方法来进行分析，即热量法和做功能力法。

热量法分析表明，采用回热循环，并且是使用已在汽轮机中做过功的蒸汽加热给水，这部分蒸汽没有冷源损失，使得凝汽流量 D_c 相对减小，从而减少了整个机组的冷源损失。很显然，回热抽汽量 D_j 越大，在机组进汽量 D_o 一定的情况下，$D_c = D_o - \Sigma D_j$，因而 D_c 下降，ΔQ_c 下降，机组冷源损失减小。

做功能力法分析表明，由于采用给水回热，给水温度 t_{fw} 提高，使工质在锅炉内吸热过程的平均温度 T_1 增加，降低了锅炉内的换热温差 ΔT_b，㶲损 ΔE_b^{II} 降低。

2. 采用回热循环存在附加冷源损失

回热循环的工程应用中，存在许多降低回热经济性的不可逆的实际因素，带来了附加的冷源损失。

热量法分析表明，由于回热抽汽做功不足，要保证机组功量 W_i 不变，将使机组进汽量 D_o 上升，根据连续性方程，$D_c = D_o - \Sigma D_j$，凝汽流量 D_c 将上升（削弱了凝汽流量 D_c 的减少），冷源损失 ΔQ_c 上升。

做功能力法分析表明，实际工程应用中存在许多回热过程不可逆因素：①有限级回热加热时有温差的换热过程；②由于热力管道安全与布置的需要，回热抽汽在抽汽管道里流动过程中存在局部阻力损失和沿程阻力损失，因而存在压降和㶲损 ΔE_r，存在附加的冷源损失。

因此，在实际回热过程中，必须设法减少回热过程中的不利因素，如优化管道及附件设计与布置等，以提高实际回热循环的热经济性。

3. 采用回热循环总是使机组的绝对内效率增加

1）虽然采用回热存在着附加的冷源损失，但综合分析表明，采用回热循环总是使机组的内效率增加。主要有四条理由：

① 由于回热抽汽做功量 W_i^r 的存在，这部分功无冷源损失（抽汽流做的内功与其吸热量之比为100%），使生产相同的 W_i 的冷源损失减少。

② 采用给水回热加热，减少了汽轮机末几级的蒸汽流量，从而减少了汽轮机的湿汽损失。

③ 采用给水回热加热后，增大了耗汽量，即增加了汽轮机高压缸的通流量，有利于减少其通流部分的各种损失。

④ 由于 ΔQ_c 下降，$Q_o = W_i + \Delta Q_c$ 降低，实际上是由于回热提高了给水温度，而 W_i 为恒

量，即 $\eta_i = \dfrac{W_i}{Q_o}$ 上升。回热抽汽流是回热抽汽汽轮机内部的热化汽流，它的绝对内效率为100%。因此，回热循环可看成是凝汽流循环与回热抽汽流循环的组合，组合后新的循环即回热循环的绝对内效率必然大于纯凝汽循环的绝对内效率。总之，采用锅炉给水回热加热，循环热经济性提高。

2）回热抽汽做功比 X_r：即 $X_r = \dfrac{W_i^r}{W_i^c + W_i^r}$。对于存在回热抽汽的机组，汽轮机组总的做功量 W_i 包括两部分，一为回热抽汽做功量 W_i^r，二为凝气流做功量 W_i^c。回热抽汽做功比 X_r 就是回热抽汽做功量 W_i^r 占机组总的做功量 W_i 的比值。

3）采用回热循环总能使机组的 η_i 上升，附加冷源损失只影响其提高的程度。

如果令无回热循环（即朗肯循环）时汽轮机组内效率 $\eta_i^R = \dfrac{w_i^c}{q_o^c}$，有回热时，机组内效率 $\eta_i = \dfrac{w_i}{q_o}$。由于存在回热时，$w_i$ 由有冷源损失 $\alpha_c q_o^c$ 的凝气流做功量 w_i^c 和无冷源损失的回热做功 $\sum\limits_{j=1}^{z} \alpha_j w_{i,j}^r$ 所组成，因而有回热循环时机组的效率为

凝汽流做功　　回热做功量

$$\eta_i = \frac{w_i}{q_o} = \frac{\alpha_c w_i^c + \sum\limits_{j=1}^{z} \alpha_j w_{i,j}^r}{\alpha_c q_o^c + \sum\limits_{j=1}^{z} \alpha_j w_{i,j}^r} \tag{3-3}$$

凝汽流吸热　　　　回热做功吸热，无冷源损失，

数值等于回热做功量

将式（3-3）分子项提取公因式 $\alpha_c w_i^c$，分母项提取公因式 $\alpha_c q_o^c$，同时令 $A_r = \dfrac{\sum\limits_{j=1}^{z} \alpha_j w_{i,j}^r}{\alpha_c w_i^c}$，则

$$\eta_i = \eta_i^R \frac{1 + A_r}{1 + A_r \eta_i^R} = \eta_i^R R \tag{3-4}$$

式中，η_i^R 为与回热式汽轮机的参数、容量相同的朗肯循环的汽轮机组内效率；A_r 为回热式汽轮机的回热抽汽动力系数，为回热抽汽流所做内功与凝汽流所做内功的比值。w_i^c 为 1kg 凝气流做功量（kJ/kg），$w_i^c = h_0 + q_{rh} - h_c$；$w_{i,j}^r$ 为 1kg 第 j 级抽汽流做功量（kJ/kg），$w_{i,j}^r = \begin{cases} h_0 - h_j & \text{（对于再热前抽汽）} \\ h_0 + q_{rh} - h_j & \text{（对于再热后抽汽）} \end{cases}$；$q_o^c$ 为无回热时 1kg 新蒸汽的比热耗（kJ/kg），$q_o^c = w_i^c + \Delta q_c$。

当存在回热循环时，由式（3-4）可知：

① $A_r > 0$，且 $0 < \eta_i^R < 1$，$\dfrac{1 + A_r}{1 + A_r \eta_r^R} > 1$，则 $\eta_i > \eta_i^R$。即在蒸汽初、终参数相同的情况下，采用

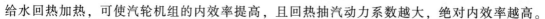

给水回热加热，可使汽轮机组的内效率提高，且回热抽汽动力系数越大，绝对内效率越高。

② α_j 增加或 h_j 减小，则 A_r 增大，η_i 增大。即抽汽量越多，或抽汽压力越低，回热循环热经济性越高。

4）主要说明

① 现代凝汽式或供热式汽轮机，容量在 6MW 以上的都设有回热加热器进行给水的回热加热。随着机组参数的提高、容量的增大和给水温度的提高，采用的回热级数相应增多，回热经济效益也随之提高，从而达到节省燃料的目的。

② 给水回热加热的应用是受到限制的。给水可能被加热到的最高温度受抽汽量的多少及其参数的高低所限制，在不利用抽汽过热度的条件下，给水最高只能被加热到相应抽汽压力下的饱和温度。

③ 现代大中型机组采用给水回热加热，其节煤量可达 10%～20%，所以给水回热加热在热力发电厂中得到普遍应用。

4. 采用回热循环将使机组汽耗量增加

由于回热抽汽做功不足，在保证汽轮机做功量一定情况时，将导致的 D_0、d_0 增加。

假设纯凝汽工况的内功为 w_i^c，则回热机组的内功为

$$w_i = w_i^c - \sum_{j=1}^z \alpha_j w'_{i,j} = w_i^c \left(1 - \sum_{j=1}^z \alpha_j \frac{w'_{i,j}}{w_i^c}\right) = w_i^c \left(1 - \sum_{j=1}^z \alpha_j Y_j\right) \tag{3-5}$$

式中，Y_j 为回热抽汽做功不足系数，$Y_j = \dfrac{w'_{i,j}}{w_i^c} = \begin{cases} \dfrac{h_j + \Delta q_{rh} - h_c}{h_o + \Delta q_{rh} - h_c} & （再热前抽汽） \\[3mm] \dfrac{h_j - h_c}{h_o + \Delta q_{rh} - h_c} & （再热后抽汽） \end{cases}$

$w'_{i,j}$ 为回热抽汽做功不足量（kJ/kg），$w'_{i,j} = h_j + q_{rh} - h_c$（再热前抽汽），$w'_{i,j} = h_j - h_c$（再热后抽汽）。显然，1kg 低压抽汽的回热做功不足小于高压抽汽回热做功不足。

则汽轮机进汽量为

$$D_o = \frac{3600 P_e}{w_i \eta_m \eta_g} = \frac{3600 P_e}{w_i^c \eta_m \eta_g} \frac{1}{1 - \sum_{j=1}^z \alpha_j Y_j} = D_{co} \beta \tag{3-6}$$

且

$$\beta = \frac{1}{1 - \sum_{j=1}^z \alpha_j Y_j} > 1 \tag{3-7}$$

所以

$$D_o > D_{co}$$

由以上推导分析可知，回热使进入汽轮机的新蒸汽的做功量减少，导致汽耗率增加。回热抽汽量通常占机组汽耗量的 30% 左右，600MW 机组回热抽汽量约占机组汽耗量的 41%。虽然采用回热循环将使机组的汽耗增加，但其经济性仍然是增加的。同时还应注意，高压抽汽与低压抽汽对机组热经济性的影响是不相同的，凡使高压抽汽量增加、低压抽汽量减小的因素，都会带来回热做功比 X_r 减小、热经济性降低的结果。这是因为当机组做内功量 $W_i =$

$W_i^r + W_i^c =$ 常数时，回热抽汽做功比 $X_r = \dfrac{W_i^r}{W_i^c + W_i^r}$ 只取决于回热做内功量 W_i^r 的变化。在机组初、

终参数，回热抽汽参数（z、p_j、h_j）一定时，$W_i^r = \sum\limits_1^z D_j w_{ij}$，其大小仅取决于各级抽汽量 D_j 的变化趋势。因 1kg j 级抽汽的回热做内功量 W_{ij}，低压的大于高压，故凡使高压抽汽量增加、低压抽汽量减小的因素，就会带来回热做功比 X_r 减小、热经济性降低的结果，反之，充分利用低压抽汽就会增大 X_r，提高机组热经济性。

3.2.2.2　回热基本参数对机组热经济性的影响

回热循环的基本参数主要包括三个：①给水回热级数 z；②最佳焓升分配 Δh_{wj}^{op}，以确定各级抽汽压力 p_j，以确定回热机组最高抽汽压力 p_i；③（最佳）给水温度（t_{fw}^{op}）t_{fw}。该三者的大小对机组热经济性影响很大。

1. 加热级数 z 对回热循环热经济性的影响

（1）定性分析　若锅炉给水温度 t_{fw} 已定，回热加热可以有两种方式。一种是采用与之对应的一段高压抽汽在单级加热器中将水加热至给定温度 t_{fw}；另一种是采用若干段压力不同的抽汽通过多级加热器把水加热至给定温度 t_{fw}。这两种方式所产生的热经济效果是不相同的，采用一段高压抽汽在加热器中将水加热至给定温度 t_{fw} 的经济性要低，其原因分析如下：

热量法分析表明，当锅炉给水温度 t_{fw} 一定时，加热给水所需的总热量同抽汽段数的多少几乎没有关系。由于分段多级抽汽加热利用了一部分较低压力的抽汽，由于抽汽做功不足系数随着抽汽压力的降低而减少，因此抽汽在汽轮机内的做功增加，回热抽汽做功比 X_r 增加。因此，回热循环的热效率将随着更多地使用较低压力的抽汽而提高。

做功能力法分析表明，多级回热将一次回热的换热温差分配在每个加热器中完成的。在锅炉给水温度 t_{fw} 和凝汽器热井出口水温 t_c 一定时，多级回热中的每个加热器的传热温差较单级回热的换热温差小。这样，由于换热温差带来的不可逆附加冷源损失减少，因此，回热循环的热效率随着加热级数的增加而提高。

（2）定量分析　如用回热系统中各级加热器比焓升相等，再忽略各级加热器抽汽比放热量的差别，当回热循环参数一定时，机组热效率随回热级数的增加可表示为

$$\lim\eta_i = \lim\left(1 - \frac{1}{\left(1+\dfrac{M}{z+1}\right)^{\frac{z+1}{M}M}}\right) = 1 - \frac{1}{e^M} \tag{3-8}$$

这里，M 为锅炉进口水比焓与凝汽器出口水比焓的差值和抽汽放热比焓的比值。由式（3-8）与图 3-13 知：

1）η_i 是 z 的递增函数，即 z 越多，η_i 越高，$\Delta\eta_i$（上升）$= \eta_i^z - \eta_i^R$，这是因为抽汽段数增多时，更充分地利用了低压抽汽多做功。

2）η_i 是收敛级数，$\Delta\eta_i$ 是递减的。随着加热级数的增多，回热循环热效率增量 $\Delta\eta_i$ 在开始时增长较快，以后增加值逐渐减少，各级效率的相对增量从某级后逐渐下降。当抽汽段数多于 4~5 段时，再增加回热级数，回热循环热效率的增加便很有限，这是因为在一定的给水温度下，当级数增加时，给水在每级中的吸热量相对减少。因此，只有当采用很高的蒸汽初压力（10MPa 以上）时，才采用较多的加热级数。随着蒸汽初压力的提高，多级回热带来的效益才会越大。

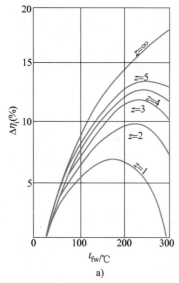

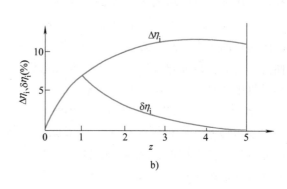

图 3-13　汽轮机绝对内效率 η_i 与回热级数 z 的关系

3）回热加热的级数越多，最佳给水温度和回热循环的热效率越高。

4）在各曲线的最高点附近都有比较平坦的一段，它表明实际给水加热温度少许偏离于最佳给水温度时，对系统热经济性的影响并不大。因此，力求把水精确地加热到理论上最佳给水温度并没有多大的实际意义。

5）回热级数并不是越多越好，应综合结合技术经济角度考虑，小机组一般 1~3 级，大机组 7~8 级。在选择回热加热级数时，应该考虑到每增加一个加热器就要增加一定的设备费用，所增加的费用应当能从节省燃料的收益中得到补偿。同时，还要尽量避免热力发电厂的热力系统过于复杂，以保证运行的可靠性。

表 3-4 列出了 1000MW 汽轮机 TMCR 工况时的抽汽参数值。

表 3-4　1000MW 汽轮机 TMCR 工况时的抽汽参数

抽汽级数	流量/(kg/h)	压力/MPa	温度/℃
第1级(至1号高加)	141714	8.022	413.0
第2级(至2号高加)	320684	6.110	373.2
第3级(至3号高加)	115452	2.312	464.4
第4级(至除氧器)	93672	1.159	365.2
第4级(至给水泵汽轮机)	71496	1.107	364.7
第4级(至厂用汽)	60000	1.159	365.2
第5级(至5号低加)	121237.2	0.633	285.0
第6级(至6号低加)	132699	0.2481	184.6
第7级(至7号低加)	81687	0.0615	86.4
第8级(至8号低加)	90140	0.0242	64.2

2. 最佳回热焓升分配

（1）概念　锅炉给水采用多级回热加热，能够提高机组的循环热效率。但是，锅炉给水总焓升（温升）在各级加热器间如何分配，对热力发电厂热经济性的高低是有影响的。

使 η_i 达最大值的回热焓升分配称为理论上最佳回热分配，即回热过程中的㶲损最小，有最大回热做功比 X_r。

（2）多级回热加热焓升分配原则 锅炉给水的多级回热加热焓升分配，其目的是为了获得最高的机组热经济性，即最高的机组热效率。当最有利的锅炉给水温度确定以后，回热加热最佳焓升分配就是考虑在什么条件下采用什么方法使得机组的热效率有极大值。同时需注意下列因素：

1）对多级回热加热，需要合理确定汽轮机各抽汽口的开口位置。

2）抽汽口的开口位置取决于各级抽汽压力，各级抽汽压力又取决于各级加热器出口的锅炉给水温度。

3）各级加热器出口的锅炉给水温度取决于各级回热加热器的温升 Δt。

（3）常用的多级回热加热焓升分配方法 多级回热加热焓升分配方法常根据不同的假设条件，根据热平衡式和热效率表达式，列出 η_i 与给水焓升之间的关系式，将 η_i 对给水焓升求极大值，而获得不同的焓升分配方法。国内外学者提出了不同研究方法、假设与简化条件，存在不同的焓升分配方法，如循环函数分配法、焓降分配法、平均分配法、等焓降分配法、等温升分配法和几何级数分配法等。

由于不同的焓降分配方法结果基本相似，因此，常用的多级回热加热焓升分配方法是采用比较简便的等温（或焓）升分配法。特别是设计时多采用各级加热器内水焓升相等的最佳回热分配法。

例：某 600MW 机组 $z = 8$，$p_0 = 17.35\mathrm{MPa}$，$t_0 = 352℃$，$t_c = 34℃$，则 $\Delta t = (352 - 34)℃/(8+1) = 35℃$。按等温升分配法机组回热分配结果见表 3-5。

表 3-5 600MW 机组等温升分配法回热分配结果

加热器编号	1	2	3	4	5	6	7	8
分配出水温度/℃	314	279	244	209	174	139	104	69
分配抽汽压力/MPa	10.5	6.50	3.63	1.9	0.90	0.38	0.12	0.03
实际出水温度/℃	278.9	248.1	217.1	183.5	138.7	120.8	101.1	78.1
实际抽汽压力/MPa	6.35	3.97	2.3	1.15	0.39	0.23	0.12	0.05
实际给水温升/℃	30.8	31	33.6	44.8	17.9	19.7	23	45.1

表中数据表明，实际给水温升总是偏离等温升分配。

3. 最佳给水温度 t_{fw}^{op}（汽轮机最佳抽汽压力 p_1^{op}）

（1）回热循环存在最佳给水温度 t_{fw}^{op} 的原因 与回热级数增加对机组热经济性 η_i 影响不一样，给水温度的提高对 η_i 的影响是双重的，既有正面影响，也有负面影响。最佳给水温度是指机组热耗最小或机组绝对内效率最大时的温度，即 $t_{fw}^{op}(p_1^{op}) = f(q^{min}) = f(\eta_i^{max})$。

做功能力法分析表明：当回热级数 z 一定，一方面随着给水温度 t_{fw} 提高，锅炉内的平均吸热温度 $\overline{T}_1$ 上升，如忽略炉内烟气平均温度 $\overline{T}_g$ 变化，则锅炉内平均换热温差 $\Delta\overline{T}_b$ 将下降，换热温差带来的㶲损 $\Delta E_b^{\mathrm{III}}$ 将下降；但另一方面，随着给水温度 t_{fw} 提高，如忽略凝汽器热井出口水温 t_c 的变化，则每个加热器的换热温差 ΔT_r 将上升，加热器㶲损 ΔE_r 增加，因此，存在一个最佳的给水温度 t_{fw}^{op}。即

$$z = 常数, t_{fw}(上升), \overline{T}_1(上升), \Delta\overline{T}_b(下降), \Delta E_b^{\mathrm{III}}(下降)$$
$$(t_{fw}-t_c)/z = \Delta T_r(上升), \Delta E_r(上升) \left.\begin{array}{c}\end{array}\right\} \quad t_{fw}^{op} = f(\sum\Delta E)_{\min}$$

热量法分析表明：当机组参数一定与回热级数 $z =$ 常数时，一方面随着 t_{fw} 上升，给水焓 h_{fw} 也上升，因此，汽轮机比热耗 $q_o = h_o - h_{fw}$ 将下降；但另一方面，随着 t_{fw} 上升，汽轮机最高抽汽压力 p_1 上升，回热抽汽做功不足 Y_j 上升，机组单位蒸汽做功量 w_i 将下降，如维持一定的机组功率 W_i，则机组的汽耗量 d 将增加，汽轮机热耗量 Q_o 将上升，综合分析，其存在一个最佳给水温度。

例如：当给水温度等于 t_c 或 t_{so}（新汽压力下的饱和温度）时，回热抽汽做功为零，故其热经济性不会提高。

（2）回热级数及最佳回热分配对 t_{fw}^{op} 的影响 多级抽汽回热循环的最佳给水温度与回热级数、回热加热焓升在各级之间的分配有关。具体分析如下：

1）回热级数。回热级数 z 增加，可利用较低参数的蒸汽来加热给水，同时每级加热器之间的温差减小，减少了不利因素的影响，将使机组热经济性 η_i 上升，因此，最佳给水温度 t_{fw}^{op} 将上升。

2）最佳回热分配影响。可直接由最佳回热分配公式求取

$$h_{fw}^{op} = h_c + z\Delta h_w \qquad\qquad （平均焓降分配法）$$
$$= h_c' + \sum_1^z \Delta h_{wj} = h_c' + (h_o - h_z) \qquad （焓降分配法）$$

3）技术经济 t_{fw}^{op} 值。技术经济 t_{fw}^{op} 确定原则如下：

原则一：考虑汽轮机的结构设计、投资，故其 t_{fw}^{op} 较理论上的 t_{fw}^{op} 低。

原则二：高参数大容量机组宜采用较完善的回热，即应有较多的回热级数及较高的给水温度。

实际上热力学上的最佳给水温度必然影响到汽轮机车间和锅炉车间的设备运行工况，而且还影响到运行费用和设备投资费用的变化。正确地选择最经济的给水温度，是通过技术经济比较来完成的。经济上最有利给水温度与整个装置的综合技术经济性有关（应以较少的投资与运行费用获取最大经济效益为原则）。在实际工程中，还要考虑新汽管路、给水管路、给水泵、加热器设备、汽轮机低压部分、凝汽设备、冷却设备、燃运系统、煤粉制备和除灰除尘系统等的折旧费及运行费用发生的变化。

因此，技术经济上最有利的给水温度主要取决于煤钢比价，即取决于燃料价格和设备的投资，并与机组容量和设备利用率有关，通常，其可以取热经济上最佳给水温度的 $0.65 \sim 0.75$。表3-6列出了国产机组的容量、初参数、给水温度以及回热级数的关系。

表 3-6 国产凝汽式机组的容量、初参数、给水温度以及回热级数之间的关系

初参数		容量 P_e/MW	回热级数 z	给水温度 t_{fw}/℃	热效率相对增加 $\Delta\eta_i\left[=(\eta_i-\eta_i^R)/\eta_i^R\right]$（%）
p_0/MPa	主蒸汽温度 t_0 和再热蒸汽温度 t_{rh}/℃				
2.35	$t_0 = 390$	0.75;1.5;3.0	1~3	105~150	6~7
3.43	$t_0 = 439$	6;12;25	3~5	150~170	8~9

（续）

初参数		容量	回热级数	给水温度	热效率相对增加
p_0/MPa	主蒸汽温度 t_0 和再热蒸汽温度 $t_{\mathrm{rh}}/\mathrm{℃}$	$P_{\mathrm{e}}/\mathrm{MW}$	z	$t_{\mathrm{fw}}/\mathrm{℃}$	$\Delta\eta_i[=(\eta_i-\eta_i^{\mathrm{R}})/\eta_i^{\mathrm{R}}](\%)$
8.83	$t_0=535$	50;100	6~7	210~230	11~13
12.75	$t_0=535,t_{\mathrm{rh}}=535$	200	8	220~250	14~15
13.24	$t_0=550,t_{\mathrm{rh}}=550$	125	7	220~250	14~15
16.18	$t_0=550,t_{\mathrm{rh}}=550$	300	8	245~275	15~16
16.67	$t_0=538,t_{\mathrm{rh}}=538$	600	8	270~280	15~16
23.6	$t_0=565,t_{\mathrm{rh}}=565$	600	8	280~290	17~18
25.0	$t_0=600,t_{\mathrm{rh}}=600$	1000	8	295	17~18

3.2.2.3 回热加热器形式及结构

除了机组回热的基本参数（回热级数，给水温度，给水焓升分配）对机组热经济性的影响之外，回热加热器类型、表面式加热器端差和疏水收集方式及抽汽过热度利用方式和抽汽管压降也对机组的热经济性有重要影响。

1. 回热加热器的类型

（1）回热加热器类型及特点 回热加热器类型有混合式和表面式两类。混合式加热器就是加热蒸汽与给水直接接触而混合传热，其端差为零，理论上能将水加热到加热蒸汽压力下所对应的饱和温度的加热设备。表面式加热器指的是加热蒸汽在换热管束的外部，换热管束里面是给水，通过换热管束将热量传递给给水的一种加热设备。它们各自的优缺点见表 3-7。

表 3-7 混合式加热器和表面式加热器优缺点

名称	优点	缺点
混合式加热器	1. 端差 δt 为零。$\delta t=0;t_{\mathrm{w2}}=t_{\mathrm{so}}(p_{抽})$ 2. 热经济性高于有端差的表面式加热器 3. 设备结构简单，金属耗量、制造、投资较少 4. 方便汇集各种汽、水流	该种系统须添加水泵，使系统可靠性下降，投资增加，厂用电增加
表面式加热器	1. 系统连接简单，投资较少 2. 系统运行安全可靠性高	1. 存在端差 2. 热经济性低于混合式加热器 3. 设备结构复杂，投资较大 4. 不便于汽、水的混合

（2）混合式与表面式加热器连接系统特征 由全混合式加热器组成的回热系统（图 3-14a）和表面式加热器组成的回热系统（图 3-14b）相比，表面式除因有端差而热经济性较低外，在诸如系统简单、运行安全可靠以及系统投资等其他方面都优于混合式。因为混合式加热器的工作过程是，一方面将水加热至饱和状态，另一方面被加热水的压力最终将与加热蒸汽压力一致。为了使水能继续流动到锅炉，每个混合式加热器后都必须配置水泵。为防止这些输送饱和水的水泵汽蚀影响锅炉可靠供水，水泵应有一定的正的吸入水头（即该混合式加热器需高位布置），考虑负荷波动要设一定储量的水箱，为了可靠，还需有备用泵（图上未画出），这些都使全部采用混合式加热器的回热系统和主厂房布置复杂化，投资和土建费用增

加，且安全可靠性降低。

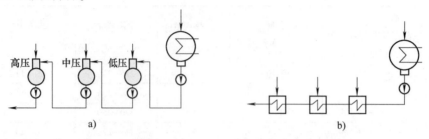

图 3-14 混合式与表面式加热器组成回热系统的比较

a）全混合式加热器回热系统 b）全表面式回热器回热系统

根据技术经济全面综合比较，绝大多数电厂都选用了热经济性较差的表面式加热器组成回热系统，只有除氧器采用混合式，以满足给水除氧的要求（图 3-15a）。如上所述，混合式除氧器后必须有给水泵，这就将其前后的表面式加热器依水侧压力分成低压加热器（承受凝结水泵压力）和高压加热器（承受给水泵压力）两组加热器。

（3）提高加热器回热系统的可靠性、热经济性已采取的措施 为了提高回热系统的热经济性，某些 300MW、500MW、600MW、800MW、1000MW 大机组的低压加热器，部分（在真空下工作）或全部采用混合式。由于采用了能"干转"（即耐汽蚀）无轴封泵，和利用布置高差形成的重力压头，低压水流能自动落入压力稍高的下一个加热器（见图 3-15b），从而可减少水泵的台数。

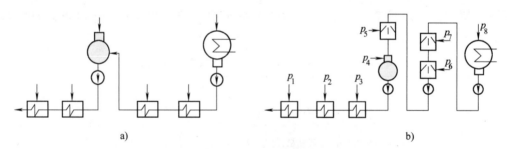

图 3-15 实际电厂采用的加热器类型

a）高、低加热器为表面式的系统 b）全部低压加热器为混合式的系统

美国在 20 世纪 30 年代以前就提出低压加热器全混合式的热力系统图。英国在 1964 年获得混合式低压加热器组成重力式回热系统的专利，20 世纪 70 年代曾在数十台 500～660MW 火电及核电机组上采用过，后因运行事故多没继续推荐使用。苏联 20 世纪 70 年代开始在一些 300～800MW 火电及核电机组上采用，并持续至今，在设计和运行上取得了许多成功的经验。现大多数情况是只有在真空下工作的低压加热器采用混合式（如 500、800MW机组），如图 3-16 所示 K-800-240-5 型机组（即超临界压力 23.52MPa，540℃/540℃凝汽式一次中间再热 800MW 机组）的回热原则性热力系统图的一种方案，其中 H7、H8 为真空下工作的混合式低压加热器。据资料介绍：该机采用混合式低压加热器后，η_i 提高了 0.3%～0.5%；真空下工作的低压加热器采用混合式加热器不仅经济效益显著，同时还能保证低压加热器免遭氧腐蚀，使汽轮机叶片结铜垢减少。

将低压表面式加热器改造为引射混合式低压加热器（图 3-17），实质就是一个利用射水

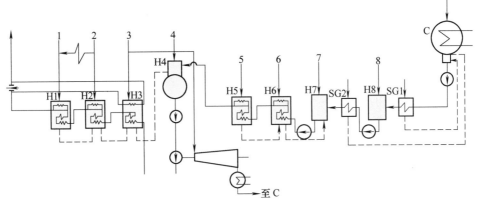

图 3-16 带有部分混合式低压加热器的热力系统

（K-800-240-5 型汽轮机）

来引射蒸汽的引射器，以取代热力发电厂目前使用的间壁管壳式低压加热器，它是利用压力较高的水抽吸压力较低的蒸汽并进行热量、动量和质量交换、掺混的装置。可将机组热效率提高 0.9%。

2. 表面式加热器的种类

电厂广泛采用的表面式加热器有立式和卧式两种，卧式换热效果好，热经济性高于立式（在同样凝结传热条件下，由于横管面上积存的凝结水膜薄，单根横管传热系数为竖管的 1.7 倍），结构上易于布置蒸汽过热段和疏水冷却段，布置上可利用放置的高低来解决低负荷时疏水逐级自流压差动力减小的问题等，所以一般大容量机组的低压加热器和部分高压加热器多采用卧式。但立式占地面积小，便于安装和检修，为中、小机组和部分大机组广泛采用。国外还有倒立表面式加热器。杭州锅炉厂与法国 GE-CALSTHOMDELAS 合作生产首台 330MW 机组用倒立 U 形管式高压加热器，装在内蒙古达拉特旗电厂，并已于 1995 年 11 月投运。

3. 表面式加热器的结构

如图 3-18 所示，表面式加热器分水侧（管侧）和汽侧（壳侧）两部分。水侧由受热面管束的管内部分和水室（或分配、汇集集箱）所组成。水侧承受与之相连的凝结水泵或给水泵的压力。汽侧由加热器外壳及管束外表间的空间构成。汽侧通过抽汽管与汽轮机回热抽汽口相连，承受相应抽汽的压力，故汽侧压力大大低于水

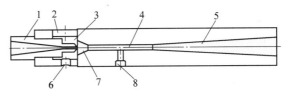

图 3-17 引射混合式低压加热器示意图

1—喷嘴 2—蒸汽入口 3—吸入室 4—混合室 5—扩散室
6—吸入室取压口 7—导入口 8—混合室中部取压口

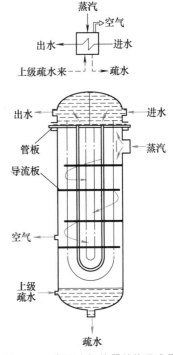

图 3-18 表面式加热器结构示意图

侧。加热蒸汽进入汽侧后,在导流板引导下成 S 形均匀流经全部管束外表面进行放热,最后冷凝成凝结水由加热器底部排出。该加热蒸汽凝结水称为疏水,以区别于汽轮机排汽形成的主凝结水。汽侧不能凝结的空气应由加热器内排出,以免增大传热热阻、降低热经济性。

表面式加热器的金属换热面管束,为适应热膨胀要求一般设计成 U 形、折形(或蛇形管)和螺旋形等。按被加热水的引入和引出方式,表面式加热器又可分为水室结构和集箱结构两大类。水室结构采用管板和 U 形管束连接方式。集箱结构采用集箱与蛇形管束或螺旋形管束相连接的方式。

目前,大多数电厂都选用了表面式加热器组成回热系统,只有除氧器采用混合式。由除氧器把加热器又分成了低压加热器和高压加热器。

4. 表面式加热器的三个传热段

为保证机组经济性,回热系统中全部高压表面式加热器和部分低压表面式加热器都设置有三个传热段,即过热蒸汽冷却段、回热抽汽凝结段和疏水冷却段。

(1)过热蒸汽冷却段 过热蒸汽冷却段设在表面式加热器给水的出口部位。给水在此阶段被具有较高的过热度的抽汽加热,其出口温度可高于或等于蒸汽的饱和温度,这样就改进了传热效果。过热蒸汽冷却段用包壳板、套管和遮热板将该段管子封闭,内设隔板使蒸汽以一定的流速和方向流经传热面,使其达到良好传热效果,又避免过热蒸汽与管板、壳体等直接接触,降低热应力,同时还可使蒸汽保留有足够的过热度来保证蒸汽离开该段时呈干燥状态,防止湿蒸汽冲蚀管子。

(2)回热抽汽凝结段 该传热段的换热面积最大,蒸汽在凝结段通过凝结时放出的汽化潜热加热给水。加热蒸汽在过热蒸汽冷却段放热后,再进入凝结段时仍然带一定的过热度,蒸汽从两侧沿整个管系向心流进整个凝结段管束。不凝结气体由管束中心部位的排气管排出,排气管是沿整个凝结段设置,确保不凝结气体及时有效地排出加热器,以防止降低传热效果。

(3)疏水冷却段 蒸汽在凝结段放热凝结成饱和水后进入疏水冷却段,汽凝结水在这一冷却段继续冷却放出热量来加热给水,其温度降至饱和温度以下。疏水冷却段是用包壳板、挡板和隔板等将该段的加热管束全部密封起来。带疏冷段的加热器,必须保持一个规定的液位,避免蒸汽漏到疏水冷却段中,造成汽、水两相而冲蚀管子,并保证疏水端差满足设计要求。

5. 低压加热器结构

1000MW 超超临界机组低压加热器多基本采用 U 形管卧式加热器,其 5 号和 6 号加热器在结构及布置上与 600MW 常规超临界机组相似,但 7 号和 8 号加热器根据所配套的汽轮机不同而结构上有所变化。如上海汽轮机厂有限公司(简称上汽)制造的汽轮机的两个低压缸中,一个只设置 7 段抽汽,另一个只设置 8 段抽汽,所配套的 7 号和 8 号低压加热器均为独立的结构,分别布置在低压缸对应的凝汽器的喉部。而哈尔滨汽轮机厂有限责任公司(简称哈汽)与东方电气集团东方汽轮机有限公司(简称东汽)制造的汽轮机的两个低压缸中,每个低压缸均有 7 段抽汽和 8 段抽汽,所配套的 7 号和 8 号低压加热器为合体式结构,即每个低压缸对应的凝汽器的喉部各布置一台合体的 7 号和 8 号加热器,这种方式与 600MW 常规超临界机组类似。

图 3-19 是较典型的合体式低压加热器结构示意图,其内部仍均为 U 形管板式结构,采

用卧式布置。换热部分只有凝结段和疏水冷却段，其端差为 2~3℃，疏水冷却段端差为 5~8℃。由于没有过热蒸汽冷却段，其回热抽汽入口可设置在加热器的中部。同时，各个加热器均为全焊接型，能承受全真空抽汽压力以及所连接管道的反作用力和热应力的变化。

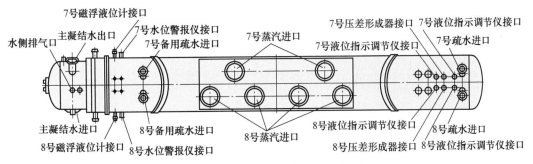

图 3-19　合体式低压加热器结示意图

图 3-20 是低压加热器外形结构图，主要包括壳体、水室组件、管子、隔板与支撑板和防冲板，其结构特点如下：

（1）壳体　壳体为加热器外壳，是用钢板焊接而成构件，为保证焊接头的质量，焊缝都要经无损探伤检测。壳体和水室管板焊连接或用大法兰连接。在壳体上装有支座。布置在凝汽器喉部中的 7 号和 8 号加热器采用合体结构（图 3-19），即共用一个壳体中，中间用分隔板分隔，壳体与管束用法兰连接。

（2）水室组件　水室由圆柱形壳体与法兰管板组成，管板钻有孔以便与 U 形水管相连。水室组件还包括进、出口管、安全阀接口和引导水流按设计流程流动的分隔板。

（3）管子　管子是加热器水侧导流及其与汽侧换热的主要部件，是机械辊管在管板上。

（4）隔板与支撑板　钢制隔板沿着整个长度方向布置，它们支撑着管束并引导蒸汽沿着管束 90°转折流过管子。隔板借助拉杆和定距管固定。

（5）防冲板　在加热器的上级疏水进口和蒸汽进口处设置不锈钢防冲板，可避免壳侧疏水和蒸汽直接冲击管束而受到冲蚀。

对于全焊接型加热器，要注意能承受全真空抽汽压力以及所连接管道的反作用力和热应力的变化。同时，加热器内应各自设置足够的放气和内部挡板，以便在加热器起动和连续运行期间排出。

6. 高压加热器结构

大型机组高压加热器基本上都采用碳钢管作为传热管。虽然不锈钢管与碳钢管相比，其防冲蚀、防腐、耐高温的性能更好，但不锈钢传热管价格昂贵、传热系数差、许用应力小。若采用不锈钢管做传热管，将导致传热面积和材料重量大大增加。对于汽轮机参数为 25.0MPa/600℃/600℃ 的超超临界机组，其高压加热器的管侧设计温度最高不超过 350℃，而 HEI 标准推荐的碳钢传热管的最高使用温度可达 425℃。因此，超超临界机组高压加热器完全可以使用碳钢传热管。对于高压加热器结构仍采用管板、U 形管全焊接结构，内部设有过热蒸汽冷却段、蒸汽凝结段和疏水冷却段三段。图 3-21 所示为某锅炉厂制造的高压加热器结构，其主要部件包括壳体、水室、管板、换热管、支撑板、防冲板、包壳板等。

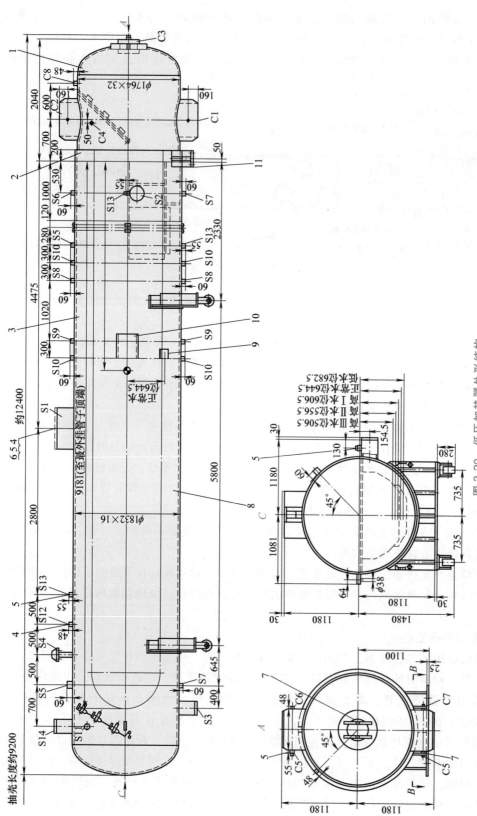

图 3-20　低压加热器外形结构

1—水室　2—管系　3—壳体　4—压力表　5—温度计　6—测温座　7—人孔盖　8—水压试验及充氮装置　9—水位铭牌　10—铭牌　11—水室支架
C1—给水进口　C2—给水出口　C3—人孔　C4—管程放气口　C5—温度计接口　C6—管程放气口　C7—壳程起动放气口　C8—给水起动放水口　S1—蒸汽接口
S2—疏水出口　S3—危急疏水口　S4—壳程溢流阀接口　S5—温度计接口　S6—起动排气口　S7—壳程放气口　S8—液位计接口
S9—平衡容器接口　S10—液位控制器接口　S11—化学清洗口　S12—压力表接口　S13—温度计接口　S14—上级来疏水进口（5号加热器不用）

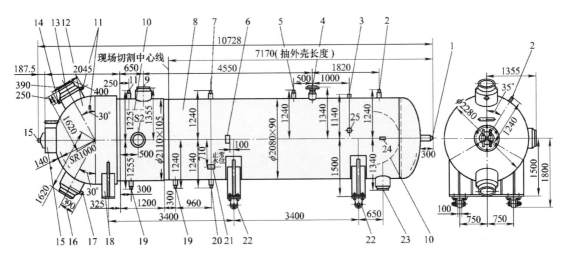

图 3-21 高压加热器结构

1—运行排气口 2—起动排气口 3—压力表接口 4—溢流阀接口 5—充氮及化学清洗水入口 6—铭牌 7—仪表接口
8—外壳 9—蒸汽入口 10—管系 11—起动排气口 12—水室 13—给水出口 14—人孔 15—化学水清洗及水
   侧入水口 16—给水入孔 17—溢流阀接口 18—固定支座 19—放水及化学清洗水出口 20—仪表接口
21—水位计 22—滑动支座 23—危急疏水口 24—拉出壳体用板耳 25—温度计接口

（1）壳体 除溢流阀接管外，壳体上其余部件均为全焊接的非法兰结构。壳体应进行焊后热处理和无损检验，当高压加热器需拆除壳体时，可沿着装配图上标注的切割线进行切割。

（2）水室 高压加热器的水室由锻件与厚板焊接而成，封头为耐高压的半球形结构。水室上设椭圆形人孔以便于进行检修，人孔为自密封结构，采用带加强环的不锈钢石墨缠绕垫。水室内设有将球体分开的密闭式分程隔板，为防止加热器水室内的给水短路，在给水出口侧设有膨胀装置，以补偿因温差引起的变形以及瞬间水压突变引起的变形和相应的热应力。给水进口侧还设置有防冲蚀装置。

（3）管板 与水室相连的锻件作为管板。

（4）换热管 高压加热器使用 U 形管作为换热管，管子与管板采用焊接加胀接结构。

（5）支撑板 在换热管的全长上布置有一定数量的支撑板，使蒸汽流能垂直冲刷管子以改进传热效果，并增加管束的整体刚性，防止振动，同时保证管子受热时能自由膨胀。支撑板用拉杆和定位管固定在规定的位置。

（6）防冲板 为防止由蒸汽和上级疏水的冲击引起换热管的损坏，在蒸汽和上级疏水入口处均设有不锈钢防冲板。

（7）包壳板 为了把过热段、疏水段与凝结段隔离开，设置有包壳板，以确保过热段、疏水段的密封性和独立性。

（8）支座 每台加热器设有 3 个支座用于支撑和就位，位于加热器管板下的支座为固定支座，在壳体的中部和尾部设有滑动支座，其中，中部滑动支座滚轮在运行时拆除。当壳体受热膨胀时，可沿轴向滑动，保证设备安全运行，壳体也可以拉出。

除此之外，每台高压加热器设有水位调节和报警系统。

7. 超超临界机组高压加热器的配置

与国内 600MW 及以下的亚临界和超临界机组高压加热器均采用单列配置不同，大容量超超临界机组的高压加热器有单列配置和双列配置两种形式。单列配置即采用单台容量为 100% 的高压加热器，而双列配置即每台加热器采用 2 台容量为 50% 的高压加热器。日本 600MW 及以上的超临界和超超临界机组多为双列配置，而欧洲 600MW 及以上的超临界和超超临界机组大多为单列配置高压加热器。

目前，国产引进型 1000MW 超超临界机组也多采用双列配置高压加热器。双列配置高压加热器有 2 种布置形式，即分层布置和同层布置。分层布置加热器的疏水可利用势位差，在机组起动或低负荷运行时比较有利，且汽水管道柔性较好，对设备接口的推力小，但管道较长且长短不等，存在管阻偏差，也不便于运行巡视。我国外高桥电厂（900MW）和玉环电厂（1000MW）均采用这种布置形式。同层布置加热器可以减少 1 层平台，并可降低除氧框架的层高，节省厂房建筑成本，设备、阀门、仪表集中，便于运行巡视。对于大容量机组，高压给水系统应力求简捷、阻力小、阀门少、管道短。日本电厂多采用这种布置形式，如九州电力的松浦电厂 1、2 号机组（700MW）、新地电厂（1000MW）、常陆那珂电厂（1000MW）等。

双列配置高压加热器一方面能使其热经济性得到较大提高（如采用单列配置，当 1 台高压加热器发生事故时，该列高压加热器将解列，此时锅炉进水温度将从 302.4℃ 降低到 191.9℃，降低 110.5℃，对机组效率影响很大；当采用双列配置高压加热器时，某一列高压加热器解列后，另一列高压加热器可继续运行，此时锅炉进水温度只降到 247.15℃，仅下降 55.25℃）。根据大型机组高压加热器出力对机组热耗率的影响，高压加热器出口温度每降低 1℃，将使汽轮机热耗上升 2kJ/（kW·h）左右。单台高压加热器事故使汽轮机热耗增加，单列高压加热器要比双列高压加热器热耗增加 110kJ/（kW·h）左右。

另一方面，双列配置高压加热器也能提高机组运行安全性，单列配置高压加热器管板直径和厚度均较大，在汽侧与水侧温差较大的情况下，特别是在起、停期间，管板将产生较大的热应力，不利于设备的长期安全运行。

8. 混合式加热器的结构

为使水在加热时能与蒸汽充分接触，进入混合式加热器的水应在蒸汽空间播散成较大面积（图3-22）。一般采用淋水盘的细流式、压力喷雾的水滴式、水膜式等。这样，水最后可被加热到接近蒸汽压力下的饱和温度（一般欠热1℃左右）。若需要满足热

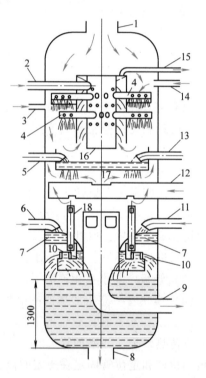

图 3-22　立式混合式加热器结构示意图

1—加蒸汽进口　2—凝结水进口　3—除氧器余气　4—配水管　5—来自电动、气动给水泵轴封的水　6—热网加热器来疏水　7—水平隔板　8—凝结水出口　9—排在凝汽器的事故溢水管　10—逆止门　11—三号加热器疏水　12—轴封来汽　13—逆止门的排水　14—三号加热器和热网加热器的余气　15—汽气混合物出口　16—水集箱　17—淋水盘　18—平衡管

除氧加热到饱和温度的要求，可加上鼓泡装置（利用在水中引入比加热器压力高的疏水或其他汽源）。加热和凝结过程分离出的不凝结气体和部分余汽被引至凝汽器。采用重力式的混合式低压加热器，其加热水出口可不设集水室。而对于后接中继水泵的混合式低压加热器，为保证泵的可靠运行，应设一定容积的集水室。

3.2.2.4 表面式加热器端差与抽汽管压降

采用回热循环可减少机组的冷源损失，但也存在附加的冷源损失，其中，表面式加热器的端差和抽汽管的压降损失就是回热循环中不可避免的、重要的附加冷源损失。

1. 表面式加热器的端差

（1）概念　表面式加热器的端差存在上端差 θ 与下端差 ϑ 之分。表面式加热器上端差，又称出口端差，指的是表面式加热器汽侧压力下的饱和水温 t_{sj} 与加热器出口给水温 t_{wj} 之间的差值，即 $\theta = t_{sj} - t_{wj}$。表面式加热器下端差指的是疏水冷却器端差，它是指离开疏水冷却器的疏水温度 t'_{sj} 与进口水温 t_{wj+1} 间的差值，$\theta = t'_{sj} - t_{wj+1}$。一般不加特别说明时，加热器的端差就是指的是上端差。回热加热器的端差与抽汽管压降如图 3-23 所示。

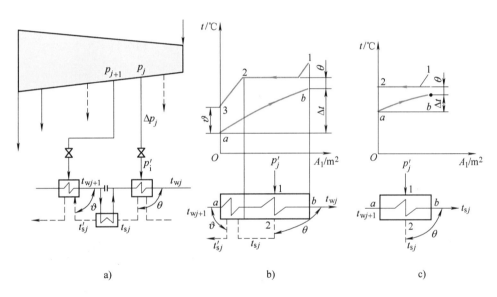

图 3-23　回热加热器的端差与抽汽管压降

a）、b）带疏水冷却器　c）不带疏水冷却器

（2）端差的存在对机组热经济性的影响　可用热量法来进行分析。与没有端差的混合式加热器相比，表面式加热器端差的存在（如图 3-23a 中的第 j 级加热器），将会引起回热系统中该级（第 j 级）加热器出口给水温下降，在保证回热循环出口给水温度一定的情况下，必须使高一级抽汽量（第 $j-1$ 级）增加，因而致使本级（第 j 级）抽汽量相对降低，这样，将导致汽轮机高压抽汽量相对增加、低压抽汽量相对减少，回热抽汽做功比 X_r 下降的不利趋势，从而使得机组热经济性 η_i 降低。显然，端差越小，机组的热经济性降低也越小。例如一台大型机组，只需将全部高压加热器的端差降低 1℃，机组热耗率就可降低约 0.06%。

（3）表面式加热器端差大小的合理选择　从上面分析可看出，端差大小将直接影响机组的热经济性，显然，端差越小，热经济性越高，但端差的减少是以增大换热面积和增加投资为代价的，故不同的国家多根据自己的国情——钢、燃料比价，通过技术经济比较来选择合理的端差。如燃料较贵，端差应尽量小，反之，则可适当选大。我国的加热器端差，一般当无过热蒸汽冷却段时，$\theta = 3 \sim 6℃$；有过热蒸汽却段时，$\theta = 1 \sim 2℃$。减小大容量机组的端差带来的效益更大，应选用较小值。一般情况下，下端差推荐值 $\vartheta = 5 \sim 10℃$。

（4）运行中端差增大的可能原因 由加热器出口端差表达式（3-9）可知，运行中端差增大的可能原因如下：

1）若换热面积 A 已一定，则可能为受热面污垢，使 K 减小；也可能是汽侧空气排除不畅，而使 K 减小。

2）疏水调节阀失灵，疏水水位过高而淹没受热面使实际换热面积 A 减小。

3）加热器水侧旁路阀关闭不严，部分凝结水走旁路。

$$\theta = \frac{\Delta t}{e^{\frac{KA}{c_p G}} - 1} \tag{3-9}$$

式中，A 为金属换热面积（m^2）；Δt 为水在加热器中的温升（℃）；K 为传热系数 [kJ/（$m^2 \cdot$ h $\cdot$ ℃）]；G 为被加热水的流量（kg/h）；c_p 为水的比定压热容 [kJ/（kg $\cdot$ ℃）]。

2. 抽汽管道压降损失

（1）概念 如图 3-23 所示，抽汽管压降 Δp_j 指的是汽轮机第 j 级抽汽口压力 p_j 和第 j 级加热器汽侧压力 p_j' 之差值，即 $\Delta p_j = p_j - p_j'$。

（2）抽汽管压降 Δp_j 的存在对机组热经济性的影响 做功能力法分析表明，由于抽汽管压降 Δp_j 的存在，存在着节流损失，熵增加，使该级抽汽利用时产生能量贬值，将使得回热过程㶲损 ΔE_r 增加，使机组热经济性下降。热量法分析表明，抽汽管压降 Δp_j 的存在与表面式加热器端差存在一样，都将导致汽轮机高压抽汽相对增加、低压抽汽相对减少，回热抽汽做功比 X_r 下降的不利趋势，从而使得机组热经济性 η_i 降低。显然，抽汽管压降 Δp_j 越小，机组的热经济性降低也越小。

3. 抽汽管压降 Δp_j 优化确定

由于抽汽管道安全布置需要，抽汽管道存在压力损失是不可避免的，但可经过合理优化，尽量减小压力损失。影响 Δp_j 的最主要因素是抽汽管的介质流速（或管径）和局部阻力（即装设的阀门多少和阀门类型等）。通过技术经济比较，抽汽管介质推荐流速见表 3-8。抽汽管上必须设的逆止阀应选用阻力小的类型。凝汽式机组的回热抽汽都是非调整抽汽，回热加热器采用滑压运行可免设阻力大的调节阀。

表 3-8 抽汽管介质推荐流速

介质类型	管道名称	推荐流速/（m/s）
过热蒸汽	抽汽管道	35~60
饱和汽	抽汽管道	30~50
湿蒸汽	抽汽管道	20~35

因为抽汽压损的大小与抽汽压力的高低有关，若 θ 不变，抽汽压力与给水比焓的关系又是一定的。表 3-9 为每1%抽汽压降损失所引起的机组热耗率的变化。

表 3-9 每 1% 抽汽压降损失引起的机组热耗率的变化

给水比焓 h_{fw}/(kJ/kg)	100	200	300	400	500	600
机组热耗率变化(%)	0.0033	0.004	0.0046	0.0058	0.0069	0.0081

经过技术经济比较,一般表面式加热器抽汽管压降 Δp_j 不应大于抽汽压力的 p_j 的 10%,大容量机组取 4%~6%。

3.2.2.5 再热对回热的影响

回热机组采用蒸汽中间再热,会使回热的热经济效果减弱,同时影响回热的最佳分配。

1. 再热对回热热经济性的影响

热量法认为蒸汽中间再热使 1kg 蒸汽的做功增加,机组功率一定时,新蒸汽流量将减少(减少 15%~18%),同时,再热使回热抽汽的温度和焓值都提高了,使回热抽汽量减少,回热抽汽做功减少,凝汽流做功相对增加,冷源损失增加,热效率比无再热机组稍低,图 3-24 所示为采用单级和多级回热有再热和无再热时热经济性的变化 $\Delta\eta_{i(r)}$ 的差异。图 3-24 中虚线表示无再热,实线表示采用再热。做功能力法认为,一方面,合理的再热提高了锅炉内工质的平均吸热温度,从而削弱了回热提高锅炉内工质的平均吸热温度的效果;另一方面,再热后的回热抽汽温度升高,使得加热器内平均放热温度升高,换热温差增加,削弱了回热的热经济性。

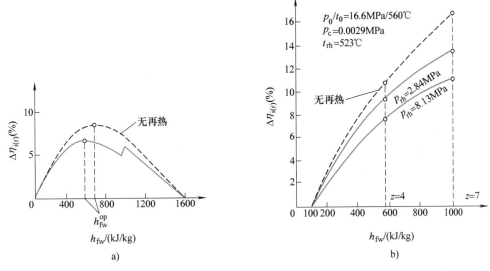

图 3-24 再热对回热热经济性的影响

a) 单级回热 b) 多级回热

2. 再热对回热分配的影响

再热对回热分配的影响主要反映在锅炉给水温度和再热后第 1 级抽汽压力的选择上。目前在各级回热加热分配上,由于高压缸排汽过热度低,而下一级再热后的蒸汽过热度高,一般是采用增大高压缸排汽的抽汽,使这一级加热器的给水焓升为相邻下一级的给水焓升的 1.3~1.6 倍。其目的是减少给水加热过程的不可逆损失,从而提高回热经济效果。此外,采用蒸汽冷却器来利用蒸汽的过热度,提高给水温度,减少加热器端差,以达到降低热交换过程的不可逆性，减少再热带来的不利影响。

尽管蒸汽中间再热对给水回热效果带来不利影响，但现代高参数大容量机组均同时采用蒸汽中间再热和给水回热加热，因为两者都可以提高热经济性，节省燃料。如果中间再热和给水回热配合参数选择合理，则热经济性会更高。

3.2.2.6 抽汽过热度利用方式

1. 概念及特性

抽汽过热度指的是抽汽温度与抽汽压力下所对应的饱和汽温度之差。抽汽过热度的利用是应用蒸汽冷却器来完成的。蒸汽冷却器指的是回热循环中用以冷却抽汽，利用机组抽汽过热度，减少回热循环附加冷源损失的设备。它可分为内置式的蒸汽冷却器和外置式的蒸汽冷却器，它们的特性比较见表 3-10。

表 3-10 内置式和外置式的蒸汽冷却器特性比较

名称	优点	缺点
内置式	1. 与加热器本体合成一体，可节约钢材与投资 2. 可提高机组热经济性的 0.12%～0.15%	1. 经济性的提高程度不如外置式蒸冷器 2. 安装不灵活 3. 只能提高本级出水温
外置式	1. 装设位置灵活，可提高本级出水温，也可给水温度水温 2. 常可用来提高给水温度，可获得更高的热经济性的 0.3%～0.5%	钢材用量多、投资较大

2. 热经济性分析

（1）做功能力法分析

1）装设内置式蒸汽冷却器，因可提高该级加热器出水温，使该级加热器整个吸热过程平均温度增高，削弱了抽汽过热度提高使放热过程平均温度增加的不利影响，从而减小了该级加热器内换热温差 ΔT_r 和㶲损 ΔE_r，提高了热经济性 η_i。

2）装设外置式蒸汽冷却器，如用来提高给水温度 t_{fw}，一方面可使锅炉内的换热温差 ΔT_b 及㶲损 ΔE_b^{III} 减小；另一方面采用外置式蒸汽冷却器的加热器内，由于进入的蒸汽过热度降低，减小了该级加热器换热温差 ΔT_r 和㶲损 ΔE_r，其总效果（ΔE_b^{III}、ΔE_r 降低），使冷源损失 ΔQ_c 降低更多，因而 η_i 提高更多。

（2）热量法分析

1）装设内置式蒸汽冷却器，提高该级加热器出水温，引起该级回热抽汽量增多，高一级回热抽汽量减小，因而可加大回热做功比 X_r，使机组热经济性 η_i 提高。

2）采用外置式蒸汽冷却器，如用来提高给水温度 t_{fw}，一方面给水温度提高使其热耗 Q_0 下降，且这时给水温度提高不是靠最高一级抽汽压力的增高，而是利用压力较低的抽汽过热度的质量，故不会增大该级做功不足系数；另一方面，采用外置式蒸汽冷却器的那级抽汽，热焓也降低（蒸汽冷却器使抽汽焓由 h_j 降 h_j^s），因还要用来提高给水温度，抽汽量将增大，使回热做功比 X_r 提高，又进一步降低了热耗，故外置式蒸汽冷却器可使 $\eta_i = W_i/Q_0$ 提高更多。

3. 蒸汽冷却器连接方式

对于内置式蒸汽冷却器,它与加热器本体（蒸汽凝结部分）合成一体,可节约钢材和投资。图 3-25 为一加热器里同时具有过热蒸汽冷却段、蒸汽凝结段及疏水冷却段的示意图。为避免过热蒸汽冷却段里产生凝结水,离开它的蒸汽焓仍具有 15~20℃ 的过热度,如图 3-25 中的 h_j^s 仍具有过热度。

外置式蒸汽冷却器的蒸汽进出,简单明了,但其水侧连接方式较为复杂,视主机回热级数、蒸汽冷却器的个数和与主水流的连接关系而异,主要有与主水流并联、串联两种方式,如图 3-26 所示。

串联连接时,全部给水进入蒸汽冷却器;并联连接时,总是给水量的一小部分,以给水不致在蒸汽冷却器中沸腾为准,最后与主水流混合后送往锅炉。

4. 外置式蒸汽冷却器的应用

串联连接方式的优点是外置式蒸汽冷却器的进水温度高,换热平均温差小,效益较显著;缺点是给水系统的阻力增大。并联连接方式的优点是给水系统的阻力较串联方式的小,缺点是进蒸汽冷却器的给水温度较低,传热温差大,而且进入下一级加热器的主给水量减少,相应回热抽汽量减小,热经济性稍逊于串联式。并联式的给水分流量大小对热经济性的影响较大。

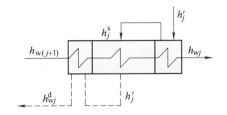

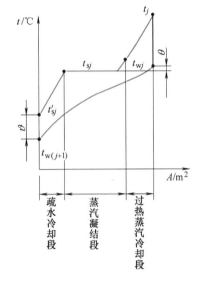

图 3-25　带内置式蒸汽冷却段和
疏水冷却段的表面式加热器

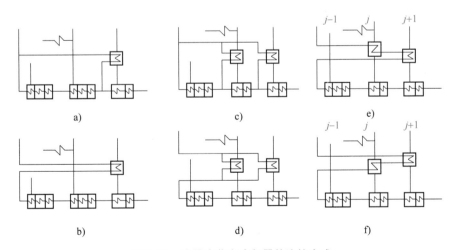

图 3-26　外置式蒸汽冷却器的连接方式

a）单级并联　b）单级串联　c）与主水流分流两级并联　d）与主水流串联两级并联

e）先 $j+1$ 级,后 j 级的两级串联　f）先 j 级,后 $j+1$ 级的两级串联

回热系统中高压加热器内泄外漏故障停运占高加系统本身总的故障停运系数 90% 左右,

其中内置式蒸汽冷却段泄漏占高加系统的内泄外漏的25%以上。采用外置式蒸汽冷却器，则可单独退出运行，不至于影响整个高加系统的运行。外置式串联连接方式，若蒸汽冷却器内泄不易消除，水侧需装设旁路。

国内机组一般采用单级串联系统，国外也有少数机组采用串联、并联的综合连接方式。我国进口大机组，多采用内置式蒸汽冷却器。另需强调指出，采用蒸汽冷却器是有条件的。在机组满负荷时，若抽汽压力不小于1.034MPa，同时离开蒸汽冷却段时还有42℃富裕过热度，蒸汽在过热段内流动阻力不大于0.034MPa，过热段内管壁是干燥的，其端差为0～1.7℃，同时满足这些条件设置蒸汽过热段才是合理的。

3.2.2.7 疏水收集方式

1. 表面式加热器疏水收集方式

为减少工质损失，表面式加热器汽侧疏水应收集并汇于系统的主水流（主凝结水或给水）中。收集方式主要有三种：①疏水逐级自流；②疏水逐级自流+疏水冷却器；③利用疏水泵往前打入加热器出口水流中。

（1）疏水逐级自流　疏水逐级自流是利用相邻加热器的汽侧压差，使疏水以逐级自流的方式收集，如图3-27a所示。当整个回热系统全采用此方式时，高压加热器疏水逐级自流，最后进入除氧器而汇于给水。低压加热器疏水逐级自流，最后进入凝汽器或热井而汇于主凝结水。疏水汇于热井比进入凝汽器的热经济性略高，但它会提高凝结水泵入口水温。当进入热井疏水量较多时，为保证凝结水泵运行时不汽蚀，需校核该凝结水泵入口的净正水头高度是否能满足要求。

（2）疏水逐级自流+疏水冷却器　由于疏水逐级自流方式的热经济性最差，因此可在疏水逐级自流收集管道加装外置式疏水冷却器（图3-27b）来加以改善。

（3）利用疏水泵往前打入加热器出口水流中　该方式是采用疏水泵，将疏水打入该加热器出口水流中，如图3-27c所示。这个汇入地点的混合温差最小，因此混合产生的附加冷源损失也小。显然，不同疏水收集方式的热经济性高低、系统复杂程度、投资大小及运行维修费用是各不相同的。

2. 不同疏水收集方式的热经济性分析

在所有疏水收集方式中，疏水逐级自流方式的热经济性最差，加装外置式疏水冷却器的疏水逐级自流方式次之，采用疏水泵方式热经济性最好，仅次于没有疏水的混合式加热器。

（1）热量法分析　热量法分析表明，三种不同的疏水方式对高压抽汽量的排挤和低压回热抽汽量的利用程度（即对回热做功比X_r）不同。通过疏水逐级自流方式与采用疏水泵方式（即图3-27a与图3-27c）相比较可知：

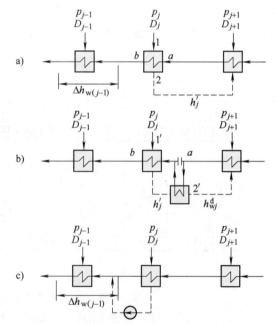

图3-27　表面式加热器 *j* 级的不同疏水收集方式

a）疏水逐级自流　b）疏水逐级自流+疏水冷却器

c）利用疏水泵往前打入加热器出口水流中

1）疏水逐级自流方式下，j 级疏水热量排向压力较低的加热器（$j+1$ 级），一方面使得本级（j 级）加热器出口水温降低，而引起高一级（$j-1$ 级）入口水温降低，在保证高一级加热器（$j-1$ 级）出口水温一定的情况下，水在 $j-1$ 级加热器中的焓升 $\Delta h_{w(j-1)}$ 及相应抽汽量 D_{j-1} 需增加。另一方面，对压力较低一级（$j+1$ 级）加热器，却因 j 级疏水热量进入，排挤了部分低压抽汽，使 D_{j+1} 减少。因而该种疏水方式将引起高压抽汽量增加、低压抽汽量减少的变化，使 X_r 减小，机组 η_i 减少，热经济性降低。

2）当加装外置式疏水冷却器后，如图 3-27b 所示，因 j 级加热器利用了自身部分疏水热量 $\left[\delta q=D_j\left(h_j'-h_{wj}^d\right)\right]$，减少了疏水对低压抽汽的排挤，使热经济性有所改善。

3）利用疏水泵往前打入加热器出口水流中的方式因完全避免了对低压抽汽的排挤，同时还预热了进入高一级加热器的凝结水，将使高压抽汽量减少，故热经济性最高。

（2）做功能力法分析　做功能力法分析表明，三种不同疏水方式对回热过程㶲损 ΔE_r 不一样。

1）疏水逐级自流与疏水泵往前打入加热器出口水流中的方式相比。一方面，在 $j-1$ 级的高一级加热器内，蒸汽放热过程平均温度 T_s 不变，而水的吸热过程温度 T_w 却因入口水温降低而下降，从而导致 $j-1$ 级加热器换热温差 ΔT_r 及相应的㶲损 ΔE_r 增加。另一方面，在 $j+1$ 的低一级加热器内，则因 j 级疏水在其中产生较大的压降 $\Delta p=p_j-p_{j+1}$，㶲损 ΔE_r 增大。故疏水逐级自流较采用疏水泵方式，因 ΔT_r 增大（表现在 $j-1$ 级）和较大 Δp 存在（表现在 $j+1$ 级），不可逆性增加，使热经济性降低。

2）疏水逐级自流加装疏水冷却器后，一方面，排入 $j+1$ 级加热器的 j 级加热器疏水热能被本级（j 级）利用了一部分，提高了本级（j 级）加热器进口水温，使得 j 级加热器换热温差 ΔT_r 及相应的㶲损 ΔE_r 减小；另一方面，加装疏水冷却器后，疏水 h_j' 降至 h_{wj}^d，从而对应相同压降 Δp 产生的熵增减小，㶲损减小，故其热经济性得以改善。

3）疏水泵往前打入加热器出口水流中的方式，由于完全避免了疏水压降的能量贬值及减小了在 $j-1$ 级加热器内的换热温差，故其热经济性最高。

3. 疏水收集方式的正确选择

不同疏水收集方式的热经济性变化只有 $0.15\% \sim 0.5\%$，所以实际疏水方式的选择应通过技术经济比较来决定。

虽然疏水逐级自流方式的热经济性最差，但由于系统简单可靠、投资小、不需附加运行费用、维护工作量小而仍被广泛采用。几乎所有高压加热器，绝大部分低压加热器都采用它。大型机组为提高其热经济性，还普遍装设了内置式疏水冷却器。

尽管疏水泵收集方式热经济性高，但它使系统复杂，投资增大，且需用转动机械，既耗厂用电又易汽蚀，使可靠性降低，维护工作量增大，故并没得到广泛采用。一般大、中型机组仅可能在最低一个低压加热器（末级），或相邻的次末级低压加热器上采用这种方式，以减少大量疏水直接流入凝汽器增加冷源损失，且可防止它们进入热井影响凝结水泵正常工作。

3.2.2.8　给水回热除氧方法与原理

为保证发电厂生产的安全和经济，必须除去锅炉给水中溶解的气体。给水除氧有化学法和物理法两类。热力发电厂普遍采用热除氧方法，其加热热源主要是利用汽轮机的回热抽汽。热除氧系统是回热系统的一个特殊组成部分，它不仅能够利用回热提高机组热经济性，而且还要保证除氧效果和给水泵安全运行。

1. 给水除氧的必要性

当水与空气接触时，水中就会溶解一部分气体，如氧气、二氧化碳等。给水系统中溶解于水中的气体主要来源有两个：一是补充水中溶解的气体，二是漏进处于真空状态下的热力设备及管道附件等的空气。给水中溶解有气体会带来以下危害：

(1) 腐蚀热力设备及管道，降低其工作可靠性与使用寿命　给水中溶解的危害最大的气体是氧气，它会对金属材料产生腐蚀，在高温及碱性较弱时氧腐蚀会加剧；其次是二氧化碳，它会加快氧腐蚀。

(2) 传热热阻增加，降低热力设备的热经济性　不凝结气体附着在传热面，以及氧化物沉积形成的盐垢，都会增大传热热阻。氧化物沉积在汽轮机叶片，会导致汽轮机出力下降和轴向推力增加。

因此，现代热力发电厂均要求进行给水除氧，并且确保给水满足一定的 pH 值。给水除氧的任务就是除去水中的氧气和其他不凝结气体，防止设备腐蚀和传热热阻增加，保证热力设备的安全经济运行。

国家标准 GB/T 12145—2016《火力发电机组及蒸汽动力设备水汽质量》规定，对过热蒸汽压力为 5.8MPa 以下锅炉，给水溶氧量应小于 $15\mu g/L$；对过热蒸汽压力为 5.9MPa 以上的锅炉，给水溶氧量应小于 $7\mu g/L$；对给水进行加氧调节处理的压力低于 25MPa 的直流锅炉，给水溶氧量控制在 $50\sim250\mu g/L$（中性处理）或 $30\sim200\mu g/L$（联合处理），但是对给水进行加氧调节处理时，给水溶氧量控制在 $10\sim150\mu g/L$。

2. 化学除氧方法

化学除氧是利用药剂与水中的溶解氧进行化学反应，化合生成另一种物质，达到彻底除氧的目的。化学除氧不能除去其他气体，生成的氧化物还增加了给水中可溶性盐类的含量，而且药剂价格昂贵，因此，中小电厂很少采用化学除氧，只有要求彻底除氧的亚临界及以上参数的电厂，才采用化学除氧作为一种补充的除氧手段。

(1) 联氨除氧　化学除氧一般采用联氨做药剂。因联氨既可除氧，又能转化为氨，维持给水有较高的 pH 值，也不产生新的盐类。联氨除氧化学反应如下：

$$N_2H_4+O_2\rightarrow N_2\uparrow+2H_2O$$

$$3N_2H_4\xrightarrow{加热}N_2+4NH_3\uparrow$$

(2) 亚硫酸钠 Na_2SO_3 处理　Na_2SO_3 易溶于水，无毒价廉，装置简单。Na_2SO_3 与 O_2 反应生成的 Na_2SO_4 会增加给水含盐量，在温度高于 280℃后会分解成有害气体。Na_2SO_3 仅适用于中压以下的锅炉，不能用于高压以上的电站锅炉。

(3) 中性水处理　根据钢在含氧纯水中的耐腐蚀理论，高纯度且呈中性的锅炉给水中，加入气态氧或过氧化氢，使金属表面形成稳定的氧化膜，不仅能够达到防腐效果，而且给水中腐蚀物减少，使直流锅炉几乎无须清洗，即中性水处理。给水加氧处理的防腐蚀效果显著，但对给水水质要求很严，中性纯水的缓冲能力小。中性水处理已在国外各类直流锅炉、空冷机组和核电机组上得到应用，我国也制定了锅筒炉中性水处理的水质规范。

(4) 给水加氧、加氨联合处理　给水加氧、加氨联合处理是在原来给水加氧处理的基础上发展起来的一种新的给水处理技术，其原理是在给水中加入适量氧和微量的氨，保持给水中的溶氧含量在 $100\sim300\mu g/L$ 之间，使金属表面形成一种特定的氧化膜，从而起到抑制给水系统金属腐蚀的作用。

此方法最先在德国开始应用，国内也进行了试验和应用，但对于600MW超临界机组的具体应用经验报道很少，有关的条件还需通过试验研究加以确定，如：超临界机组锅炉变压运行条件下的加氧控制条件；对机组不同的金属材料和不同的阀门材料方面的适用性；给水联合处理应用的最佳工况及控制指标等。

（5）凝结水的化学处理　凝结水质量直接影响锅炉给水品质。凝结水是锅炉给水的主要部分，包括汽轮机的主凝结水、各种疏水、补入凝汽器的软化水，热电厂的生产返回水等。影响凝结水质量的因素有：因凝汽器泄露混入的冷却水中的杂质，此项影响最大；补入软化水带入的悬浮物和溶解盐；机组起停及负荷变动，导致给水、凝结水溶解氧升高。

凝结水的净化处理（精处理）与锅炉的形式、蒸汽参数、冷却水质量等因素有关。对于直流锅炉、亚临界锅筒炉，全部凝结水应进行精处理；高压以上的锅炉，冷却水为海水时，可设部分凝结水精处理装置；超高压锅炉并承担调峰负荷，还需设置供机组起动用的除铁过滤器；对于带混合式凝汽器的间接空冷系统，凝结水应全部精处理，并设除铁过滤器。

凝结水精处理装置有低压系统和中压系统两种连接方式。低压系统的除盐装置位于凝结水泵及凝结水升压泵之间，我国应用较多；但是，两级凝结水泵不同步及压缩空气阀门不严，将导致空气漏入凝结水精处理系统。中压系统无凝结水升压泵，除盐装置直接串联在中压凝结水泵出口，设备少、凝结水管道短，系统简单，便于操作，几乎无空气漏入凝结水系统，国外应用较多。

3. 热力除氧原理与方法

除核电站外，所有热力发电厂均采用热力除氧。热力除氧是应用最广泛的一种物理除氧法，不但能除去水中溶解的氧气，还可除去水中溶解的其他不凝结气体，且没有任何残留物质。热力除氧的理论基础是亨利定律、道尔顿定律和传热传质方程。

（1）亨利定律　亨利定律指出，在一定温度下，当气体溶于水的速度与气体自水中离析的速度处于动态平衡时，单位体积水中溶解的气体量和水面上该气体的分压力成正比，即

$$b = k\frac{p_f}{p} \tag{3-10}$$

式中，b 为气体在水中的溶解量（mg/L）；p_f 为动平衡状态下水面上该气体的分压力（Pa）；p 为水面上气体的全压力（Pa）；k 为气体的质量溶解度系数（mg/L）。

根据亨利定律，如果水面上某气体的实际分压力小于水中溶解气体所对应的平衡压力 p_f，则该气体就会在不平衡压差的作用下，自水中离析出来，直至达到新的平衡为止。如果能从水面上完全清除该气体，使该气体的实际分压力为零，就可以把该气体从水中完全除去。k 值随气体的种类和温度而定，如图3-28所示。

（2）道尔顿定律　混合气体的全压力等于各组成气体的分压力之和，即道尔顿定律。它提供了将水面上某气体的分压力降为零的方法。除氧器水面上的全压力 p_0 等于各种气体的分压力 p_f 之和，即

$$p_0 = p_{N_2} + p_{O_2} + p_{CO_2} + \cdots + p_{H_2O} \tag{3-11}$$

当给水被定压加热时，随着水的蒸发，水面上的蒸汽分压力逐渐升高。及时排出水面上的气体，相应地各种气体的分压力不断降低。当水被加热到除氧器压力下的饱和温度时，水大量蒸发，水蒸气的分压力就会接近水面上的全压力，随着气体的不断排出，水面上各种气

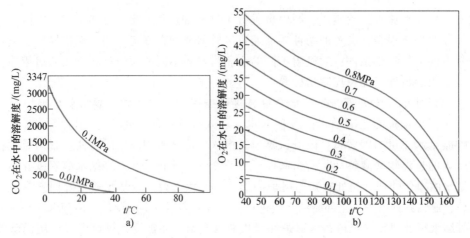

图 3-28 水中溶解气体量与温度的关系

a) 水中 CO_2 的溶解度　b) 水中 O_2 的溶解度

体的分压力将趋近于零，于是溶解于水中的气体就会从水中逸出而被除去。

（3）传热方程　将水迅速加热到除氧器工作压力下的饱和温度，水必须吸收足够的热量，传热方程为

$$Q_d = k_h A \Delta t \tag{3-12}$$

式中，Q_d 为除氧器的传热量（kJ/h）；k_h 为传热系数 [kJ/(m^2·h·℃)]；A 为汽水接触的传热面面积（m^2）；Δt 为传热温差（℃）。

（4）传质方程　气体离析出水面要有足够的动力，传质方程为

$$G = k_m A \Delta p \tag{3-13}$$

式中，G 为离析气体量（mg/h）；k_m 为传质系数 [mg/(m^2·MPa·h)]；A 为传质面积（m^2）；Δp 为不平衡压差，即平衡压力 p_f 与实际分压力之差（MPa）。

综上所述，热力除氧是传热、传质过程，要达到理想的除氧效果，必须满足下面的条件：

1）水必须加热到除氧器压力下的饱和温度，保证水面上水蒸气的压力接近于水面上的全压力。大型热力发电厂中，必须将水加热到除氧器压力下的饱和温度。否则，即使加热稍低于饱和温度，水中溶氧量都远超过给水允许的含氧量指标。

2）水中逸出的气体必须及时排出，使水面上各种气体的分压力减至零或最小。

3）除氧器设计和运行，都要强化传热传质过程，满足除氧的基本条件，保证除氧效果。通常，被除氧的水与加热蒸汽应有足够的接触面积，且两者逆向流动，传热效果好，而且保证有较大的不平衡压差。

气体自水中离析可分为两个阶段：第一阶段为初期除氧阶段，可以除去水中 80%～90% 的气体。此时，水中的气体较多，不平衡压差较大，气体以小汽泡的形式克服水的黏滞力和表面张力逸出。第二阶段为深度除氧阶段。水中残留气体相应的不平衡压差很小，残留气体已没有足够的动力克服水的黏滞力和表面张力，只有依靠单个分子的扩散作用慢慢离析。此时，必须加大汽与水的接触面积，使水形成水膜，减小其表面张力，使气体容易扩散出来，也可利用蒸汽在水中的鼓泡作用，使气体分子附着在汽泡上从水中逸出。

3.2.2.9 除氧器分类及结构

1. 除氧器的特点

除氧器必须满足热除氧的传热和传质条件，设计上一般具有以下特点：

1）具有较大的汽水接触表面以利于传热、传质。水在除氧器里通常被均匀的播散成细水柱或雾状小滴。水必须加热到除氧器工作压力下的饱和温度，故定压除氧器要装压力自动调节器。

2）为满足传质要求，初期除氧时，水应喷成水滴，深度除氧时，水要形成水膜，而且汽与水应逆向流动。

3）除氧器应有足够大的空间，以延长汽水接触时间，使水中溶氧有足够的时间解析。

4）除氧器应有排气口并有足够的余气量，以利于及时排除离析的气体，减少水面上其他气体的分压力，否则，容易发生"返氧"现象。

5）储水箱设再沸腾管，以免因水箱散热导致水温降低。若储水箱水温低于除氧器压力下的饱和温度，将产生返氧。

另外，除氧器还要满足强度、刚度、防腐等要求，并配以相应管道及附件和测试表计等。

2. 除氧器的分类

除氧器按工作压力分为大气式除氧器、真空除氧器和高压除氧器三种。

（1）大气式除氧器 大气式除氧器的工作压力略高于大气压力，一般为 0.12MPa，以便把水中离析出来的气体排入大气，常用于中、低压凝汽式电厂和中压热电厂。

（2）真空除氧器 高压以上参数的机组，补充水一般是补入凝汽器。为避免主凝结水管道和低压加热器的氧腐蚀，除氧装置设置在凝汽器下部，对凝结水和补充水进行除氧。真空除氧器的工作压力低于大气压力，水中离析出来的气体不能自动排入大气，需设置专用的抽真空设备。真空除氧器也可用于小容量凝汽式汽轮发电机组。

（3）高压除氧器 高压除氧器广泛用于高参数大容量机组，工作压力约为 0.58MPa，给水温度可加热至 158~160℃，给水含氧量小于 7μg/L。高压除氧器有以下优点：

1）除氧效果好。高压除氧器工作压力高，对应的饱和水温度高，使气体在水中的溶解度降低。

2）节省投资。高压除氧器可作为回热系统的混合式加热器，从而减少高压加热器的数量。

3）提高锅炉的安全可靠性。当高压加热器因故停运时，高压除氧器可供给锅炉温度较高的给水，减小高压加热器停运对锅炉的影响。

3. 除氧器的典型结构

除氧器的结构形式有淋水盘式、喷雾式、喷雾填料式和喷雾淋水盘式。由于淋水盘式和喷雾式除氧器难以实现深度除氧，现代大容量机组上普遍采用高压喷雾填料式除氧器和喷雾淋水盘式除氧器。

（1）高压喷雾填料式除氧器 国产 300MW 以上机组常配用高压喷雾填料式除氧器，其结构如图 3-29 所示。主凝结水进入中心管 4，再流入环形配水管 3。环形配水管上装有若干个喷嘴 2，水经喷嘴喷成雾状。加热蒸汽由进汽管 1 进入喷雾层，蒸汽和水雾间传热面积大，水很快被加热到除氧器压力下的饱和温度，80%~90% 的溶解气体以小汽泡的形式从水中逸出，完成初期除氧。

在喷雾除氧层下部装有填料 7，如 Ω 形不锈钢片、小瓷环、塑料波纹板、不锈钢车花

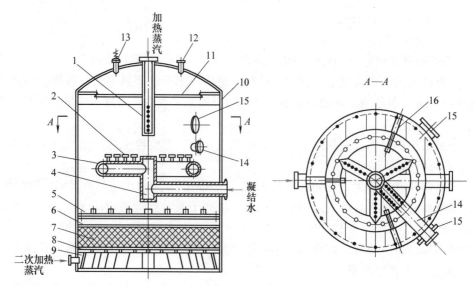

图 3-29 高压喷雾填料式除氧器

1—一次蒸汽进汽管 2—喷嘴 3—环形配水管 4—中心管 5—淋水区 6—滤板 7—Ω形填料 8—滤网 9—二次蒸汽进汽室 10—筒身 11—挡水板 12—排气管 13—弹簧溢流阀 14—疏水进入管 15—人孔 16—吊攀

等，作为深度除氧层。经过初期除氧的水在填料层上形成水膜，使水的表面张力减小，水中残留的气体比较容易地扩散到水的表面，被除氧器下部向上流动的二次加热蒸汽带走。分离出来的气体与少量蒸汽由排气管12排出。

（2）喷雾淋水盘式除氧器 卧式喷雾淋水盘式除氧器的结构如图3-30所示，由除氧器本体、凝结水进水室、喷雾除氧段、深度除氧段及各种进汽管、进水管等组成。除氧器本体是圆筒形，喷雾除氧段4用两块侧包板与两端的密封板焊接而成。凝结水进水室2由一个弓形罩板和两块端板与筒体焊接而成。弓形罩板上沿除氧器长度方向均匀地装设恒速喷嘴，如图3-31所示。喷嘴水侧压力与汽侧压力的压差作用于喷嘴板5，通过喷嘴轴将弹簧压缩并打开喷嘴板，凝结水从喷嘴板与喷嘴架的缝隙中喷出，形成一股圆锥形的水膜喷雾。深度除氧段也是由两块侧包板和两端的密封板焊接而成。该段装有下层栅架和由交错布置的槽钢构成的淋水盘箱，如图3-30c所示。水向下流动时被分成无数水膜。

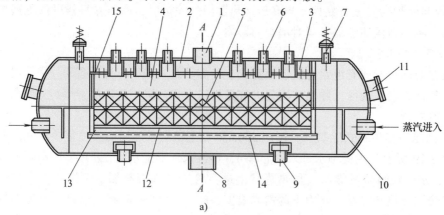

a)

图 3-30 卧式喷雾淋水盘式除氧器

a）除氧器纵断面图

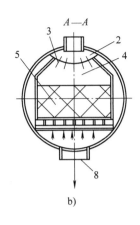

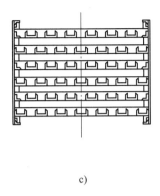

图 3-30　卧式喷雾淋水盘式除氧器（续）

b）除氧器横断面图　c）淋水盘箱示意图

1—凝结水进水管　2—凝结水进水室　3—恒速喷嘴　4—喷雾除氧段　5—淋水盘箱　6—排气管

7—溢流阀　8—除氧水出口　9—蒸汽连通管　10—布汽板　11—搬物孔　12—栅架

13—工字钢　14—基面角铁　15—喷雾除氧段入孔门

主凝结水由进水管进入进水室 2，经恒速喷嘴雾化，进入喷雾除氧段。加热蒸汽从除氧器两端的进汽管进入，经布汽孔板分配后从栅架底部进入淋水盘箱，与水膜接触传热和传质，完成深度除氧；再流入喷雾除氧段，完成初期除氧。离析的气体通过进水室上的排气管 6 排入大气。

卧式喷雾淋水盘式除氧器优点有：高度较低；恒速喷嘴在各种工况下均有良好的雾化效果，排气口数量较多，保证除氧效果。

除氧器的下面都设置有卧式布置的水箱。当机组起动、负荷大幅度变化、凝结水系统故障或除氧器进水中断等异常情况下，水箱可保证在一定时间内不间断向锅炉供水，是凝结水泵与给水泵之间的缓冲容器，其有效总容量为 5～10min 的锅炉最大给水量。

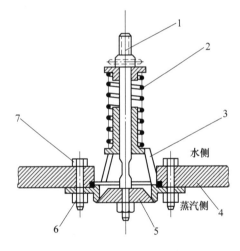

图 3-31　恒速喷嘴结构简图

1—喷嘴轴　2—弹簧　3—喷嘴架　4—弓形罩板

5—喷嘴板　6—固定螺母　7—固定螺栓

立式除氧器与水箱焊接成一个整体，而卧式除氧器则通过下水管和蒸汽平衡管相连。水箱壳体上装有各种对外接管和人孔门。水箱内设有控制除氧器水位过高的溢水装置、起动加热装置、接收起动分离器来的起动放水装置等。为保证安全运行，除氧器及其水箱上还设有弹簧式溢流阀、压力表、温度计、水位计及电接点液位信号器等。

3.2.2.10　除氧器的原则性热力系统

除氧器在热力系统中的主要作用是除氧。除氧器也是混合式回热加热器，出口处需紧接给水泵。因此，与一般的回热加热器有所不同，除氧器原则性热力系统的特点和要求是：保证在所有运行工况下，有稳定的除氧效果，给水泵不汽蚀，具有较高的热经济性。

除氧器的运行方式不同，其汽源的连接方式也不同。汽源的连接方式有三种：单独连接定压除氧器、前置连接定压除氧器和滑压除氧器。

图 3-32a 所示为单独连接定压除氧器。有三级回热抽汽的中压凝汽式汽轮机组，除氧器为单独连接的大气压力式定压除氧器，故装有压力调节阀 2 和切换至上一级抽汽的切换阀 1。定压除氧器的压力调节阀使蒸汽节流损失增加，抽汽管道压降增大，导致除氧器出口水的比焓降低，引起本级抽汽量减少，压力高一级的回热抽汽量加大，回热做功比降低，因此热经济性较差。定压除氧器低负荷运行时，汽源切换至压力高一级的抽汽，关闭原级抽汽，相当于减少了一级回热抽汽，增大了回热过程的不可逆损失。因此，定压除氧器的压力调节，会降低机组的热经济性，低负荷时尤为明显。

图 3-32b 所示为前置连接定压除氧器。有五级回热抽汽的供热式汽轮机组，除氧器为高压定压除氧器，与二号高压加热器 H2 和供热抽汽共用一级抽汽。沿给水流向，高压除氧器位于 H2 之前，故称为前置连接。回转隔板 3 用以调节供热抽汽压力，调整范围为 0.784~1.274MPa，定压高压除氧器压力为 0.588MPa，与供热抽汽参数不一致，故仍需装压力调节阀 2。采用前置连接时，H2 的出口水比焓与除氧器压力无关，因而压力调节阀不会降低机组的热经济性。前置连接需增加一台 H2，系统较复杂使投资增加，故应用不广泛，我国仅 CC-25 型机组采用这种系统。

图 3-32c 所示为滑压除氧器。滑压范围的上限是按汽轮机组额定工况的该级抽汽压力减去抽汽管道压损来确定，滑压下限取决于雾化喷嘴的性能。滑压范围内，加热蒸汽压力随主机电负荷而变化（滑动），避免蒸汽节流损失，机组热经济性提高 0.1%~0.15%，故应用广泛。为保证除氧器能自动向大气排气，低负荷时要切换为定压除氧器运行，故仍装有至高一级的切换阀 1 和压力调节阀 2。

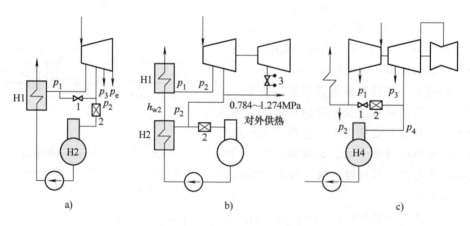

图 3-32　除氧器汽源的连接方式

a）单独连接定压除氧器　b）前置连接定压除氧器　c）滑压除氧器

1—切换阀　2—压力调节阀　3—回转隔板

3.2.2.11　无除氧器原则性热力系统

1. 无除氧器热力系统的组成

无除氧器热力系统是在中性水和加氧处理与混合式低压加热器的基础上发展起来的。

图 3-33 所示为采用混合式低压加热器的低加组的四种连接方式。低压级混合式加热器的水流入压力更高的加热器，水的流动必须依靠重力自流，或者在低压级混合式加热器出口布置凝结水升压泵。图 3-33a 中，设有一台立式布置的混合式加热器，其后紧接布置一台凝结水升压泵 CP2；图 3-33b 中设有两台卧式布置的混合式加热器，压力较低的混合式加热器的水依靠重力流入压力较高的混合式加热器，并在混合式加热器后面布置一台凝结水升压泵；图 3-33c 中两台立式布置的混合式加热器之间布置一台凝结水升压泵；图 3-33d 为三台混合式加热器组合连接。

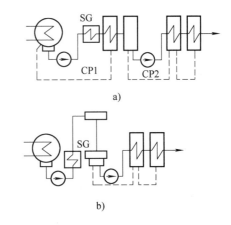

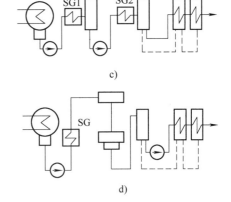

图 3-34 所示为无除氧器的原则性热力系统的连接方式。该系统包括一级高压加热器、三级低压加热器和凝汽器，其主要特点是：

1）次末级（H_{z-1}）为混合式加热器，底部设有蒸汽鼓泡装置；出口设第 2 级凝结水泵 CP2 及再循环管；给水泵 FP 的再循环接入次末级低压加热器，还接有外部汽源。一级凝结水泵 CP1 出口的水位调节阀 A 用来控制水位。补充水水位调节阀将补水引入凝汽器。

2）带水封的事故溢流管 B 将混合式加热器的溢水引至凝汽器，实现满水或超压保护。混合式低压加热器的内部用水平隔板分为上

图 3-33 混合式低压加热器的连接方式
a) 一台立式 b) 两台卧式重力连接 c) 两台立式串联 d) 三台组合连接

部汽段和下部水段，以防止汽轮机进水。给水泵和第 2 级凝结水泵 CP2 的串联运行。

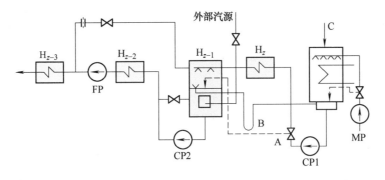

图 3-34 无除氧器的原则性热力系统

2. 无除氧器热力系统的优点

（1）经济性好 定压除氧器有加热蒸汽节流损失，滑压除氧器的压力不可能随汽轮机

负荷全程同步滑动，仍有一定蒸汽节流损失；无除氧器系统采用混合式低压加热器，无端差，无节流损失；综合这几方面的经济效益约为 $0.84\% \sim 1.17\%$。

（2）系统安全可靠　通过凝汽器的初级除氧后，再通过混合式低压加热器的二次除氧，无除氧器系统的给水含氧量可降到 $5\mu g/L$ 以下，采用混合式低压加热器，仍可回收各项汽水流量。大机组除氧器水箱容量可达 $100 \sim 200m^3$，无除氧器系统在给水泵前有混合器，起缓冲水箱作用，可保证给水泵安全运行；还可解决汽轮机积铜。混合式低压加热器设有可靠的事故溢流管，避免发生除氧器满水事故。总之，无除氧器热力系统可以保证机组的安全可靠性。

（3）简化系统，降低投资，节约基建、运行费用　无除氧器热力系统取消了除氧器，系统简单，阀门及调节器数量减少，不仅可提高可靠性，而且便于运行、维修；无高位布置的除氧器，可节省基建费用。混合式低压加热器比表面式加热器结构简单，减少金属耗量。

3.2.2.12　回热系统的损失和优化

具有回热抽汽的汽轮发电机组的热经济性，除与蒸汽循环和回热循环的主要参数有关外，还与回热系统的实际组成有密切的关系，如疏水收集方式、疏水冷却器、蒸汽冷却器的应用等。此外，回热系统热经济性与抽汽管道压降、表面式加热器的端差、回热系统的布置、实际回热焓升分配等四项损失有关。前两项热损失已经在前面进行了分析，下面分析后两项热损失。

1. 布置损失

理想回热循环及其系统全为混合式加热器。实际回热系统中，采用表面式加热器及它在回热系统中所排列位置，引起的热耗率损失，称为布置损失。回热系统全部由混合式加热器组成，则布置损失为零。如果将其中的某一级混合式加热器替换为表面式加热器，即使不考虑表面式加热器的端差损失和压降损失，由于表面式加热器的疏水自流进入压力较低的下一级加热器中，疏水热量将排挤下一级加热器的部分蒸汽，减少下一级加热器的抽汽量，导致回热系统的效率降低，机组热耗率增加。如果表面式加热器的疏水引入凝汽器，则会产生的冷源损失，也会导致机组热耗率增加。同理，混合式加热器替换为带疏水冷却器的表面式加热器或带疏水泵的表面式加热器，也会产生布置损失。

布置损失的大小可定量计算出来。实际计算表明，回热系统全为表面式加热器时，布置损失最大；带疏水冷却器的表面式加热器，最接近混合式加热器，布置损失最小。

2. 实际回热焓升分配损失

回热机组都有一个理论上的最佳回热分配。实际的回热分配一般会偏离理论上的最佳回热分配，导致热经济性降低，称为实际回热焓升分配损失。该损失大小与循环参数、回热参数、汽机相对内效率、回热级数和加热器的形式等有关。

实际回热焓升分配通常比较接近理论上最佳回热分配。实际计算表明，实际回热焓升分配损失是很小的。在同样的偏离程度下，全部由表面式加热器组成的回热系统，其实际回热焓升的分配损失最大。

给水回热的热经济性指标与回热参数、回热系统连接方式、抽汽压降、加热器端差、布置损失、实际回热焓升的分配损失等有关，并与汽轮机组的设计方案、参数密不可分，应统筹考虑进行优化。对于现代大型汽轮机机组，给水回热系统有上百个的组合方案。设计制造部门通常已经考虑热经济性、钢/煤比价或成本、可靠性和环保等因素的影响，经过优化来确定给水回热系统。

3.2.3 机组原则性热力系统实例

汽轮发电机组回热系统的拟定或选择，与汽轮机本体设计有密切关系。通过技术经济比较，汽轮机某级后参数可能与优化的参数不同。实际机组回热系统必须简单可靠，综合考虑热经济性、系统复杂性、运行可靠性、投资及国情等多种因素。再热机组设置蒸汽冷却和疏水冷却装置，可以提高经济性，但是两者的传热系数均小于蒸汽凝结传热系数，故传热面积较大，会增加系统的投资，故需要进行技术经济论证。实际机组回热系统大同小异，本节介绍1000MW大机组的回热原则性热力系统。

我国哈尔滨电气集团、上海电气集团和东方电气集团分别与国外公司联合设计制造1000MW超临界和超超临界机组，均采用一次再热系统。1000MW等级的超超临界机组，一般由一个高压双流缸、一个中压双流缸和两个双流低压缸组成单轴四缸四排汽轮机组，原则性热力系统如图3-35所示。为了降低机组热耗率，一般采用双压凝汽器，选取较高的给水温度，给水加热的级数可以增加到10级。超超临界机组效率高，发电煤耗低于300g/（kW·h）。

上汽对超超临界机组汽轮机的总体方案是以25MPa/600℃/600℃为基本参数方案，设置八级回热抽汽。东汽的1000MW等级超超临界机组，热耗率为7354kJ/（kW·h）。哈汽的1000MW等级超超临界机组，三级高压加热器均有蒸汽冷却段和疏水冷却段。各级加热器疏水逐级自流，给水温度294.1℃。

1000MW等级超超临界机组，汽轮机一般有八级非调整抽汽，高压缸中压缸各有两段抽汽，分别作为三级高压加热器及除氧器汽源；低压缸有四段抽汽，分别作为5~8号低压加热器汽源。高压加热器均设有内置式蒸汽冷却段和疏水冷却段，双列配置，疏水逐级自流到除氧器，低压加热器有内置疏水冷却段，疏水逐级自流到凝汽器。

第1、2、3级抽汽分别向三级双列配置的高压加热器供汽，每级高压加热器由两个50%容量的高压加热器组成，高压加热器可以单列运行。第4级抽汽除供除氧器外，还向两台给水泵汽轮机及辅助蒸汽系统供汽。第2级抽汽还作为辅助蒸汽系统和给水泵汽轮机的备用汽源。第5~8级抽汽分别向四台低压加热器供汽。除第7、8级抽汽管道外，抽汽管道上均设有气动止回阀和电动隔离阀。四级抽汽管道系统复杂，故多加一个气动止回阀；且各用汽点的管道均设置一个止回阀和电动隔离阀。第7、8级抽汽管道接入布置在凝汽器喉部内的组合式低压加热器，即H7、H8联合布置，各有两台，为卧式U形管换热器，并有内置疏水冷却段，共用一个旁路。

除氧器为卧式布置，采用恒速喷嘴喷雾，用淋水盘除氧，可以滑压或定压运行。H5、H6则分别设置电动小旁路。给水系统装有两台50%容量的汽动调速给水泵，驱动小汽机为凝汽式。汽轮机采用自密封轴封蒸汽系统，设置一台轴封加热器，疏水自流到凝汽器。

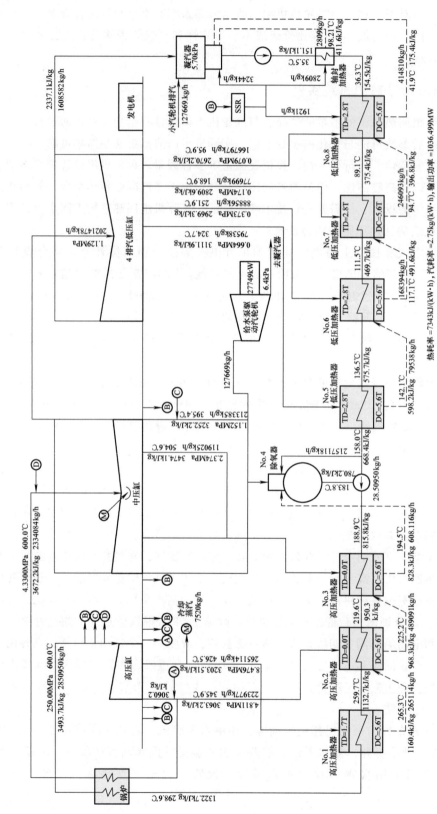

图 3-35 超超临界 1000MW 机组原则性热力系统

3.3　热力发电厂的辅助热力系统

发电厂辅助热力系统是为了保证热力发电厂安全、经济运行而设置的热力系统。主要包括补充水系统、工质回收及废热利用系统、辅助蒸汽系统、燃料油加热系统等。在这些辅助蒸汽系统中，有的是为了维持热力循环的连续性而设置的，例如补充水系统；有的是为了降低燃料消耗、减少工质损失和提高运行经济性而设置的，例如工质回收及废热利用系统中的连续排污利用系统；有的是为了安全操作、快速起停而设置的，例如辅助蒸汽系统；有的是为了工艺需要而设置的，例如燃料油加热系统。鉴于篇幅所限，本节只介绍补充水系统、工质回收及废热利用系统。

3.3.1　工质损失及补充水系统

3.3.1.1　工质损失

在发电厂的生产过程中，工质承担着能量转换与传递的作用，由于循环过程的管道、设备及附件中存在的缺陷（漏泄）或工艺需要（排污），不可避免地存在各种汽水损失。

发电厂的工质损失，根据损失的不同部位，可分为内部损失与外部损失。在发电厂内部热力设备及系统造成的工质损失称为内部损失。它又包括锅炉部分工质损失和汽轮机部分工质损失。锅炉部分工质损失有锅炉连续排污放水、锅炉安全门和过热器放汽门的排汽损失、锅炉受热面的蒸汽吹灰、重油加热及雾化用汽等；汽轮机部分的工质损失有由于轴封供汽压力调整不当引起的轴封漏汽、抽汽设备和除氧器排汽口处排出的蒸汽、给水泵和凝结水泵的漏泄等；此外，还有热力设备和管道的暖管疏放水、汽水取样的损失以及热力设备或管道系统法兰连接不严密和阀门漏泄等的工质损失。

热力发电厂对外供热设备及系统造成的汽水工质损失称为外部工质损失。这部分的汽水损失量较大。例如，对热用户供应的蒸汽参与了工艺过程、在化肥厂参与造气过程、在造纸厂参与煮浆过程，这些工质完全不能回收。对外供应工质的回收率取决于热用户对汽水的污染程度。

热力发电厂的工质损失直接影响发电厂的安全、经济运行。发电厂的工质损失增大了发电厂的热损失，降低了电厂的热经济性，而且为了补充损失的工质，还必须增加水处理设备的投资和运行费用。所以，发电厂的设计、制造、安装和运行过程中，应尽可能地减少各种汽水损失。

热力发电厂各项正常汽水损失量及考虑机组起动或事故而需增加的水处理系统出力，按表3-11计算。

表 3-11　发电厂各项正常汽水损失

序号	损失类别		正常汽水损失	考虑机组起动或事故而增加的水处理系统出力（按 4 台机组计）
1	厂内汽水循环损失	300MW 以上机组	为锅炉最大连续蒸发量的 1.5%	为全厂最大一台锅炉最大连续蒸发量的 6%
		125~200MW 机组	为锅炉最大连续蒸发量的 2.0%	

（续）

序号	损失类别	正常损失	考虑机组起动或事故而增加的水处理系统出力（按4台机组计）
2	对外供汽损失	根据资料	—
3	发电厂其他用水、用汽损失	根据资料	—
4	锅炉排污损失	根据计算,但不少于0.3%	—
5	闭式辅机冷却系统损失	冷却水量的0.5%	—
6	闭式热水网损失	热水网水量的1%~2%或根据资料	热水网水量的1%~2%,但与正常损失之和不少于20t/h
7	厂外其他用水量	根据资料	—

注：1. 锅炉正常排污率按表中1、2、3项正常损失量计算。

2. 发电厂其他用汽、用水及闭式热水网补充水,应经技术经济比较,确定合适的供汽方式和补充水处理方式。

3. 采用除盐水作空冷机组的循环冷却水时,应考虑由于系统泄漏所需的补水量。

3.3.1.2 补充水系统

发电厂工质循环过程中虽然采取了各种减少工质损失的措施,仍不可避免地存在一定数量的工质损失,为维持工质循环的连续,需将损失的工质数量适时地足量补入循环系统。补入的工质通常称为补充水,其量可用下式计算：

$$D_{ma} = D_{Li} + D_{Lo} + D'_{bl} \tag{3-14}$$

式中，D_{ma} 为补充水量（kg/h）；D_{Li} 为电厂内部汽水损失量（kg/h）；D_{Lo} 为电厂外部汽水损失量（kg/h）；D'_{bl} 为锅炉连续排污水损失量（kg/h）。

补充水引入系统不仅要确保补充水量的需要,同时还涉及补充水制取方式及补充水引入回热系统的地点选择。

（1）补充水制取 补充水制取应保证热力设备安全运行的要求。对中参数及以下热电厂的补充水必须是软化水（除去水中的钙、镁等硬垢盐）。高参数发电厂对水质的要求也相应提高,补充水必须是除盐水（除去水中钙、镁等硬垢盐外,还要除去水中硅酸盐）。

锅炉补充水制取系统包括预除盐系统,应根据原水水质、给水及炉水质量标准、补给水率、排污率、设备和药品的供应条件以及环境保护的要求等因素,经技术经济比较确定。

一般地,当原水溶解固形物质量浓度为 500~700mg/L 时,应进行系统技术经济比较,以确定是否采用反渗透等预除盐装置；当原水溶解固形物质量浓度大于 700mg/L 时,可采用反渗透等预除盐装置。当采用反渗透等预除盐装置时,水处理系统出力除应满足全厂正常补充水量外,同时还应满足在 7 天内储存满全部除盐水箱的要求。

对凝汽式发电厂,不设再生备用离子交换器时,可由除盐水箱积累储存再生时的备用水量；对供热式发电厂,可设置足够容量的除盐水箱储存再生时的备用水量或设置再生备用离子交换器。

（2）补充水的除氧 我国设计规程规定,中间再热凝汽式机组宜采用一级高压除氧器。对于补充水量较大的高压供热机组和中间再热供热机组,在保证给水含氧量合格的条件下,可采用一级高压除氧器。否则,补充水应采用凝汽器鼓泡除氧装置或另设低压除氧器。然后通过回热系统的高压除氧器进行第 2 级除氧。

（3）补充水的加热 为了减少燃料消耗量,补充水在进入锅炉前应加热到给水温度。

为提高电厂的热经济性，利用电厂的废热（如锅炉连续排污）和汽轮机的回热抽汽进行加热是最有效的，它不仅回收了部分废热，同时也增加了回热抽汽量，使回热抽汽做功比加大，热经济性提高。

（4）补充水的水量控制　中间再热机组的补给水在进入凝汽器前，宜按照系统的需要装设补给水箱和补给水泵。除盐水箱的总有效容积应能配合水处理设备出力，满足最大一台锅炉酸洗或机组起动用水需要，宜不小于最大一台锅炉2h的最大连续蒸发量；对供热式发电厂，也宜不小于1h的正常补给水量。当离子交换器不设再生备用设备时，除盐水箱还应考虑再生停运期间所需的备用水量。补给水箱的容积：125MW和200MW机组不小于50m³；300MW机组不小于100m³；600MW及以上机组不小于300m³。除盐水箱的容量应满足工艺和调节的需要。

由于补给水泵只是在机组起动上水时运行，机组正常运行时为利用负压补水，因此不设备用。当补给水箱高位布置，可满足机组起动补水要求时，可不设补给水泵。补给水泵的总容量应按锅炉起动时的补给水量要求选择。除盐水泵的容量及水处理室至主厂房的补给水管道，应按能同时输送最大一台机组的起动补给水量或锅炉化学清洗用水量和其余机组的正常补给水量之和确定。当补给水管道总数为2条及以上时，任何一条管道停运，其余管道应能满足输送全部机组正常补给水量的需要。

（5）补充水引入回热系统地点　补充水引入回热系统地点的选择，要充分考虑到补充水量随系统工质损失的多少进行水量调节的方便性。同时，还要考虑到不同的补充水引入回热系统地点，其热经济性的高低是不同的，它取决于汇入地点所引起的不可逆损失大小，具体来说，就是在汇入点混合温差小带来的不可逆损失就小。在热力系统适宜进行水量调节的地方有凝汽器和给水除氧器。若补充水引入凝汽器，如图3-36c所示，由于补充水充分利用了低压回热抽汽加热，回热抽汽做功比较大，热经济性比补充水引入给水除氧器（图3-36b）要高。但其水量调节要考虑热井水位和除氧水箱水位的双重影响，增加了调节的复杂性。若补充水引入除氧器，则水量调节较简单，但热经济稍低于前者。通常大、中型凝汽机组补充水引入凝汽器，小型机组引入除氧器。

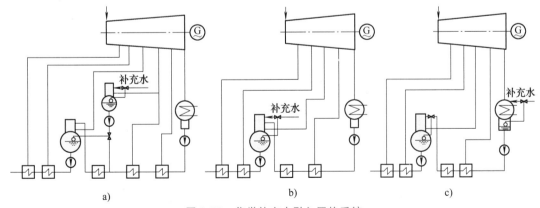

图3-36　化学补充水引入回热系统

a）补充水引入补充水除氧器　b）补充水引入给水除氧器　c）补充水引入凝汽器

3.3.2　工质回收及废热利用系统

热力发电厂排放、泄漏的工质和余热，仍含有一定的热量。而且，这些工质和余热的温度和压力越高,所包含的热量越多。回收利用发电厂排放、泄漏的工质和余热,既是节能的一项重要工作,又对保护环境具有重要意义。如锅炉的连续排污,不仅量大而且能位高,若直接排放损失很大。此外,汽轮机门阀杆及轴封漏汽,冷却发电机的介质热量,热力设备及管道的疏放水等都有类似的工质回收及余热利用问题,以下对锅炉连续排污的回收和利用进行分析,讨论工质的回收和余热利用的一般原则以及热经济性的评价方法。

对于亚临界自然循环锅炉的热力发电厂,其存在锅炉的连续排污,大小约等于电厂内其他各项汽水损失之和,其能量的损失不仅取决于排污量的多少,而且还取决于压力的高低。

锅炉连续排污的目的就是要控制炉水水质在允许范围内,从而保证锅炉蒸发出的蒸汽品质合格。排污水是含盐浓度较高的水。根据 GB 50660—2011《大中型火力发电厂设计规范》的规定,锅炉的连续排污和定期排污的系统及设备按下列要求选择:

1)对凝汽式电厂的锅炉,由于给水质量较高,排污水量不大,为简化系统,宜采用一级连续排污扩容系统。对高压热电厂的锅炉,由于补充水量大,根据扩容蒸汽的利用条件,可采用两级连续排污扩容系统;连续排污系统应有切换至定期排污扩容器的旁路。

2)125MW 以下的机组,宜每两台锅炉设一套排污扩容系统;125MW 及以上机组,宜每台锅炉设一套排污扩容系统。

3)凝汽式发电厂锅炉正常排污率不宜超过1%;供热式发电厂锅炉正常排污率不宜超过2%。

4)亚临界参数锅炉在条件合适(如有精处理装置、水质有保证、有避免或防止炉内加药成渣的措施等)时,可不设连续排污系统。实际上,从国外引进的机组大多不设连续排污系统。

锅炉连续排污利用系统的实际运作,就是将饱和的排污水引入容积较大的容器内进行扩容降压,该容器称为排污扩容器。排污水引入扩容器后,容积增大,压力降低,对应的饱和温度及熔值下降,就会自行蒸发出部分蒸汽,蒸汽聚集在扩容器的上部空间,回到相应的热力系统中去,这样就回收了一部分工质和热量。而扩容器下部空间尚未蒸发的、含盐浓度更高的排污水,由于其温度较高,可通过表面式排污水冷却器再回收部分热量,冷却后的排污水则排入地沟。图 3-37 所示为锅炉连续排污扩容利用系统。图 3-37a 所示为单级连续排污扩

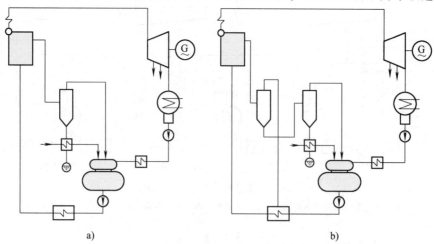

a)   b)

图 3-37　锅炉连续排污扩容利用系统

a)单级连续排污扩容系统　b)两级连续排污扩容系统

容系统，图 3-37b 所示为两级连续排污扩容系统，它们由排污扩容器、排污水冷却器及其连接管道、阀门、附件组成。

由排污扩容器的热平衡和物质平衡，可以求出工质回收率 α_f：

扩容器的物质平衡

$$D_{bl} = D_f + D'_{bl} \tag{3-15}$$

扩容器的热平衡

$$D_{bl} h'_{bl} \eta_f = D_f h''_f + D'_{bl} h'_f \tag{3-16}$$

式中，h'_{bl} 是排污水比焓，即锅筒压力下的饱和水比焓（kJ/kg）；h'_f、h''_f 扩容器压力下的饱和水与饱和蒸汽比焓（kJ/kg）；D_{bl} 是锅炉连续排污量（kg/h）；D_f、D'_{bl} 分别是扩容器扩容蒸汽和未扩容的排污水量（kg/h）；η_f 是扩容器热效率。

式（3-15）代入式（3-16）得

$$\alpha_f = \frac{D_f}{D_{bl}} = \frac{h'_{bl} \eta_f - h'_f}{h''_f - h'_f} \tag{3-17}$$

式（3-17）表明，排污扩容器的工质回收率的大小取决于锅炉锅筒压力下的饱和水比焓 h'_{bl}、扩容器压力下的饱和水与饱和蒸汽比焓 h'_f、h''_f。当扩容器压力变化范围不大时，式（3-17）的分母（$h''_f - h'_f$）可近似作为常数，它实际上就是 1kg 排污水在扩容器压力下的汽化潜热。因此，当锅炉锅筒压力一定时，工质回收率主要取决于扩容器压力，扩容器压力越低，回收工质越多。一般为锅炉排污量的 30%～50%。但是，扩容器压力越低，扩容蒸汽的能位也越低。这就是回收工质在数量和品位上的矛盾。从图 3-37a 还可看出，回收的扩容蒸汽是携带热量的工质进入回热系统，而化学补充水回收了部分余热后也进入了回热系统，它们不可避免地要排挤部分回热抽汽，使回热抽汽做功比减小，导致汽轮机循环效率降低。排挤的回热抽汽压力越低，回热抽汽做功比下降越多，汽轮机循环效率降低也越多。但是连续排污利用系统回收的热量是余热，其节能效果应从发电厂整体范围进行评价。

3.4　热力发电厂原则性热力系统拟定和举例

3.4.1　发电厂原则性热力系统的拟定

发电厂原则性热力系统表征发电厂运行时的热力循环特征，它在很大程度上决定了发电厂的热经济性和工作可靠性。因此，拟定热力发电厂的原则性热力系统是一件极其重要的工作，而且需要解决一系列的重要问题。

拟定发电厂的原则性热力系统包括：

1）选择发电厂的形式、容量以及各组成部分。

2）将各个组成部分连接起来形成一个发电厂，绘制发电厂原则性热力系统图。

3）通过计算确定有关蒸汽和水的流量以及热经济指标。

在拟定发电厂的原则性热力系统时，应选择以下各项：

1）发电厂的形式和容量。

2）汽轮机的形式、参数和容量。

3）锅炉的形式和参数。

4）给水回热加热系统。

5）给水和补充水的处理系统、除氧器的安置、给水泵的形式。对于热电厂，还应该给出供热的方式。

发电厂原则性热力系统的拟定原则，在于实现发电厂运行的高度安全性和经济性、设备布置和运行的便利性。

3.4.2　发电厂原则性热力系统的举例

我国电厂的机组有多种，考虑到全厂原则性热力系统的形式主要取决于汽轮机的种类，故本节根据汽轮机种类不同划分来介绍原则性热力系统。

3.4.2.1　300MW 等级机组发电厂原则性热力系统

1. 引进美国西屋公司技术的 300MW 机组

图 3-38 所示为优化引进型 300MW 机组的发电厂原则性热力系统。该汽轮机机组为亚临界压力、一次中间再热、单轴、双缸、双排汽、反动、凝汽式汽轮机。锅炉为亚临界压力自然循环锅筒锅炉。回热系统由 3 台高压加热器、1 台除氧器和 4 台低压加热器组成，简称"三高、四低、一除氧"，分别由汽轮机的 8 级非调整抽汽供汽。

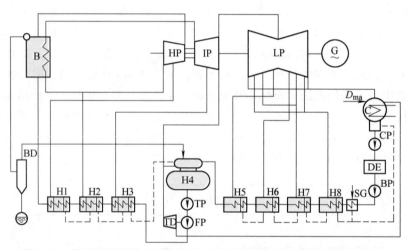

图 3-38　引进美国西屋公司技术的 300MW 机组发电厂原则性热力系统

汽轮机高中压缸采用合缸反流结构。第 1 级回热抽汽来自汽轮机高压缸。第 2 级回热抽汽来自再热冷段管道，以减少高压缸上的开孔数量。第 3、4 级回热抽汽来自中压缸。第 5～8 级回热抽汽来自低压缸。低压缸回热抽汽为非对称布置，以便于在低压缸上开孔。其中，第 5 级回热抽汽来自低压缸左侧汽缸，第 6 级回热抽汽来自低压缸右侧汽缸，第 7、8 级回热抽汽采用对称布置，分别来自低压缸的两侧。

机组采用低压凝结水精处理装置。凝结水由凝结水泵 CP 引出后，送入凝结水精处理装置 DE 进行除盐处理，然后由凝结水升压泵 BP 升压后，经轴封加热器 SG 进入低压加热器组。给水从除氧器给水箱经前置泵 TP、主给水泵 FP 及 3 台高压加热器进入锅炉。主给水泵采用汽动给水泵，以便降低厂用电率。给水泵小汽轮机用汽来自第 4 级抽汽，小汽轮机排汽接入主凝汽器。

3 台高压加热器疏水采用逐级自流方式，流入除氧器；4 台低压加热器疏水也采用逐级自流方式，最后流入凝汽器热井。疏水逐级自流布置方式不必设置疏水泵，提高了回热系统运行可靠性。回热加热器均采用带有内置式疏水冷却器的卧式加热器，而且高压加热器还设置内置式蒸汽冷却器，以弥补疏水逐级自流方式热经济性稍差的不足。

锅炉采用1级连续排污扩容器，扩容产生的蒸汽接入除氧器。化学补充水 D_{ma} 补入凝汽器而不是补入除氧器，以提高热经济性。

2. 引进法国阿尔斯通技术的 330MW 机组

图 3-39 所示为引进法国阿尔斯通技术的 330MW 机组的发电厂原则性热力系统。该机组的汽轮机为 N330-17.75/540/540 型亚临界一次中间再热、单轴、三缸双排汽、冲动、凝汽式汽轮机。锅炉为亚临界压力自然循环锅筒锅炉。回热系统由 2 台高压加热器、1 台除氧器和 4 台低压加热器组成，简称"两高、四低、一除氧"，分别由汽轮机的 7 级非调整抽汽供汽。

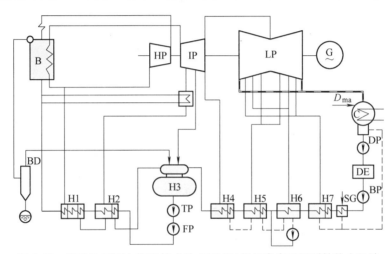

图 3-39　引进法国阿尔斯通技术的 330MW 机组发电厂原则性热力系统

本机组汽轮机高中压缸采用分缸反流结构。高压缸上没有抽汽口，第 1 级回热抽汽来自再热冷段管道。第 2~4 级回热抽汽来自中压缸。第 5~7 级回热抽汽来自低压缸。第 5~7 级回热抽汽采用对称布置，分别来自低压缸的两侧。

机组采用低压凝结水精处理装置 DE。给水从除氧器给水箱经前置泵 TP、电动主给水泵 FP、2 台高压加热器和 1 台外置式蒸汽冷却器后进入锅炉。其中，外置式蒸汽冷却器的蒸汽来自再热后的第 1 级抽汽，以便充分利用蒸汽的过热度。机组采用电动锅炉给水泵，以便简化热力系统。

2 台高压加热器疏水采用逐级自流方式，流入除氧器；4 台低压加热器中，H4、H5 疏水采用逐级自流方式，最后流入 H6。H6 的疏水经疏水箱和疏水泵进入 H6 出口的主凝结水管路。这种疏水方式有利于提高机组的热经济性。H7 疏水自流流入凝汽器热井。

3. 引进日本技术的 300MW 机组

图 3-40 所示为引进日本技术的 300MW 机组的发电厂原则性热力系统。该机组汽轮机为 N300-16.7/537/537 型亚临界一次中间再热、单轴、两缸两排汽、冲动、凝汽式汽轮机。锅炉为亚临界压力自然循环锅筒锅炉。回热系统由 3 台高压加热器、1 台除氧器和 4 台低压加热器组成。

本机组汽轮机高中压缸采用合缸反流结构。第 1 级回热抽汽抽自高压缸。第 2 级回热抽汽来自再热冷段管道抽出，以减少高压缸上的开孔数量。第3、4级回热抽汽来自中压缸。第5~8级回热抽汽来自汽轮机低压缸。

机组采用中压凝结水精处理装置 DE，使机组省去了凝结水升压泵，简化了系统，节省了投资。凝结水由凝结水泵 CP 引出后，送入凝结水精处理装置 DE 进行除盐处理，然后经轴封加热器 SG 进入 4 台低压加热器和除氧器。给水从给水箱经前置泵 TP、主给水泵 FP、3 台高压加热器后进入锅炉。机组正常运行采用汽动给水泵。

3 台高压加热器疏水采用逐级自流方式，流入除氧器；4 台低压加热器疏水也采用逐级自流方式，最后流入凝汽器热井。

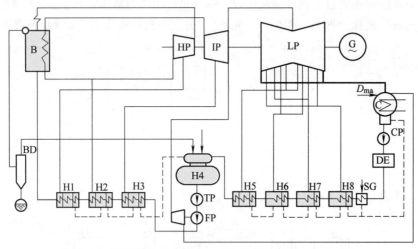

图 3-40 引进日本技术的 300MW 发电厂原则性热力系统

3.4.2.2 600MW 等级亚临界机组发电厂原则性热力系统

1. 亚临界、一次中间再热、单轴、四缸四排汽、反动、凝汽式汽轮机

图 3-41 所示为 N600-16.67/537/537 型机组的发电厂原则性热力系统，机组是亚临界、一次中间再热、单轴、四缸四排汽、反动、凝汽式汽轮机。

汽轮机高中压缸采用分缸结构，以便减少单个转子的长度。高压缸 HP 采用单流结构，中压缸 IP 采用双分流结构，两个低压缸也都采用了双分流结构。第 1 级回热抽汽来自汽轮机高压缸。第 2 级回热抽汽从再热冷段管道抽出，以减少高压缸上的开孔数量。第 3、4 级回热抽汽分别来自中压缸，并采用两侧对称布置。第 5~8 级回热抽汽来自低压缸。每个低压缸回热抽汽为非对称布置，两个低压缸左、右侧结构对称相同。其中，第 5 级回热抽汽来自两个低压缸右侧汽缸，第 6 级回热抽汽来自两个低压缸左侧汽缸，第 7、8 级回热抽汽采用对称布置，分别来自两个低压缸的两侧。

本机组采用低压凝结水精处理装置。凝结水由凝结水泵 CP 引出后，送入凝结水精处理装置 DE 进行除盐处理，然后由凝结水升压泵 BP 升压后，经轴封加热器 SG 进入 4 个低压加热器和 1 个除氧器。给水从给水箱经前置泵 TP、主给水泵 FP 及 3 台高压加热器进入锅炉。机组采用汽动给水泵。给水泵小汽轮机用汽来自第 4 级抽汽（中压缸排汽），小汽轮机的排汽接入主凝汽器。

3 台高压加热器疏水采用逐级自流方式，流入除氧器；4 台低压加热器疏水也采用逐级自流方式，最后流入凝汽器热井，采用内置式疏水冷却段或蒸汽冷却段来弥补热经济性。

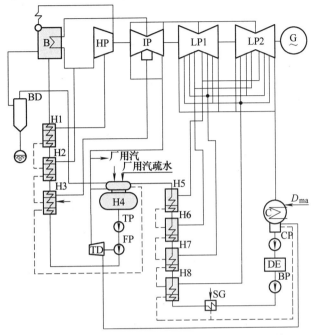

图 3-41 亚临界 600MW 机组的发电厂原则性热力系统（一）

2. 亚临界、一次中间再热、单轴、冲动式、四缸四排汽、凝汽式汽轮机

图 3-42 所示为 N600-16.66/537/537 型机组的发电厂原则性热力系统，机组是亚临界、

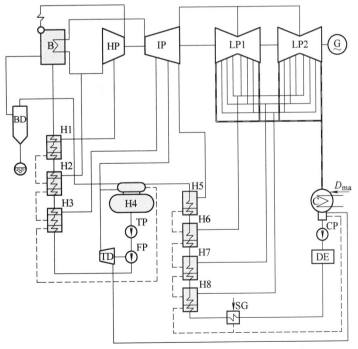

图 3-42 亚临界 600MW 机组的发电厂原则性热力系统（二）

一次中间再热、单轴、冲动式、四缸四排汽、凝汽式汽轮机。

本机组汽轮机高中压缸采用分缸结构。高压缸 HP、中压缸 IP 均采用单流结构，两个低压缸都采用了双分流结构。第 1 级回热抽汽来自高压缸。第 2 级回热抽汽来自再热冷段管道。第 3~5 级回热抽汽来自中压缸，第 6~8 级回热抽汽来自低压缸。该汽轮机各低压缸回热抽汽为对称布置，两个低压缸左、右侧结构均相同，配置双压凝汽器。

机组采用中压凝结水精处理装置。给水泵小汽轮机用汽来自汽轮机的第 4 级抽汽，排汽接入主凝汽器。

3 台高压加热器疏水采用逐级自流方式，流入除氧器；4 台低压加热器疏水也采用逐级自流方式，最后流入凝汽器热井，未设置疏水泵，而是采用内置式疏水冷却段或蒸汽冷却段来弥补热经济性。

3. 亚临界、一次中间再热、单轴、冲动式、三缸四排汽、凝汽式汽轮机

图 3-43 所示为 N600-16.67/538/538 型机组的发电厂原则性热力系统，机组是亚临界、一次中间再热、单轴、冲动式、三缸四排汽、凝汽式汽轮机。

本机组汽轮机高中压缸采用合缸分流结构。两个低压缸都采用双分流结构。第 1 级回热抽汽来自高压缸。第 2 级回热抽汽来自再热冷段管道。第 3~4 级回热抽汽来自中压缸，第 5~8 级回热抽汽来自低压缸。

机组采用中压凝结水精处理装置。给水泵小汽轮机用汽来自第 4 级抽汽（中压缸排汽）。

3 台高压加热器疏水采用逐级自流方式，流入除氧器；4 台低压加热器疏水也采用逐级自流方式，最后流入凝汽器热井。

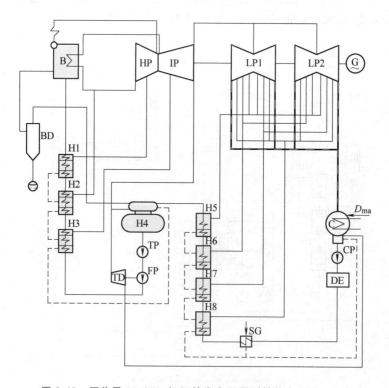

图 3-43　亚临界 600MW 机组的发电厂原则性热力系统（三）

3.4.2.3　600MW 等级超临界机组发电厂原则性热力系统

随着我国电力工业的发展及电力结构的调整，600MW 级火电机组已经成为我国火电的主力机组，尤其是超临界参数机组，运行成本更低更具有竞争性。与 600MW 等级亚临界机组相比，600MW 等级超临界主机有一些特殊要求。

（1）锅炉机组　由于超临界锅炉的蒸汽温度和压力比亚临界锅炉高，因此对锅炉提出了一些特殊的要求：

1）超临界锅炉受热面工作条件比亚临界锅炉差，故对受热面钢种、管道规格等选择上提出较高的要求。尤其是过热器管，更应注意所用钢材的抗腐蚀性和晶粒度指标。

2）保证锅炉在各种工况下水动力的可靠性。在各种负荷下，从超临界压力到亚临界压力广泛的运行工况范围内，各水冷壁出口温度上下幅度需限定在规定范围内，确保水动力稳定性不受破坏；尤其当水冷壁悬吊管系中设有中间集箱时，必须采取措施避免在起动分离器干湿转换、工质为两相流时，集箱中出现流量分配不均匀而使悬吊管温差超限，导致悬吊管扭曲变形等问题。

3）超临界变压运行锅炉水冷壁对炉内热偏差的敏感性较强。采用四角切圆燃烧方式时，必须采取有效的消除热偏差的措施。

（2）汽轮机组　同样，由于超临界汽轮机进汽温度和压力的提高，对汽轮机也相应有一些特殊的要求：

1）超临界直流锅炉供汽，溶解于蒸汽的杂质较多，蒸汽在汽轮机的通流部分做功后压力降低，原先在高压下溶解的物质会释放出来，产生固体硬粒冲蚀。因此，应采取对汽轮机通流部件进行表面硬化处理；从防磨角度优化通流部分进汽角度，减轻对叶片的冲蚀；采用全周进汽和调节汽门合理管理，降低起动时调节级的蒸汽流速，减小硬粒冲击能量等。

2）主蒸汽参数及再热蒸汽参数的提高，特别是温度的提高，一些亚临界机组使用的材料，已不能适应超临界汽轮机的工作状况，因此，在选材问题应给予高度重视。主汽调节阀壳体和主蒸汽管采用 9%Cr 锻钢，以适应主蒸汽温度和压力变化的要求。低压缸进汽温度也比亚临界机组高，因此低压转子也相应采用高档次金属材料，降低材料的长期时效脆性敏感性，使超临界的低压转子能够长期安全运行。

3）结构设计上采取防止蒸汽旋涡振荡的措施，避免由于高压缸入口压力高、汽流密度大，使调节级复环径向间隙处发生蒸汽旋涡振荡所引起的轴承不稳定振动。通常以高压调节级处出现蒸汽振荡的可能性最大，设计上避免轮系振动频率与喷嘴尾迹扰动力频率重合所产生的共振。

（3）热力系统及辅机配套　在热力系统及辅机配套方面，除了超临界机组的高压给水泵扬程和高压加热器管侧压力比亚临界机组高以外，其余的设备两者基本相同。

图 3-44～图 3-46 所示为超临界 600MW 机组原则性热力系统。其中，图 3-46 所示为超临界 600MW 直接空冷机组原则性热力系统。

由图 3-46 可以看出直接空冷机组的一些主要特点。直接空冷是指汽轮机的排汽直接由空气来冷凝，空气与蒸汽间进行热交换，所需的冷却空气通常由机械通风方式供应。直接空冷的凝汽设备称为空冷凝汽器，它是由外表面镀锌的椭圆形钢管外套矩形钢翅片的若干个管束组成的，这些管束亦称为散热器。

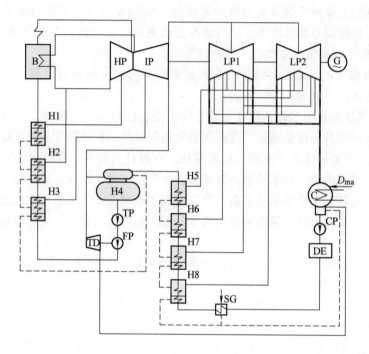

图 3-44　超临界 600MW 机组原则性热力系统（一）

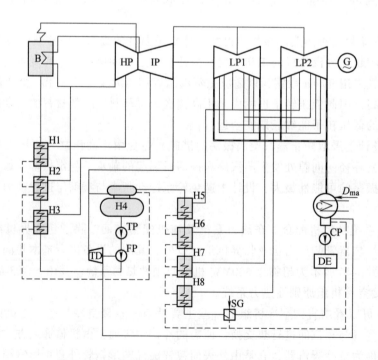

图 3-45　超临界 600MW 机组原则性热力系统（二）

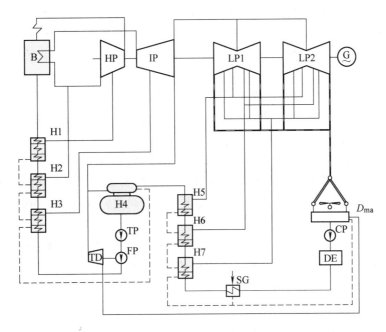

图 3-46 超临界 600MW 直接空冷机组原则性热力系统

直接空冷系统的流程为：汽轮机排汽通过粗大的排汽管道送到室外的空冷凝汽器内，轴流冷却风机使空气流过散热器外表面，将排汽冷凝成水，凝结水再经泵送回到汽轮机的回热系统。空冷凝汽器的布置与风向、风速及电厂主厂房朝向都有密切关系。中、小型机组可直接在汽轮机房屋顶布置空冷凝汽器，大型机组的空冷凝汽器通常在紧靠机房 A 列柱外侧，与主厂房平行的纵向平台上布置若干单元组，其总长度与主厂房长度基本一致。每个单元组由多个主凝汽器与一个分凝汽器组成"人"字形排列结构，并在每个单元机组下部设置一台大直径轴流风机。

直接空冷系统的其他的主要特点还包括：

1）汽轮机背压变化幅度大。汽轮机排汽直接由空气冷凝，其背压随空气温度变化而变化。我国北方地区一年四季乃至昼夜温差都较大，故要求汽轮机要有较宽的背压运行范围。

2）真空系统庞大。汽轮机排汽要由大直径的管道引出，用空气作为直接冷却介质，通过钢制散热器进行表面热交换，冷凝排汽需要较大的冷却面积，故而真空系统庞大。

3）耗能大。直接空冷系统所需的空气由大直径风机提供，直接空冷系统自耗电占机组发电容量的 1.5%左右。

4）电厂整体占地面积小。由于空冷凝汽器一般都布置在汽机房顶或汽机房前的高架平台上，平台下仍可布置电气设备等，空冷凝汽器占地得到综合利用，使电厂整体占地面积减少。

5）冬季防冻措施比较灵活可靠。间接空冷系统的主要防冻手段是设置百叶窗来调节和隔绝进入散热器的空气量，若百叶窗关闭不严或驱动机构出现机械或电气故障，将导致散热器冻结。直接空冷系统可通过改变风机转速、停运风机或使风机反转来调节空冷凝汽器的进风量,利用吸热风来防止空冷凝汽器的冻结,调节相对灵活,效果好且可靠。

6)凝结水溶氧量高。由于直接空冷机组的真空系统庞大,易出现负压系统氧气吸入,又由于机组背压偏高,易出现凝结水过冷度偏大,进一步加大了凝结水中溶解氧的含量。

直接空冷的缺点是:①风机群噪声污染环境;②风机群电耗高,维修工作量大;③热风抽吸到进风口,影响冷却效果;④真空系统的负压区域大,制造、施工必须精心,以维持高度的严密性;⑤发电煤耗多,约为103%。

空冷机组采用汽动给水泵,排汽接入空冷凝汽器,存在小汽轮机运行工况变化频繁和调节复杂等问题,经济性变差,国内外300MW及以上空冷机组均采用电动给水泵作为运行给水泵。据此,GB 50660—2011《大中型火力发电厂设计规范》规定,对300MW及以上机组宜采用电动给水泵。

空冷机组由于背压高,若采用常规的8级回热抽汽系统,则第8级回热抽汽压力与汽轮机排汽压力相差很小。因此,300MW、600MW直接空冷机组大多采用7级回热抽汽,即3个高压加热器、1个除氧器和3个低压加热器。

3.4.2.4 1000MW等级超超临界机组发电厂原则性热力系统

1000MW超超临界机组原则性热力系统分别如图3-47~图3-49所示。三种机型均为单轴、4缸、4排汽、一次中间再热,汽轮机具有8级回热抽汽,均为典型的"三高、四低、一除氧"形式的回热系统。区别在于图3-49中汽轮机低压加热器疏水采用疏水泵与疏水逐级自流相结合的连接方式,以便提高回热系统的热经济性。而图3-47和图3-48汽轮机低压加热器疏水采用简单的疏水逐级自流方式,注重系统的可靠性。另外,汽轮机上回热抽汽点的分布略有区别。图3-47中汽轮机中压缸上只有2级回热抽汽、低压缸上有4级回热抽汽,而图3-48和图3-49中汽轮机中压缸上有3级回热抽汽、低压缸上有3级回热抽汽。

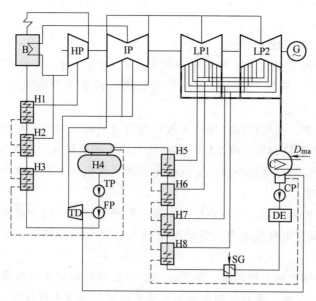

图3-47 超超临界1000MW机组原则性热力系统图(一)

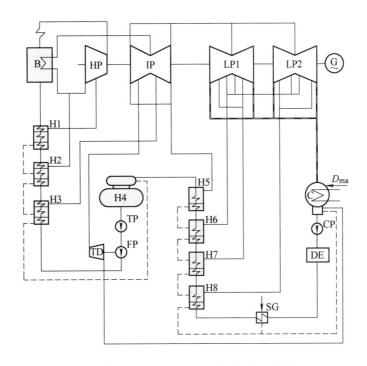

图 3-48　超超临界 1000MW 机组原则性热力系统图（二）

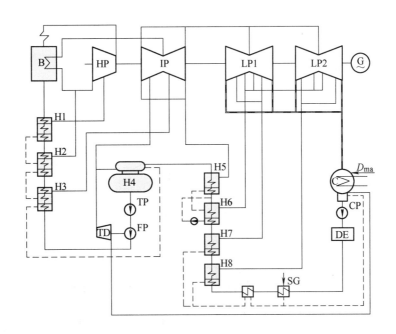

图 3-49　超超临界 1000MW 机组原则性热力系统图（三）

3.4.2.5　国外设计制造的超（超）临界机组发电厂原则性热力系统

为了便于读者了解国外设计制造大型火力发电机组的情况，图 3-50～图 3-53 分别给出了华能上海石洞口第二电厂的 600MW 超临界机组、美国艾迪斯通电厂的两次中间再热 325MW 超超临界机组、俄罗斯科斯特罗马电厂的单轴单机 1200MW 机组，以及装在美国坎伯兰、加文和阿莫斯等发电厂的双轴单机 1300MW 机组发电厂的原则性热力系统图。

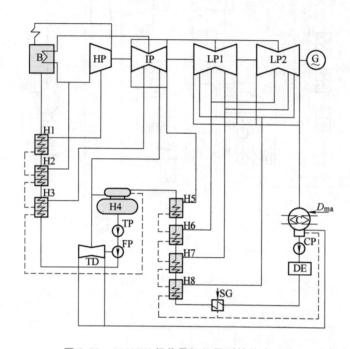

图 3-50　600MW 超临界机组原则性热力系统

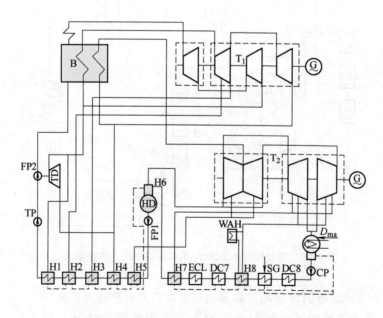

图 3-51　两次中间再热 325MW 超超临界机组原则性热力系统

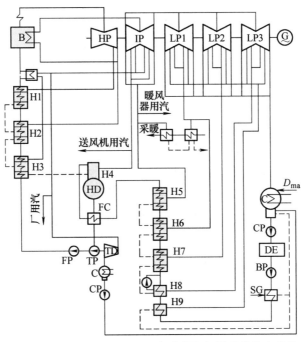

图 3-52 单轴单机 1200MW 超临界机组原则性热力系统

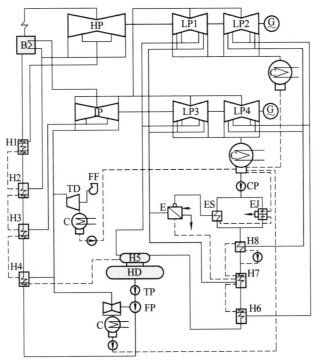

图 3-53 双轴单机 1300MW 机组发电厂原则性热力系统

3.4.2.6 热电厂原则性热力系统

图 3-54 所示为国产 CC200-12.75/535/535 型双抽汽凝汽式机组热电厂的原则性热力系统。锅炉为自然循环锅炉，采用两级连续排污扩容利用系统，其扩容蒸汽分别引入两级除氧

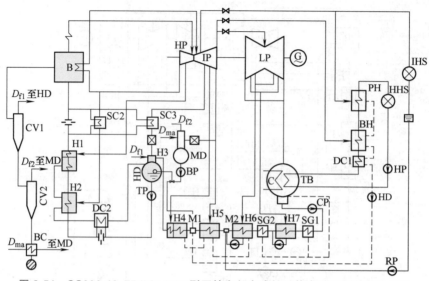

图 3-54　CC200-12.75/535/535 型双抽汽凝汽式机组热电厂原则性热力系统

器 HD 和 MD 中，其排污水经冷却器 BC 冷却后排入地沟。补充水引入大气式除氧器 MD。汽轮机有八级抽汽，其中第 3、6 级为调整抽汽，其调压范围分别为 0.78 ~ 1.27MPa、0.118 ~ 0.29MPa。第 3 级抽汽分出两路：一路供工艺热负荷 IHS 直接供汽，回水通过回水泵 RP 进入主凝结水管混合器 M2；另一路供采暖系统中峰载加热器 PH 用汽。第 6 级抽汽除供 H5 用汽外，还作为采暖系统的基载加热器 BH 用汽及大气式除氧器 MD 的加热蒸汽。采暖系统两级热网加热器 PH 和 BH 的疏水逐级自流，经外置式疏水冷却器 DC1 后，用 HD 打入凝结水管上的混合器 M1。从用户返回的网水，先引至凝汽器内的加热管束 TB，先将网水加热，再经 DC1 引至 BH、PH。第 2、4 级回热抽汽分别通过外置式蒸汽冷却器 SC2、SC3 后供高压加热器 H2 和高压除氧器 HD 用汽。SC2、SC3 与高压加热器 H1 为出口主给水串联两级并联方式。H2 另设置一外置式疏水冷却器 DC2。

图 3-55、图 3-56、图 3-57 所示分别为 NC300/225-16.7/537/537 型抽汽机组、超临界

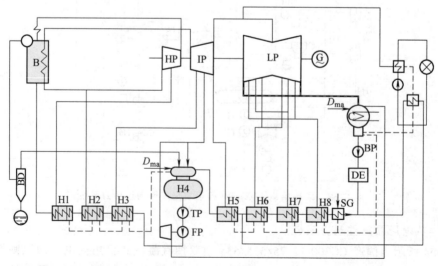

图 3-55　NC300/225-16.7/537/537 型抽汽机组热电厂原则性热力系统

K-500-240-4 型机组、超临界单采暖抽汽 T-250/300-23.54-2 型抽汽机组原则性热力系统。请读者自行分析其工作过程。

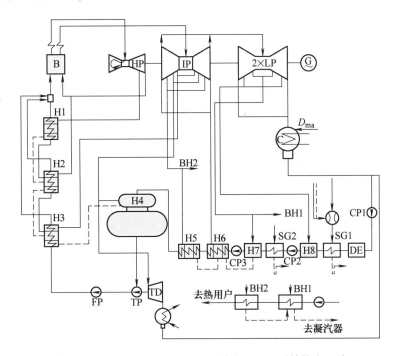

图 3-56　超临界 K-500-240-4 型抽汽机组原则性热力系统

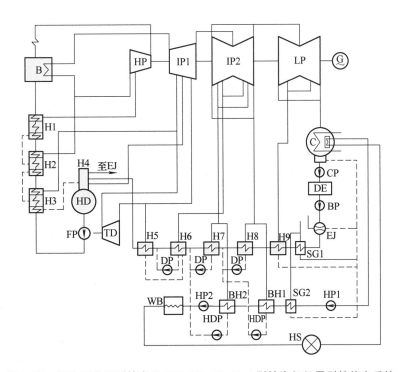

图 3-57　超临界单采暖抽汽 T-250/300-23.54-2 型抽汽机组原则性热力系统

3.5 热力发电厂原则性热力系统的计算

3.5.1 计算目的

热力发电厂原则性热力系统与机组回热系统不仅范围不同，而且内容也有区别。前者已扩展至全厂范围，内容也比后者多，但还是以回热系统为基础的。热力发电厂原则性热力系统计算的主要目的就是要确定在不同负荷工况下各部分汽水流量及其参数、发电量、供热量及全厂性的热经济指标，由此可衡量热力设备的完善性，热力系统的合理性，运行的安全性和全厂的经济性。如根据最大负荷工况计算的结果，可作为热力发电厂设计时选择锅炉、热力辅助设备、各种汽水管道及其附件的依据。

对凝汽式电厂，根据平均电负荷工况计算结果，可以确定设备检修的可能性。如运行条件恶化（夏季冷却水温升高至30℃等），而电负荷又要求较高时，还必须计算这种特殊工况。

对于仅有全年性工艺热负荷的热电厂，一般只计算电、热负荷均为最大时和电负荷为最大、热负荷为平均值时的两种工况。对于有季节性热负荷（如采暖）的热电厂，还要计算季节性热负荷为零时的夏季工况；校核热电厂在最大热负荷时，抽汽凝汽式汽轮机最小凝汽流量。热电厂在不同热负荷下全年节省的燃料量也需要通过变负荷计算获得。

对新型汽轮机的定型设计，或者新的热力系统方案，设计院或运行电厂对回热系统的改进方案，特殊运行方式（如高压加热器因故停运，疏水泵切除）等的安全性、经济性的评价都需要通过原则性热力系统计算来获得。

3.5.2 计算的原始资料

热力发电厂原则性热力系统计算时，所需的原始资料为：

1）计算条件下的热力发电厂原则性热力系统图。

2）给定（或已知）的电厂计算工况：对凝汽式电厂是指全厂电负荷或锅炉蒸发量。汽轮机通常以最大负荷、额定负荷、经济负荷、冷却水温升高至33℃时的夏季最大负荷、二阀全开负荷、一阀全开负荷等作为计算工况。锅炉则从额定蒸发量、90%额定蒸发量、70%额定蒸发量、50%额定蒸发量等作为计算工况。对热电厂是指全厂的电负荷、热负荷（包括汽水参数、回水率及回水温度等）或热电厂的锅炉蒸发量、热负荷等，同样也有不同电、热负荷或锅炉蒸发量作为计算工况。

3）汽轮机、锅炉及热力系统的主要技术数据。如汽轮机、锅炉的类型、容量；汽轮机初、终参数、再热参数；机组相对内效率 η_{ri}、机械效率 η_m 和发电机效率 η_g；锅炉过热器出口参数、再热参数、锅筒压力、给水温度、锅炉热效率和排污率；热力系统中各回热抽汽参数、各级回热加热器进出水参数及疏水参数；加热器的效率；还有轴封系统的有关数据。

4）给定工况下辅助热力系统的有关数据。如化学补充水温、暖风器、厂内采暖、生水加热器等耗汽量及其参数，驱动给水泵和风机的小汽轮机的耗汽量及参数（或小汽轮机的功率、相对内效率、进出口蒸汽参数和给水泵、风机的效率等），厂用汽水损失，锅炉连续排污扩容器及其冷却器的参数、效率等。对供采暖的热电厂还应有热水网温度调节图、热负荷与室外温度关系图（或给定工况下热网加热器进出口水温），热网加热器效率，热网效率等。

3.5.3 热力发电厂原则性热力系统计算

全厂原则性热力系统计算与机组回热系统计算不同之处主要有以下几点：

（1）计算范围和结果不同　全厂热力系统计算包括了锅炉、管道和汽轮机在内的全厂范围的计算，其结果是全厂的热经济指标，如发电热效率 η_{cp}、发电热耗率 q_{cp} 和发电标准煤耗率 b_{cp}^{s}。

（2）计算内容上有不同　由于全厂热力系统计算涉及全厂范围，较机组回热系统计算要增加全厂的物质平衡、热平衡和辅助热力系统计算等部分。对全厂物质平衡计算有影响的如汽轮机的汽耗量，就不能只包括参与做功的那部分蒸汽量，还应包括与汽轮机运行有关的非做功的汽耗，如阀杆漏汽 D_{lv}、射汽抽气器耗汽量 D_{ej}（通常以取自新汽管道上考虑）、轴封漏汽 D_{sg} 等均应作为汽轮机的新汽耗量 D_0 的一部分，还有全厂性的汽水损失 D_{lo}（通常以取自新蒸汽管道上考虑），它在锅炉蒸发量 D_b 和汽轮机新汽耗量 D_0 的物质平衡中也应考虑。辅助热力系统的计算一般包括锅炉连续排污利用系统和对外供热系统的计算。由于全厂物质平衡的变化和辅助热力系统引入汽轮机回热系统时带入的热量，使汽轮机的热耗量与机组回热系统计算用的热耗量在物理概念上不一样了。同样对全厂而言，汽轮机绝对内效率 $\eta_i = W_i/Q_0$，也对应着这个热耗，显然，它与汽轮机厂家提供的 η_i 是有所不同的。

（3）计算步骤不完全一样　为便于计算，凡对回热系统有影响的外部系统，如辅助热力系统中的锅炉连续排污利用系统、对外供热系统等，应先进行计算。因此，在全厂热力系统计算中应按照"先外后内，由高到低"的顺序进行。

3.5.4 基本计算步骤

汽轮机组原则性热力系统计算的基本公式和原理完全适用热力发电厂原则性热力系统的计算，因为全厂的热经济指标，关键在于汽轮机的热经济性，而回热系统又是全厂热力系统的基础。当然，由于全厂热力系统不仅与汽轮机回热系统有关，还涉及锅炉、主蒸汽管道、辅助热力系统等，所以在计算范围、内容和步骤上也存在不同之处。

基本的计算式仍然是热平衡式、物质平衡式和汽轮机功率方程式。计算的原理还是联立求解多元方程组。计算可以相对量即以 1kg 的汽轮机新汽耗量为基准来计算，逐步算出与之相应的其他汽水流量的相对值，最后根据汽轮机功率方程式求得汽轮机的汽耗量以及各汽水流量的绝对值。也可用绝对量来计算，或先估算新汽耗量，顺序求得各汽水流量的绝对值，然后求得汽轮机功率并予以校正。计算可用传统方法，也可用其他方法；也可定功率、定供热量计算，或定流量计算；还可以用正平衡、反平衡计算等众多方式。

现以凝汽式发电厂额定工况的定功率计算求全厂热经济指标为例，说明全厂热力系统计算的内容和步骤。

（1）整理原始资料　此步骤与机组原则性热力系统计算时整理原始资料一样，求得各计算点的汽水比焓值，编制汽水参数表。值得注意的是除了汽轮机外，还应包括锅炉、辅助设备的原始数据。当一些小汽水流量未给出时，可近似选为汽轮机汽耗量 D_0 的比值，如射汽抽气器新汽耗量 D_{ej} 和轴封用汽 D_{sg}，可取为 $D_{ej} = 0.5\% D_0$，$D_{sg} = 2\% D_0$；厂内工质泄漏汽

水损失 D_{lo} 和锅炉连续排污量 D_{bl} 的数值，应参照相关运行规程规定的允许值选取。通常把厂内汽水损失 D_{lo} 作为集中发生在新蒸汽管道上处理。

对于新建发电厂，锅炉热效率取用制造厂提供的数值；对于运行发电厂，取用最近热效率测试值。锅筒压力未给出时，可近似按过热器出口压力的 1.25 倍选取。锅炉连续排污扩容器压力的确定，应视该扩容器出口蒸汽引至何处而定。若引至除氧器，还需考虑除氧器滑压运行或定压运行而定，并选取合理的压损。

（2）按"先外后内，由高到低"顺序计算 先计算锅炉连续排污利用系统，求得扩容蒸汽回收量 D_f、化学补充水量 D_{ma} 之后，再进行"内部"回热系统计算，此后的计算与机组回热系统"由高到低"的计算顺序完全一致。

（3）机组经济指标的计算 锅炉蒸发量 D_b、汽轮机汽耗 D_0、热耗 Q_0、锅炉热负荷 Q_b 及管道热效率 η_p 的计算。

（4）全厂热经济指标 η_{cp}、q_{cp} 和 b_{cp}^s 等的计算。

3.5.5 热力发电厂原则性热力系统热力计算举例

以 N600-16.7/537/537 机组热力发电厂原则性热力系统为例，来说明热力发电厂原则性热力系统的热力计算方法。其原则性热力系统如图 3-58 所示，相应的热力过程线如图 3-59 所示。

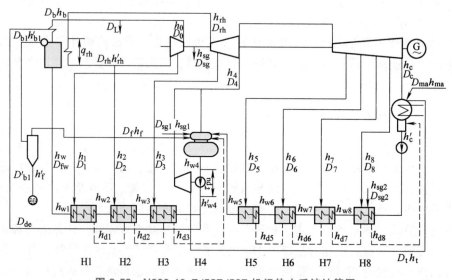

图 3-58 N600-16.7/537/537 机组热力系统计算图

按定功率方法求在下列已知条件下，600MW 机组在额定工况时（$P_{eL} = 600331\text{kW}$）的全厂热经济指标。

3.5.5.1 计算原始资料

1. 汽轮机类型及参数（汽轮机参数是全厂原则性热力系统计算的必备数据之一）

汽轮机的类型：N600-16.7/537/537 型汽轮机

新蒸汽参数：$p_0 = 16.7\text{MPa}$，$t_0 = 537℃$，$h_0 = 3394.5\text{kJ/kg}$

再热蒸汽参数：

高压缸排汽 $p_2 = 3.651\text{MPa}$，$t_2 = 319.4℃$，$h_2 = 3022.4\text{kJ/kg}$

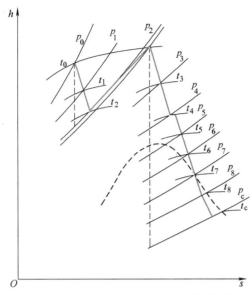

图 3-59　N600-16.7/537/537 机组汽轮机热力过程线

中压缸进汽 $p_{rh}=3.303\text{MPa}$，$t_{rh}=537℃$，$h_{rh}=3534.7\text{kJ/kg}$

排汽参数：$p_c=0.0049\text{MPa}$，$h_c=2329.8\text{kJ/kg}$

2. 锅炉类型及参数（锅炉参数也是全厂原则性热力系统计算的必备数据之一）

锅炉类型：HG-2008/18.24-M 多次强制循环锅筒炉

最大连续蒸发量：$D_b=2008\text{t/h}$

锅炉参数：$p_b=18.2\text{MPa}$，$t_b=542℃$，$h_b=3391.8\text{kJ/kg}$（过热器出口比焓不可能低于汽轮机进口比焓，所以取 $h_b=h_0=3394.5\text{kJ/kg}$）

再热器出口汽温：$t_{rh}=537℃$

锅筒压力：$p_{drum}=20.4\text{MPa}$

锅炉热效率：$\eta_b=0.92$

3. 回热抽汽级数及参数（该机组共有八级回热抽汽）

给水温度 $t_{fw}=275℃$，给水比焓 $h_{fw}=1206.5\text{kJ/kg}$，给水泵焓升 $\tau_{pu}=24.3\text{kJ/kg}$

4. 计算中的选用数据

锅炉连续排污量：$D_{bl}=0.01D_b$

全厂汽水损失：$D_L=0.01D_b$

给水泵小汽轮机汽源取自第四段抽汽，耗汽量 $D_t=0.0372308D_0$（D_0 为汽轮机汽耗量，单位为 t/h）。

至锅炉过热器减温水量：$D_{de}=0.015D_0$

回热加热器效率：$\eta_h=0.98$

扩容器效率：$\eta_f=0.98$

补充水入口水温：$t_{ma}=15℃$，$h_{ma}=62.8\text{kJ/kg}$

连续排污扩容器压力选为 0.9MPa（扩容蒸汽进入除氧器），见表 3-12。

机组机械效率：$\eta_m=0.995$，发电机效率 $\eta_g=0.988$。

表 3-12　排污扩容器计算点汽水参数

汽水参数	锅炉锅筒排污水	连续排污扩容器
压力/MPa	20.4	0.9
温度/℃	367.36	175.36
蒸汽比焓/(kJ/kg)		2772.1
水比焓/(kJ/kg)	1848.1	742.64

3.5.5.2　计算过程

1. 整理原始资料

1kg 蒸汽在再热器中的吸热量 $q_{rh} = 512.3kJ/kg$。各加热器进出口比焓见表 3-13。

表 3-13　各加热器进出口比焓

加热汽序号	No.1	No.2	No.3	No.4	No.5	No.6	No.7	No.8	凝汽器
抽汽比焓 h_j/(kJ/kg)	3130.8	3022.4	3316.5	3127.8	2931.8	2749.4	2630.9	2500.9	2329.8
出口水比焓 h_{wj}/(kJ/kg)	1206.5	1063.2	869.13	699.7	567.8	435.1	351.3	255.4	136.3
进口水比焓 $h_{w(j-1)}$/(kJ/kg)	1063.2	869.13	699.7	567.8	435.1	351.3	255.4	136.3	—
出口疏水比焓 $h_{d(j+1)}$/(kJ/kg)	1088.3	896.6	762.5	—	457.4	373.3	277.2	164.3	
进口疏水比焓 h_{dj}/(kJ/kg)	—	1088.3	896.6	762.5	—	457.4	373.3	277.2	

2. 全厂物质平衡计算

锅炉蒸发量

锅炉流量平衡图如图 3-60 所示。由图 3-60 可得

$$D_b = D_0 + D_L = D_0 + 0.01D_b$$

或者

$$(1-0.01)D_b = D_0$$

则

$$D_b = D_0 / 0.99 = 1.010101D_0$$

全厂汽水损失

$$D_L = 0.01D_b = 0.01 \times 1.0101D_0 = 0.010101D_0$$

锅炉连续排污量

$$D_{bl} = 0.01D_b = 0.010101D_0$$

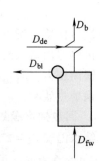

图 3-60　锅炉流量平衡图

由锅炉流量平衡

$$D_{fw} + D_{de} = D_b + D_{bl}$$

得锅炉给水量为

$$D_{fw} = D_{bl} + D_b - D_{de} = 1.005202D_0$$

前轴封漏汽量

$$D_{sg1} = 0.003632D_0$$

后轴封漏汽量

$$D_{sg2} = 0.000828D_0$$

轴封漏汽参数见表 3-14。

表 3-14 轴封漏汽参数

序号	α_{sgi}	$h_{sgi}/(\mathrm{kJ/kg})$	流向
1	0.003632	3159.1	高压缸轴封漏汽到除氧器
2	0.0008287	3144.6	中压缸轴封漏汽到 1 号加热器

该机组排污扩容器流量平衡图如图 3-61 所示。由排污扩容热平衡式和流量平衡式求扩容蒸汽份额 α_f

$$\alpha_f = \left(\frac{h'_{bl}\eta_f - h'_f}{h_f - h'_f}\right)\alpha_{bl}$$

$$= \frac{1848.1 \times 0.98 - 742.64}{2772.1 - 742.64} \times 0.010101$$

$$= 0.005318$$

排污冷却水份额 α'_{bl}

$$\alpha'_{bl} = \alpha_{bl} - \alpha_f = 0.010101 - 0.005318 = 0.004783$$

补充水份额 α_{ma}

$$\alpha_{ma} = \alpha_L + \alpha'_{bl} = 0.010101 + 0.004783 = 0.014884$$

3. 回热加热器抽汽份额计算

（1）高压加热器 H1 的计算 借助于图 3-62，得高压加热器 H1 的热平衡式为

$$\alpha_1(h_1 - h_{d1})\eta_h = \alpha_{fw}(h_{w1} - h_{w2})$$

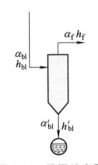

图 3-61 排污扩容器

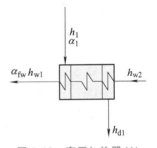

图 3-62 高压加热器 H1

则

$$\alpha_1 = \frac{\alpha_{fw}(h_{w1} - h_{w2})}{(h_1 - h_{d1})\eta_h}$$

$$= \frac{1.005202 \times (1206.50 - 1063.02)}{(3130.8 - 1088.3) \times 0.98}$$

$$= 0.071963$$

（2）高压加热器 H2 的计算 借助于图 3-63，得高压加热器 H2 的热平衡式为

$$[\alpha_2(h_2 - h_{d2}) + \alpha_1(h_{d1} - h_{d2})]\eta_h = \alpha_{fw}(h_{w2} - h_{w3})$$

故

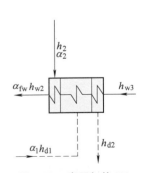

图 3-63 高压加热 H2

$$\alpha_2 = \frac{\alpha_{fw}(h_{w2}-h_{w3})-\alpha_1(h_{d1}-h_{d2})\eta_h}{(h_2-h_{d2})\eta_h}$$

$$= \frac{1.005202\times(1063.2-869.13)-0.071963\times(1088.3-896.6)\times0.98}{(3022.4-896.6)\times0.98}$$

$$= 0.087151$$

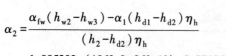

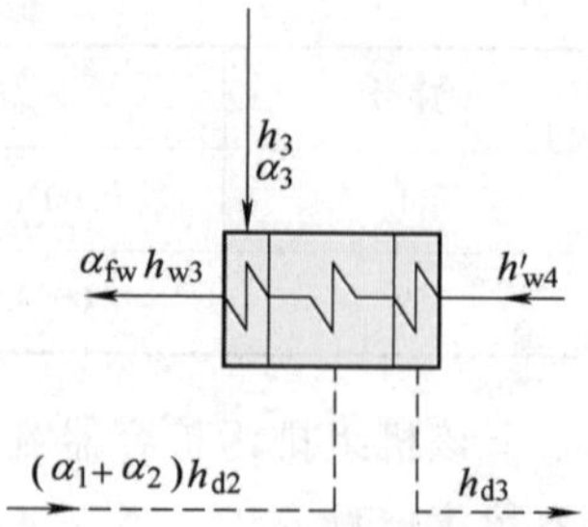

（3）高压加热器 H3 的计算 由图 3-64 进入 H3 的给水比焓为

$$h'_{w4} = h_{w4}+\tau_{pu} = 699.70+24.3kJ/kg = 724kJ/kg$$

图 3-64 高压加热器 H3

热平衡式

$$[\alpha_3(h_3-h_{d3})+(\alpha_1+\alpha_2)(h_{d2}-h_{d3})]\eta_h = \alpha_{fw}(h_{w3}-h'_{w4})$$

即

$$\alpha_3 = \frac{\alpha_{fw}(h_{w3}-h'_{w4})-(\alpha_1+\alpha_2)(h_{d2}-h_{d3})\eta_h}{(h_3-h_{d3})\eta_h}$$

$$= \frac{1.005202\times(869.13-724)-(0.071963+0.087151)\times(896.6-762.5)\times0.98}{(3316.5-762.5)\times0.98}$$

$$= 0.049931$$

（4）除氧器 H4 的计算 由图 3-65 得除氧器的出口水量份额为

$$\alpha'_{fw} = \alpha_{fw}+\alpha_{de} = 1.005202+0.015 = 1.020202$$

热平衡式为

$$[\alpha_4(h_4-h_{w5})+(\alpha_1+\alpha_2+\alpha_3)(h_{d3}-h_{w5})+\alpha_f(h_f-h_{w5})+\alpha_{sg1}(h_{sg1}-h_{w5})]\eta_h = \alpha'_{fw}(h_{w4}-h_{w5})$$

$$\alpha_4 = \frac{\alpha'_{fw}(h_{w4}-h_{w5})/\eta_h-(\alpha_1+\alpha_2+\alpha_3)(h_{d3}-h_{w5})-\alpha_f(h_f-h_{w5})-\alpha_{sg1}(h_{sg1}-h_{w5})}{(h_4-h_{w5})}$$

$$= [1.0202002\times(699.7-567.8)/0.98-(0.071963+0.087151+0.049931)\times$$
$$(762.5-567.8)-0.005318\times(2772.1-567.8)-0.003632\times$$
$$(3159.1-567.8)]/(3127.8-567.8)$$

$$= 0.029483$$

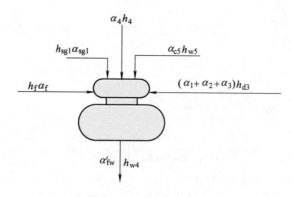

图 3-65 除氧器 H4

除氧器的进水量为

$$\alpha_{c5} = \alpha'_{fw} - \alpha_1 - \alpha_2 - \alpha_3 - \alpha_4 - \alpha_f - \alpha_{sg1}$$
$$= 1.020202 - 0.071963 - 0.087151 - 0.049931 - 0.029483 - 0.005318 - 0.003632$$
$$= 0.772724$$

（5）低压加热器 H5 的计算　由图 3-66 得热平衡式

$$\alpha_5(h_5 - h_{d5})\eta_h = \alpha_{c5}(h_{w5} - h_{w6})$$

即

$$\alpha_5 = \frac{\alpha_{c5}(h_{w5} - h_{w6})}{(h_5 - h_{d5})\eta_h}$$

$$= \frac{0.772724 \times (567.8 - 435.1)}{(2931.8 - 457.4) \times 0.98}$$

$$= 0.042286$$

（6）低压加热器 H6 的计算　由图 3-67 得热平衡式

$$[\alpha_6(h_6 - h_{d6}) + \alpha_5(h_{d5} - h_{d6})]\eta_h = \alpha_{c5}(h_{w6} - h_{w7})$$

即

$$\alpha_6 = \frac{\alpha_{c5}(h_{w6} - h_{w7}) - \alpha_5(h_{d5} - h_{d6})\eta_h}{(h_6 - h_{d6})\eta_h}$$

$$= \frac{0.772724 \times (435.1 - 351.3) - 0.042286 \times (457.4 - 373.3) \times 0.98}{(2749.4 - 373.3) \times 0.98}$$

$$= 0.026312$$

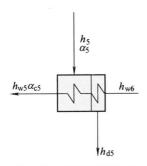

图 3-66　低压加热器 H5

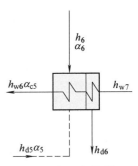

图 3-67　低压加热器 H6

（7）低压加热器 H7 的计算　由图 3-68 得热平衡式

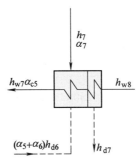

图 3-68　低压加热器 H7

$$[\alpha_7(h_7 - h_{d7}) + (\alpha_5 + \alpha_6)(h_{d6} - h_{d7})]\eta_h = \alpha_{c5}(h_{w7} - h_{w8})$$

$$\alpha_7 = \frac{\alpha_{c5}(h_{w7}-h_{w8})-(\alpha_5+\alpha_6)(h_{d6}-h_{d7})\eta_h}{(h_7-h_{d7})\eta_h}$$

$$= \frac{0.772724\times(351.3-255.4)-(0.042286+0.026312)\times(373.3-277.2)\times0.98}{(2630.9-277.2)\times0.98}$$

$$= 0.029326$$

（8）低压加热器 H8 的计算　由图 3-69 得热平衡式

$$[\alpha_8(h_8-h_c')+(\alpha_5+\alpha_6+\alpha_7)(h_{d7}-h_c')+\alpha_{sg2}(h_{sg2}-h_c')]\eta_h = \alpha_{c5}(h_{w8}-h_c')$$

即

$$\alpha_8 = \frac{\alpha_{c5}(h_{w8}-h_c')/\eta_h-(\alpha_5+\alpha_6+\alpha_7)(h_{d7}-h_c')-\alpha_{sg2}(h_{sg2}-h_c')}{(h_8-h_c')}$$

$$= [0.772724\times(255.4-136.3)/0.98-(0.042286+0.026312+0.029326)\times$$

$$(277.2-136.3)-0.0008287\times(3144.6-136.3)]/(2500.9-136.3)$$

$$= 0.032825$$

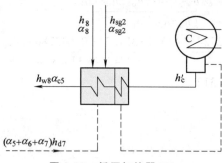

图 3-69　低压加热器 H8

（9）凝汽流量份额计算

$$\alpha_c = a_{c5} - \sum_{j=5}^{8}\alpha_j - \alpha_{sg2} - \alpha_{ma} - \alpha_t$$

$$= 0.772724 - 0.042286 - 0.026312 - 0.029326 - 0.032825 - 0.0008287 -$$

$$0.014884 - 0.0372308$$

$$= 0.589031$$

由汽轮机物质平衡计算

$$\alpha_c = 1 - \sum_{j=1}^{8}\alpha_j - \alpha_t - \alpha_{sg1} - \alpha_{sg2}$$

$$= 1 - 0.071963 - 0.087151 - 0.049931 - 0.029483 - 0.042286 - 0.026312 -$$

$$0.029326 - 0.032825 - 0.0372308 - 0.003632 - 0.0008287$$

$$= 0.589031$$

两者计算结果吻合，计算结果正确。

4. 汽轮机汽耗量及各段抽汽量计算

（1）抽汽做功不足系数的计算

$$q_{rh} = h_{rh}-h_2 = (3534.7-3022.4)\text{kJ/kg} = 512.3\text{kJ/kg}$$

$$h_0-h_c+q_{rh} = (3394.5-2329.8+512.3)\text{kJ/kg} = 1577\text{kJ/kg}$$

$$Y_1 = \frac{h_1 - h_c + q_{rh}}{h_0 - h_c + q_{rh}} = \frac{3130.8 - 2329.8 + 512.3}{1577} = 0.832784$$

$$Y_2 = \frac{h_2 - h_c + q_{rh}}{h_0 - h_c + q_{rh}} = \frac{3022.4 - 2329.8 + 512.3}{1577} = 0.764046$$

$$Y_3 = \frac{h_3 - h_c}{h_0 - h_c + q_{rh}} = \frac{3316.5 - 2329.8}{1577} = 0.625682$$

$$Y_4 = \frac{h_4 - h_c}{h_0 - h_c + q_{rh}} = \frac{3127.8 - 2329.8}{1577} = 0.506024$$

$$Y_5 = \frac{h_5 - h_c}{h_0 - h_c + q_{rh}} = \frac{2931.8 - 2329.8}{1577} = 0.381737$$

$$Y_6 = \frac{h_6 - h_c}{h_0 - h_c + q_{rh}} = \frac{2749.4 - 2329.8}{1577} = 0.266075$$

$$Y_7 = \frac{h_7 - h_c}{h_0 - h_c + q_{rh}} = \frac{2630.9 - 2329.8}{1577} = 0.190932$$

$$Y_8 = \frac{h_8 - h_c}{h_0 - h_c + q_{rh}} = \frac{2500.9 - 2329.8}{1577} = 0.108497$$

$$Y_{sg1} = \frac{h_{sg1} - h_c + q_{rh}}{h_0 - h_c + q_{rh}} = \frac{3159.1 - 2329.8 + 512.3}{1577} = 0.850729$$

$$Y_{sg2} = \frac{h_{sg2} - h_c}{h_0 - h_c + q_{rh}} = \frac{3144.6 - 2329.8}{1577} = 0.516677$$

$$Y_t = Y_4 = 0.506024$$

各抽汽份额 α_j 及其做功不足系数 Y_j 之乘积 $\alpha_j Y_j$ 见表 3-15。

（2）汽轮机的汽耗量及各段抽汽量的计算　机组无回热纯凝汽工况时的汽耗量 D_{c0} 为

$$D_{c0} = \frac{3600 P_{eL}}{(h_0 - h_c + q_{rh}) \eta_g \eta_m} = \frac{3600 \times 600331}{1577 \times 0.995 \times 0.988} \text{kg/h} = 1394060.3 \text{kg/h} = 1394.060 \text{t/h}$$

机组有回热时的汽耗量 D_0 为

$$D_0 = \frac{D_{c0}}{1 - \sum \alpha_j Y_j} = \frac{1394.06}{0.772661} \text{t/h} = 1804.232 \text{t/h}$$

各段抽汽量见表 3-15。

表 3-15　α_j、Y_j、$\alpha_j Y_j$ 和 D_j

加热器序号	α_j	Y_j	$\alpha_j Y_j$	$D_j (= \alpha_j D_0) / (\text{kg/h})$
No. 1	$\alpha_1 = 0.071963$	$Y_1 = 0.832784$	$\alpha_1 Y_1 = 0.05993$	$D_1 = 129839$
No. 2	$\alpha_2 = 0.087151$	$Y_2 = 0.764046$	$\alpha_2 Y_2 = 0.066587$	$D_2 = 157241$
No. 3	$\alpha_3 = 0.049931$	$Y_3 = 0.625682$	$\alpha_3 Y_3 = 0.031241$	$D_3 = 90087$
No. 4	$\alpha_4 = 0.029483$	$Y_4 = 0.506024$	$\alpha_4 Y_4 = 0.014919$	$D_4 = 53194$
No. 5	$\alpha_5 = 0.042286$	$Y_5 = 0.381737$	$\alpha_5 Y_5 = 0.016142$	$D_5 = 76294$
No. 6	$\alpha_6 = 0.026312$	$Y_6 = 0.266075$	$\alpha_6 Y_6 = 0.007001$	$D_6 = 47473$

（续）

加热器序号	α_j	Y_j	$\alpha_j Y_j$	$D_j(=\alpha_j D_0)/(\text{kg/h})$
No. 7	$\alpha_7 = 0.029326$	$Y_7 = 0.190932$	$\alpha_7 Y_7 = 0.005599$	$D_7 = 52911$
No. 8	$\alpha_8 = 0.032825$	$Y_8 = 0.108497$	$\alpha_8 Y_8 = 0.003561$	$D_8 = 59224$
高压缸轴封漏汽	$\alpha_{sg1} = 0.003632$	$Y_{sg1} = 0.850729$	$\alpha_{sg1} Y_{sg1} = 0.00309$	$D_{sg1} = 6553$
低压缸轴封漏汽	$\alpha_{sg2} = 0.0008287$	$Y_{sg2} = 0.516677$	$\alpha_{sg2} Y_{sg2} = 0.000428$	$D_{sg2} = 1495$
给水泵小汽轮机耗汽	$\alpha_t = 0.0372308$	$Y_t = 0.506024$	$\alpha_t Y_t = 0.01884$	$D_t = 67173$
总计	$\sum \alpha_j = 0.410969$ $\alpha_c = 1 - \sum \alpha_j$ $= 0.589031$		$\sum \alpha_j Y_j = 0.227338$ $1 - \sum \alpha_j Y_j$ $= 0.772662$	$\sum D_j = 741484$ $D_c = D_0 - \sum D_j$ $= 1062748.5$

其他各项汽水流量见表 3-16。

表 3-16 其他各项汽水流量

项目	符号	α_L	符号	$D_x(=\alpha_x D_0)/(\text{kg/h})$
全厂汽水损失	α_L	0.010101	D_L	18225
锅炉排污	α_{bl}	0.010101	D_{bl}	18225
扩容蒸汽	α_f	0.005318	D_f	9595
浓缩排污水	α'_{bl}	0.004783	D'_{bl}	630
化学补充水	α_{ma}	0.014884	D_{ma}	26854
至锅炉过热器减温水温	α_{de}	0.015	D_{de}	27063
锅炉蒸发量	α_b	1.010101	D_b	1822457
再热蒸汽量	α_{rh}	0.837254	D_{rh}	1510601
锅炉给水量	α_{fw}	1.005202	D_{fw}	1813618

注：$\alpha_{rh} = 1 - \alpha_1 - \alpha_2 - \alpha_{sg1} = 0.837254$

5. 汽轮机功率校核

1 级抽汽在汽轮机产生的内功率

$$P_1 = \frac{D_1(h_0 - h_1)}{3600} = \frac{129839 \times (3394.5 - 3130.8)}{3600} \text{kW} = 9510.7068 \text{kW}$$

2 级抽汽在汽轮机产生的内功率

$$P_2 = \frac{D_2(h_0 - h_2)}{3600} = \frac{157241 \times (3394.5 - 3022.4)}{3600} \text{kW} = 16252.6045 \text{kW}$$

3 级抽汽在汽轮机产生的内功率

$$P_3 = \frac{D_3(h_0 - h_3 + q_{rh})}{3600} = \frac{90087 \times (3394.5 - 3316.5 + 512.3)}{3600} \text{kW} = 14771.77 \text{kW}$$

除氧抽汽（4 级抽汽的一部分）在汽轮机产生的内功率

$$P_4 = \frac{D_4(h_0 - h_4 + q_{rh})}{3600} = \frac{53194 \times (3394.5 - 3127.8 + 512.3)}{3600} \text{kW} = 11510.5906 \text{kW}$$

5 级抽汽在汽轮机产生的内功率

$$P_5 = \frac{D_5(h_0-h_5+q_{rh})}{3600} = \frac{76294\times(3394.5-2931.8+512.3)}{3600}kW = 20662.958kW$$

6级抽汽在汽轮机产生的内功率

$$P_6 = \frac{D_6(h_0-h_6+q_{rh})}{3600} = \frac{47473\times(3394.5-2749.4+512.3)}{3600}kW = 15262.5695kW$$

7级抽汽在汽轮机产生的内功率

$$P_7 = \frac{D_7(h_0-h_7+q_{rh})}{3600} = \frac{52911\times(3394.5-2630.9+512.3)}{3600}kW = 18752.5403kW$$

8级抽汽在汽轮机产生的内功率

$$P_8 = \frac{D_8(h_0-h_8+q_{rh})}{3600} = \frac{59224\times(3394.5-2500.9+512.3)}{3600}kW = 23128.6171kW$$

高压缸轴封漏汽在汽轮机内做功

$$P_{sg1} = \frac{D_{sg1}(h_0-h_{sg1})}{3600} = \frac{6553\times(3394.5-3159.1)}{3600}kW = 428.49339kW$$

中压缸轴封漏汽在汽轮机产生的内功率

$$P_{sg2} = \frac{D_{sg2}(h_0-h_{sg2}+q_{rh})}{3600} = \frac{1495\times(3394.5-3144.6+512.3)}{3600}kW = 316.525kW$$

给水泵汽轮机用汽（四级抽汽的一部分）在主汽轮机产生的内功率

$$P_t = \frac{D_t(h_0-h_4+q_{rh})}{3600} = \frac{67173\times(3394.5-3127.8+512.3)}{3600}kW = 14535.4908kW$$

凝汽流（排汽）在汽轮机产生的内功率

$$P_c = \frac{D_c(h_0-h_c+q_{rh})}{3600} = \frac{1062748.5\times(3394.5-2329.8+512.3)}{3600}kW = 465542.8846kW$$

汽轮机总的电功率

$$P_e = \left(P_t + P_c + \sum_{j=1}^{8}P_j\right)\eta_m\eta_g = 609930.7322\times0.995\times0.988\ kW = 599598.506kW$$

计算电功率接近给定的电功率，说明计算结果准确。

6. 热经济指标计算

（1）汽轮机组热耗量（含汽动泵热耗量）

$$\begin{aligned}Q_0 &= D_0h_0+D_{rh}h_{rh}+D_fh_f+D_{ma}h_{ma}-D_{fw}h_{fw}-D_{de}h_{de}\\&= [1804232\times3394.5+1510601\times512.3+9595\times2772.1+26854\times62.8-\\&\quad 1813618\times1206.50-27063\times(699.24+24.3)]kJ/h\\&= 4.719\times10^9kJ/h\end{aligned}$$

（2）汽轮机组汽耗率和热耗率

$$d_0 = \frac{D_0}{P_e} = \frac{1804.232\times10^3}{599599}kg/(kW\cdot h) = 3.009kg/(kW\cdot h)$$

$$q_0 = \frac{Q_0}{P_e} = \frac{4.719\times10^9}{599599}kg/(kW\cdot h) = 7870.26kJ/(kW\cdot h)$$

（3）汽轮发电机组绝对电效率

$$\eta_e = \frac{3600}{q_0} = \frac{3600}{7870.26} = 0.457418$$

（4）锅炉热负荷

$$\begin{aligned}
Q_b &= D_b h_b + D_{rh} q_{rh} + D_{bl} h'_{bl} - D_{fw} h_{fw} - D_{de} h_{de} \\
&= [\,1822457 \times 3394.5 + 1510601 \times 512.3 + 18225 \times 1848.1 - \\
&\quad 1813618 \times 1206.50 - 27063 \times (699.7 + 24.3)\,]\,kJ/h \\
&= 4.786 \times 10^9 \, kJ/h
\end{aligned}$$

（5）各种效率　管道热效率

$$\eta_p = \frac{Q_0}{Q_b} = \frac{4.719 \times 10^9}{4.786 \times 10^9} = 0.986$$

全厂热效率

$$\eta_{cp} = \eta_b \eta_p \eta_e = 0.92 \times 0.986 \times 0.457418 = 0.414933$$

发电标准煤耗率

$$b^s = \frac{0.123}{\eta_{cp}} = \frac{0.123}{0.415426} \, kg/(kW \cdot h) = 0.296082 \, kg/(kW \cdot h)$$

思 考 题

3-1　说明热力系统与热力系统图的概念。

3-2　说明热力系统的分类方法与类型。

3-3　分析说明采用回热可减少冷源损失，但存在附加冷源损失的原因。

3-4　何为回热抽汽做功比？分析它的大小与机组热经济性的关系。何为回热抽汽做功不足系数？

3-5　回热基本参数对机组热经济性有何影响？

3-6　回热加热器类型与特点是什么？混合式加热器与表面式加热器结构有何区别？

3-7　表面式加热器端差及抽汽管压降的概念及对机组经济性的影响？

3-8　抽汽过热度及疏水利用方式对机组经济性的影响？

3-9　试进行混合式加热器、表面式加热器疏水往入口打、表面式加热器疏水往出口打的热经济性定量分析比较。

3-10　试进行给水除氧的必要性分析。

3-11　说明给水除氧的方法及优缺点。

3-12　说明热除氧原理及实现措施。

3-13　说明热力除氧器的结构特点及类型。

3-14　什么是热力发电厂原则性热力系统？它的特点和作用是什么？它由哪些局部系统组成？

3-15　汽轮机、锅炉机组选择的原则是什么？

3-16　补充水引入回热系统的地点不同，对热力发电厂热经济性的影响如何？试用回热抽汽做功比 X_r 进行定性分析。

3-17　单级锅炉连续排污扩容器理论上最佳压力是如何确定的？

3-18　热力发电厂原则性热力系统计算与汽轮机组系统计算有哪些相同和不同的地方？

第 4 章

热力发电厂全面性热力系统

4.1 概述

热力发电厂是由锅炉、汽轮机、发电机三大主机和相应的附属设备组成的一个有机整体。其中，将热力设备，包括锅炉、汽轮机和有关附属设备，用管道及管道附件按照热功转换要求和安全生产要求连接起来的系统，称为热力发电厂的热力系统。

热力发电厂所有热力设备、汽水管道和附件，按照生产需要连接起来的系统，称为热力发电厂的全面性热力系统。热力发电厂全面性热力系统的确定是在其原则性热力系统的基础上，充分考虑到发电厂生产所必需的连续性、安全性、可靠性和灵活性后，所组成的实际热力系统。热力发电厂中所有热力设备、管道、附件以及蒸汽和水的主要流量计量装置都应该在热力发电厂全面性热力系统图上表示出来。热力发电厂全面性热力系统由各子系统组成，主要包括主蒸汽与再热蒸汽系统、旁路系统、机组回热全面性热力系统、辅助蒸汽系统和锅炉排污系统等。

4.2 主蒸汽与再热蒸汽系统

4.2.1 主蒸汽系统

热力发电厂主蒸汽系统，包括从锅炉过热器出口集箱至汽轮机主汽阀入口的蒸汽管道、阀门及通往用新蒸汽设备的蒸汽支管所组成的系统。

发电厂主蒸汽系统具有输送工质流量大、参数高、管道长且要求金属材料质量高的特点，它对发电厂运行的安全、可靠、经济性影响很大。对主蒸汽系统的基本要求是：力求简单、安全可靠、调度灵活、投资合理、便于安装和维修。同时，应根据发电厂的类型和参数、机组的类型和参数，经过综合技术经济比较后确定，且应符合 GB 50049—2011《小型火力发电厂设计规范》及 GB 50660—2011《大中型火力发电厂设计规范》的规定。

1. 主蒸汽系统的类型与选择

热力发电厂常用的主蒸汽系统有以下几种类型：

（1）单母管制系统（又称集中母管制系统）　如图 4-1a 所示，其特点是发电厂所有锅炉的蒸汽先引至一根蒸汽母管集中后，再由该母管引至汽轮机和各用汽处。

单母管上用两个串联的分段阀，将母管分成两个以上区段，它起着减小事故范围的作用，同时也便于分段阀和母管本身检修而不影响其他部分正常运行，提高了系统运行的可靠性。正常运行时，分段阀处于开启状态。

该系统的优点是系统比切换母管制系统简单，布置方便。其缺点是当母管分段检修时，与该区段相连的锅炉和汽轮机要全部停止运行。因此，这种系统通常用于锅炉和汽轮机台数不匹配，而热负荷又必须确保可靠供应的热电厂。

（2）切换母管制系统　如图 4-1b 所示，其特点是每台锅炉与其相对应的汽轮机组成一个单元，正常运行时机炉成单元运行，各单元之间装有母管，每个单元与母管相连处装有三个切换阀门。这样，当某单元锅炉发生事故或检修时，可通过这三个切换阀门由母管引来邻炉蒸汽，使该单元的汽轮机继续运行，也不影响从母管引出的其他用汽设备。同时，当某单元汽轮机停机时，可通过这三个切换阀门送出本单元锅炉生产的蒸汽供邻机使用。

该系统的优点是可充分利用锅炉的富裕容量，切换运行，既有较高的运行灵活性，又有足够的运行可靠性，同时还可较优地经济运行。该系统的不足之处在于：系统较复杂，阀门多，发生事故的可能性较大；管道长，金属耗量大，投资高。

（3）单元制系统　如图 4-1c 所示，这种"一机一炉"的单元制系统，其特点是每台锅炉与相对应的汽轮机组成一个独立单元，各单元之间没有母管横向联系，单元内各用汽设备的新蒸汽支管均引自锅炉和汽轮机之间的主蒸汽管道。

单元制系统的优点是系统简单、管道短、阀门少（引进型 300MW、600MW 机组有的取消了主汽阀前的电动隔离阀），可以节省大量高级耐热合金钢；事故仅限于本单元内，全厂安全可靠性高；控制系统按单元制设计制造，运行操作少，易于实现集中控制；因为管道短，工质压力损失少，散热少，热经济性较高；管道短附件少，维护工作量少，费用低；无母管，便于布置，主厂房土建费用少。单元制系统的缺点是：单元内锅炉或汽轮机发生故障停止运行时，将导致整个单元系统停止运行；负荷变动时对锅炉燃烧的调整要求高。

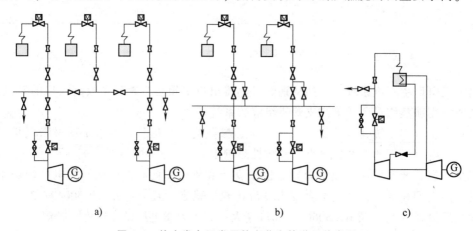

a)　　　　　　　　　　　　　　　　b)　　　　　　　c)

图 4-1　热力发电厂常用的主蒸汽管道系统类型
a）单母管制系统　b）切换母管制系统　c）单元制系统

通过上述分析可以发现，对参数高、要求大口径高级耐热合金钢管的机组，且主蒸汽管道系统投资占有较大比例时，应首先考虑采用单元制系统。如装有高压凝汽式机组的发电厂，可采用单元制系统。

对于参数比较低、主蒸汽流量比较小的小机组，由于主蒸汽管道投资相对少，可根据情况采用单母管制系统或切换母管制系统。对装有高压非中间再热供热式机组的发电厂，主蒸汽系统应采用切换母管制，以增加机炉运行的灵活性。

对装有中间再热凝汽式机组或中间再热供热式机组的发电厂，由于中间再热压力随着机组功率的变化而变化，因此不同机组之间的再热器不能相连。同时，为了使锅炉能正常运行，必须保证主蒸汽流量与流经再热器的流量之间保持严格的比例。这样，不同机组之间各锅炉的主蒸汽管道也不能相互连通。因此，中间再热机组必须采用单元制系统。

2. 单元制主蒸汽系统的种类

随着机组容量增大，炉膛宽度加大，烟气流量分布不均和烟气温度分布不均造成两侧汽温偏差增大，这就要求管道系统具有混温措施。国际电工协会规定，最大允许持久性汽温偏差为15℃，最大允许瞬时性汽温偏差为42℃。考虑到汽轮机的主蒸汽均为双侧进汽，因此单元制主蒸汽系统的连接方式有双管式系统、单管-双管系统和双管-单管-双管系统。

（1）双管式主蒸汽系统 双管式主蒸汽系统是主蒸汽从锅炉过热器出口集箱两端引出的两根对称的管道，至汽轮机左右两侧进入高压缸。如图4-2a、图4-2d所示主蒸汽系统为双管系统。

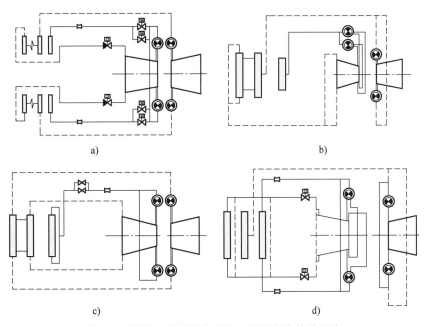

图 4-2 再热式机组的主蒸汽、再热蒸汽管道系统

a）双管系统 b）主蒸汽和热段再热汽为单管-双管系统、冷段再热汽为双管-单管-双管系统
c）主蒸汽双管-单管-双管系统、再热汽双管系统 d）主蒸汽双管、冷段再热汽双管、热段再热汽单管-双管系统

采用双管系统可避免使用大直径的主蒸汽管，可较大幅度降低管道的投资。双管系统在布置时便于适应汽轮机高压缸双侧进汽的需要，在管道的支吊及应力分析中也比单管系统易

于处理。但双管系统中温度偏差较大，有的主蒸汽温度偏差达 30~50℃，将使汽缸等高温部件受热不匀导致变形。为此，往往在高压缸自动主汽阀前设置一根中间联络管，以减少双管间的压差和温差。

（2）单管-双管系统　该系统简称 1-2 布置方式，是指采用一根管道从锅炉引出蒸汽，送到汽轮机设备附近再分为两根管道连接。图 4-2b 所示主蒸汽系统即为单管-双管系统。

采用单管的优点是没有温差，但单管的直径比较大、载荷集中、支吊困难。而且，单管直径必须按照最大蒸汽流量工况设计。

（3）双管-单管-双管系统　该系统简称 2-1-2 布置方式，其特征为：采用两根管道从锅炉引出蒸汽，合并为一根管道以混合，输送到汽轮机设备附近时再分为两根管道连接。图 4-2c 所示为主蒸汽系统为双管-单管-双管系统。

这种系统的优点在于均衡进入汽轮机的蒸汽温度。同时，还有利于节省管材。但是，通常单管长度应为直径的 10 倍以上，才能达到充分混合减少温度偏差的目的。而且，蒸汽在单管内的流动阻力较大。为了减少蒸汽的流动阻力，在主汽门前的单管主蒸汽管道上不设置任何截止阀门，也不设置主蒸汽流量测量节流元件，汽轮机的主蒸汽流量可以根据汽轮机高压缸调节级后的蒸汽压力折算得到。

4.2.2　再热蒸汽系统

再热蒸汽系统是指从汽轮机高压缸排汽经锅炉再热器至汽轮机中压联合汽阀的全部管道和分支管道。通常，又将汽轮机高压缸排汽口到锅炉再热器入口集箱的再热蒸汽管道及其分支管道称为再热冷段蒸汽系统；锅炉再热器出口集箱到汽轮机中压联合汽阀的管道和分支管道称为再热热段蒸汽系统。

再热蒸汽系统，也同样可以分为双管式系统、单管-双管系统和双管-单管-双管系统。

图 4-2a、图 4-2c 所示为再热蒸汽系统为双管系统。其再热冷段、热段蒸汽均通过两根管道在锅炉与汽轮机之间输送。

图 4-2b 所示的再热蒸汽系统，其再热冷段系统采用双管-单管-双管系统；再热热段为单管-双管系统。

图 4-2d 所示的再热蒸汽系统，其冷段为双管式系统，热段为单管-双管系统。

图 4-3 为某电厂 1000MW 机组主、再热蒸汽及旁路系统图。该机组汽轮机是超超临界、一次中间再热、单轴、四缸四排汽、双背压、八级回热抽汽、反动凝汽式汽轮机 N1000-26.25/600/600。该汽轮机的整个流通部分由四个汽缸组成，即一个高压缸、一个双流中压缸和两个双流低压缸（图中未标出）。该汽轮机采用节流调节，高压缸进口设有两个高压主汽门和两个高压调节门，高压缸排汽经过再热器再热后，通过中压缸进口的两个中压主汽门和两个中压调节门进入中压缸，中压缸排汽通过连通管进入两个低压缸继续做功后分别排入两个凝汽器。

主蒸汽及再热热段、冷段蒸汽系统采用单元制系统。该机组主蒸汽和再热热段均采用双管蒸汽系统。主蒸汽管道和热再热蒸汽管道分别从过热器和再热器的出口集箱的两侧引出，平行接到汽轮机前，分别接入高压缸和中压缸左右侧主汽阀和再热主汽调节阀，在汽轮机入口前设压力平衡连通管。再热冷段采用了双管-单管-双管系统，即冷再热蒸汽管道从高压缸

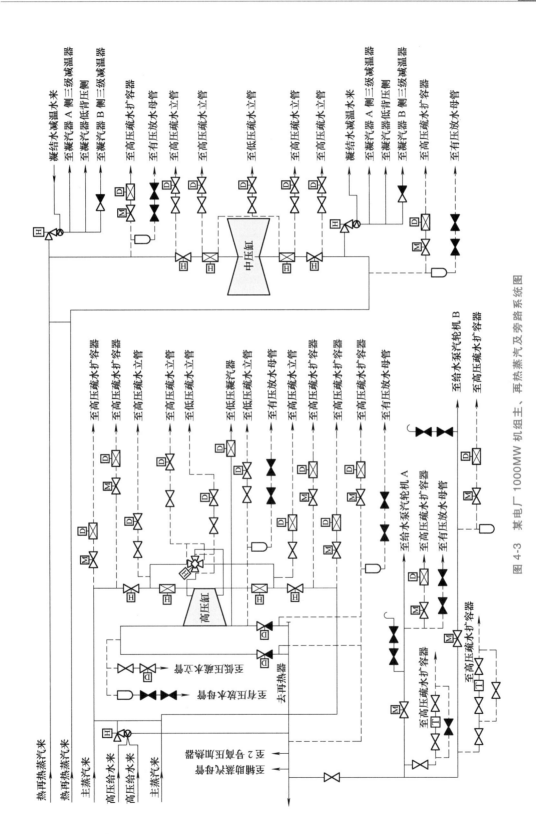

图 4-3 某电厂 1000MW 机组主、再热蒸汽及旁路系统图

的两个排汽口引出，再汇成一根总管，到锅炉前再分成两根支管分别接入再热器入口集箱。这样既可以减少由于锅炉两侧热偏差和管道布置差异所引起的蒸汽温度和压力的偏差，有利于机组的安全运行，同时还可以选择合适的管道规格，节省管道投资。

过热器出口及再热器的进、出口管道上设有水压试验隔离装置，锅炉侧管系可做隔离水压试验。

为了减小蒸汽的流动阻力损失，在主汽阀前的主蒸汽管道上不设任何截止阀门，也不设置主蒸汽流量测量装置，主蒸汽流量通过设在锅炉一级过热器和二级过热器之间的流量装置来测量。

4.3 中间再热机组的旁路系统

在某些情况下，不允许蒸汽进入汽轮机。例如，在锅炉起动初期，提供的蒸汽温度、过热度比较低，为了防止汽轮机发生水击事故，不允许蒸汽进入汽轮机；另外，运行中当汽轮机突然失去负荷时，为了防止汽轮机超速，也不允许蒸汽继续进入汽轮机。在这些情况下，如果将蒸汽排放到大气，不仅产生噪声，而且造成工质的损失。为了避免噪声和工质损失，对于单元机组，可以通过旁路系统回收工质。大型中间再热机组均为单元制布置，并且多数配有旁路系统，以便满足机组起停、事故处理及特殊运行方式的要求，解决低负荷运行时机炉特性不匹配的矛盾。

对于一次中间再热机组，旁路系统是指锅炉产生的蒸汽在某些特定情况下，绕过汽轮机，经过与汽轮机并列的减温减压装置后，进入参数较低的蒸汽管道或设备的连接系统，以完成特定任务。图 4-4 为一次中间再热机组常用旁路类型示意图。

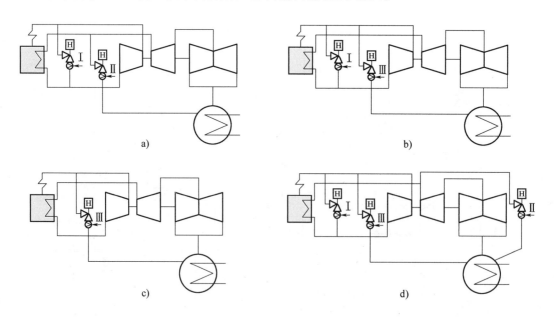

图 4-4　再热机组常用旁路类型示意图

a）Ⅰ级旁路串联Ⅱ级旁路系统　b）Ⅰ级旁路并联Ⅲ级旁路系统

c）Ⅲ级旁路系统　d）Ⅰ级旁路+Ⅱ级旁路+Ⅲ级旁路系统

4.3.1 旁路系统的类型及作用

1. 旁路装置的类型

旁路装置通常分为三种类型：

（1）高压旁路 高压旁路又称为Ⅰ级旁路，其作用是，将新蒸汽绕过汽轮机高压缸经过减温减压装置进入再热冷段管道。

（2）低压旁路 低压旁路又称Ⅱ级旁路，其作用是，将再热后的蒸汽绕过汽轮机中、低压缸经过减温减压装置进入凝汽器。

（3）整机旁路 整机旁路又称大旁路或Ⅲ级旁路，其作用是，将新蒸汽绕过整个汽轮机，直接排入凝汽器。

2. 实用旁路系统

实用旁路系统是由上述三种旁路装置中的一种或几种组合而成的。国内机组实用旁路系统主要有以下几种：

（1）两级旁路串联系统 图4-4a所示为高压旁路装置和低压旁路装置串联系统。通过两级旁路串联系统的协调，能满足起动时的各项要求。高压旁路与低压旁路的协同调节可对再热器进行保护。这种系统应用最为广泛，我国已运行的大部分中间再热机组均采用这种系统。

（2）两级旁路并联系统 图4-4b所示为由高压旁路装置和整机旁路装置组成的两级旁路并联系统。高压旁路起着起动时保护再热器的作用，同时也用作机组起动时暖管，以及机组热态起动时用以迅速提高再热汽温使之接近中压缸温度，由于没有低压旁路，此时热再热管段上的向空排汽阀要打开。整机旁路则将起停、甩负荷及事故等工况下多余的蒸汽排入凝汽器，锅炉超压时可减少溢流阀的动作甚至不动作。该系统只在早期国产机组上采用，现很少采用。

（3）整机旁路系统 图4-4c所示为只保留从新蒸汽至凝汽器的大旁路装置，其特点是系统简单，金属耗量、管道及附件少，投资省，操作简便。它同样可以对主蒸汽管道进行暖管，并调节过热蒸汽温度。其缺点是不能保护再热器，为此再热器必须采用较好的、能耐干烧的材料或者布置在锅炉内的低温区并配以烟温调节保护手段；在机组起动时难以调节再热蒸汽温度。

（4）三级旁路系统 图4-4d所示为三级旁路系统，它包括高压旁路装置、低压旁路装置和整机旁路装置。当汽轮机负荷低于锅炉最低稳定燃烧所对应的负荷时，多余的蒸汽通过整机大旁路排至凝汽器。该系统的优点是能适应各种工况的调节，满足汽轮机起动过程不同阶段对蒸汽参数和流量的要求，同时又能有效地保护再热器。其不足之处是系统复杂、设备多、金属耗量大、投资高、布置困难、运行操作不便。

以上几种常见的旁路系统，虽然类型不同，但有一点是相同的，即都要通过减温减压装置来实现。所以旁路系统主要由减压阀、减温水调节阀和凝汽器颈部减温减压装置组成。高压旁路装置、整机旁路装置的减温水都取自给水泵出口的高压水；低压旁路的减温水来自凝结水泵出口的主凝结水。由于低压旁路装置和整机旁路装置后蒸汽的压力、温度还较高，不宜直接排入凝汽器，所以在凝汽器颈部还设有1~2个减温减压装置，将蒸汽进一步降低到0.0165MPa、60℃左右之后再排入凝汽器。

3. 旁路系统的作用

汽轮机旁路系统最基本的功能是协调锅炉产汽量和汽轮机耗汽量之间的不平衡，提高运行的安全性和适应性。具体来说，汽轮机旁路具有如下功能：

1）在汽轮机冲转前，使主蒸汽和再热蒸汽压力、温度与汽轮机金属壁温相匹配，以满足汽轮机不同状态的起动要求，缩短起动时间，减少汽轮机金属的疲劳损伤。

单元机组多采用滑参数起动方式，必须在整个起动过程中不断调整主蒸汽温度、压力、流量，以便满足汽轮机起动过程冲转、升速、带负荷、增负荷等阶段的不同要求。汽轮机起动方式不同，要求也有区别。

为了更好地减少起动期间的热冲击，汽轮机起动状态按照停机时间或调节级处金属温度划分为冷态、温态、热态和极热态起动，汽轮机制造厂规定的起动分类更加细致，具体划分温度应按制造厂规定，一般划分见表4-1。

表 4-1 按照金属温度分类的起动方式

起动状态	金属温度	停机时间
冷态	第 1 级金属温度 <120℃	长期停机
温态 1	120℃ ≤第 1 级金属温度 <260℃	停机超过 72h
温态 2	260℃ ≤第 1 级金属温度 <415℃	停机 10~72h
热态	415℃ ≤第 1 级金属温度 <450℃	停机 1~10h
极热态	450℃ ≤第 1 级金属温度	停机不到 1h

另外，汽轮机冲转参数应满足制造厂提供的有关起动曲线的要求。冷态起动冲转时的主蒸汽温度最少要有50℃的过热度，温态、热态起动时应保证高、中压调速汽阀后蒸汽温度高于汽轮机最热部分温度50℃，双层缸的内外缸温差不大于40℃，双层缸的上下缸温差不超过35℃。

再热机组的主蒸汽系统均采用单元制，其在滑参数起动时，一般是先以低参数蒸汽冲转汽轮机，随着升速、带负荷、增负荷等不同阶段的需要，不断地提高锅炉出口蒸汽压力、温度和流量，使之与汽轮机的金属温度状况相匹配，实现安全可靠地起动。如果只靠调整锅炉的燃烧或汽压是难以满足这些要求的，因为锅炉燃烧工况的调整属于宏观调整或粗调整，精度差。

采用旁路系统后，通过改变新蒸汽流量，协调机组滑参数起动和停机不同阶段的蒸汽参数匹配，既满足再热机组滑参数起停要求，又缩短了起动时间。

汽轮机每起动一次或升降负荷一次所消耗寿命的百分数称为寿命损耗率。不同状态的起动方式所耗寿命的百分数不同，如冷态起动和热态起动两者的寿命损耗率相差10倍左右。金属温度变化幅度和金属温度变化率小，寿命损耗率也就小，通过旁路系统的调节作用，可以更精确地满足起停时对汽温的要求，严格控制汽轮机的金属温升率，减少寿命损耗，延长汽轮机寿命。例如对于 1000MW 等级超超临界机组，汽缸金属温升率应控制为 (1.0~1.5)℃/min，温降率为 (0.5~1.0)℃/min（DL/T 1683—2017《1000MW 等级超超临界机组运行导则》）。

2）在起动和甩负荷时，能有效地冷却锅炉所有受热面，特别是保护布置在烟温较高区域的再热器，防止再热器干烧以致破坏。

目前国内外燃煤火力发电厂再热机组大多采用烟气再热方式，即再热器布置在锅炉内。

正常运行时，汽轮机高压缸的排汽进入再热器后，提高了蒸汽温度，同时也冷却了再热器。但在机组带初负荷前，有的机组在带 10%～20% 负荷前，锅炉提供的蒸汽量少，或运行中汽轮机发生跳闸、甩负荷、电网事故和停机不停炉时，汽轮机自动主汽阀全关闭，高压缸没有排汽，再热器将处于无蒸汽冷却的干烧状态，一般的耐热合金钢材料难以确保再热器的安全。通过高压旁路新蒸汽就可经减温减压装置后进入再热器，对再热器进行冷却保护。

3）机组起、停时或甩负荷时回收工质，降低对空排汽的噪声。由于锅炉的允许降负荷速率比汽轮机小，而其允许的最低负荷又比汽轮机大，故将剩余蒸汽通过旁路系统，能改善瞬变过渡工况时锅炉运行的稳定性，减少甚至避免锅炉溢流阀动作。

燃煤锅炉不投油稳定燃烧负荷为 30%～50% 的锅炉额定蒸发量，而汽轮机的空载汽耗量仅为其额定汽耗量的 3%～5%，单元式再热机组在起动或发生事故甩负荷时，锅炉的蒸发量总是大于汽轮机的所需量，存在大量剩余蒸汽。如果将多余的蒸汽排入大气，不仅造成工质损失，而且产生巨大的噪声（影响半径约 6km），恶化周围的环境。设置旁路系统，就可将多余的蒸汽回收到凝汽器中，同时也避免产生噪声。

4）如果旁路容量选择得当，当发电机发生短时间故障时，旁路系统可快速投入，维持锅炉在低负荷下稳燃运行，实现机组带空负荷、带厂用电运行；或实现停机不停炉的运行方式，使锅炉独立运行。一旦事故消除，机组可迅速重新并网投入运行，恢复正常状态，大大缩短了重新起动时间，使机组能较好地适应电网调峰调频的需要，同时增加了电网供电的可靠性。

5）对配有通流能力为 100% 容量的高压旁路系统，既能在保证汽轮机寿命的前提下缩短起动时间，又能在汽轮机快速降负荷时取代过热器溢流阀的作用。

旁路系统的设计通常有两种准则：兼带安全功能和不兼带安全功能。兼带安全功能的旁路系统是指高压旁路的容量为 100%BMCR（锅炉最大连续蒸发量），并兼带锅炉过热器出口的弹簧式溢流阀和动力释放阀（PCV）的功能，即三用阀。因低压旁路的容量受凝汽器限制仅可为 65% 左右，所以在再热器出口还必须装有附加释放功能的和有监控功能的溢流阀。国内一些电厂采用 SULZER 的兼带安全功能的旁路系统。当机组出现故障需紧急停炉时，旁路系统快速打开，将剩余蒸汽排出，防止锅炉超压。锅炉溢流阀也因旁路系统的设置减少起跳次数，有助于保证溢流阀的严密性和延长其寿命。

6）设备和管道停运后会有一些杂质及颗粒物产生，当机组起动时，这些杂质及颗粒物随蒸汽带入汽轮机。采用旁路系统后，起动初期蒸汽可通过旁路绕过汽轮机进入凝汽器，防止固体颗粒对汽轮机调速汽门、进汽口、喷嘴及叶片的硬粒侵蚀。

4.3.2 旁路参数与容量的选择

1. 旁路系统参数的选择

旁路系统参数的选择包括高压旁路阀前、高压旁路阀后、低压旁路阀前和低压旁路阀后参数的选择。

（1）高压旁路阀前参数的选择 高压旁路阀前参数应选择汽轮机额定工况下高压缸进汽参数。

（2）高压旁路阀后参数的选择 高压旁路阀后参数应与高压缸额定排汽参数一致。

（3）低压旁路阀前参数的选择 低压旁路阀前压力参数的选择应与高压旁路阀后的压

力参数相适应，即取高压旁路阀后压力扣除再热器及再热管系的压降。

2. 旁路系统容量

旁路系统容量 α_{by} 是指额定参数下旁路阀通过的蒸汽流量 D_{by} 占锅炉最大蒸发量 $D_{b,max}$ 的百分数，即

$$\alpha_{by} = \frac{D_{by}}{D_{b,max}} \times 100\% \tag{4-1}$$

减温水量通常由减温减压装置的热量平衡和质量平衡求出，其中忽略散热损失。

减温减压装置的物质平衡：

$$D_{by} + D_{de} = D_{mix} \tag{4-2}$$

减温减压装置的热量平衡：

$$D_{by}h_{by} + D_{de}h_{de} = D_{mix}h_{mix} \tag{4-3}$$

式中，D_{by}、h_{by} 为减温减压装置入口蒸汽的流量（t/h）和比焓（kJ/kg）；D_{de}、h_{de} 为减温减压装置入口减温水的流量（t/h）和比焓（kJ/kg）；D_{mix}、h_{mix} 为减温减压装置出口蒸汽的流量（t/h）和比焓（kJ/kg）。

这样，已知 D_{by}、D_{de}、D_{mix} 任何一个，可以求出另外两个参量。

当已知旁路系统容量 D_{by} 的条件下，可以将式（4-2）代入式（4-3），得到减温水流量为

$$D_{de} = D_{by}\frac{h_{by} - h_{mix}}{h_{mix} - h_{de}} \tag{4-4}$$

3. 旁路系统容量的选择要求

旁路系统的容量应能满足机炉允许运行方式的要求，不同的机炉允许运行方式对旁路容量的要求是不同的。旁路系统的通流能力并非越大越好，中间再热机组汽轮机旁路系统的设置及其形式、容量和控制水平，应根据汽轮机和锅炉的形式、结构、性能及电网对机组运行方式的要求，并结合机炉起动参数匹配后确定。

（1）考虑机组的任务　不同机组旁路容量差别较大，这是因为设计旁路系统时还需考虑机组的运行工况，是承担基本负荷机组，还是调峰机组。前者由于起动次数少，且多为冷态或温态起动，冲转蒸汽参数较低，锅炉蒸发量较小，所以旁路容量不需太大。而后者起动较频繁，热态起动居多，冲转参数高，锅炉蒸发量要求较大，旁路容量随之加大。在选择低压旁路时，应考虑对再热器流动状态的干扰尽可能小，并保持凝汽器工况稳定。当汽轮机甩负荷时，如不希望再热器溢流阀动作，则低压旁路的容量应为100%BMCR，若再热器溢流阀允许瞬间开启，则低压旁路的容量可取为60%~70%BMCR。

（2）起动要求　汽轮机在冷态、热态或温态起动时，汽缸金属温度分别在不同的温度水平上，为了满足汽轮机不同状态的起动要求，使蒸汽参数与汽缸金属温度匹配，避免过大的热应力，要求旁路系统满足一定的通流量，来提高主、再热蒸汽温度和压力。尤其是在热态起动时，汽缸金属温度很高，为提高蒸汽参数必须有很大的旁路容量。对于采用中压缸起动方式的机组，为保证负荷切换时稳定过渡，高压旁路容量还应选得大一些。因此，为满足机组起动要求，旁路系统容量应在50%BMCR以上。

（3）锅炉最低稳定负荷的要求　对于停机不停炉的运行工况，旁路应能排放锅炉最低稳定负荷的蒸汽量。在自然循环锅炉中，负荷降低，水冷壁中工质流量减小，其最低负荷

受到水循环被破坏的限制；对于工质一次上升的直流炉，为了保证锅炉蒸发受热面、过热器和再热器受热面必要的冷却，锅炉最低负荷对旁路也有一定的要求。目前为满足锅炉最低负荷要求，旁路系统容量按 30%BMCR 左右考虑。例如，对于某 1000MW 超超临界锅炉，最低稳燃负荷为 30%BMCR。因此，旁路容量应以不投油助燃尚能保证锅炉稳定燃烧的最低出力为依据。考虑到燃料发热量降至最低，再加 5%BMCR 余量，故需选 35%BMCR 容量。

（4）甩负荷的要求 汽轮机甩负荷以后，可以选择不同的运行方式，如停机即停炉、停机不停炉、带厂用电运行或汽轮机维持空转等。若要求锅炉过热器溢流阀不动作，则旁路系统的容量应足够大，通常设置为 100%BMCR 的高压旁路，若允许锅炉过热器溢流阀瞬时动作，则旁路容量主要按锅炉最低稳燃负荷考虑，可选 30%～50%BMCR。

旁路系统是锅炉与汽轮机间的重要枢纽，对于 1000MW 级别超超临界机组，配置旁路系统时，除了需要综合考虑机组的安全性、经济性、可靠性和起停及运行的灵活性外，还要重点关注固体颗粒侵蚀的问题。100%BMCR 高压旁路+（50%～70%）BMCR 低压旁路系统是 1000MW 级别机组设计中优先考虑的配置方案。考虑机组热态起动等因素，旁路系统容量的最小配置不宜低于 40%BMCR。

4.3.3　旁路系统举例

某 1000MW 机组设有两级串联的高、低压旁路系统（图 4-3）。该旁路系统由高低压旁路控制装置、高低压控制阀门、液压执行机构及其供油装置等组成。该旁路系统具有 40%BMCR 高压旁路容量和 40%BMCR+高旁喷水量的低压旁路容量。主蒸汽管与汽轮机高压缸排汽逆止阀后的冷段再热蒸汽管之间连接高压旁路，使蒸汽直接进入再热器，每套单元机组配一套高压旁路，减温水来自给水泵出口；再热器出口管路上连接低压旁路管道使蒸汽直接进入凝汽器，每套单元机组配两套低压旁路，减温水来自凝结水精处理装置出口的凝结水系统。在机组起停、运行和异常情况期间，旁路系统起到控制、监视蒸汽压力和锅炉超压保护的作用。如果遇到快速减负荷的情况，在调节阀快速关小而出现主汽压力骤然升高时，由于旁路系统实行全程跟踪，会立即开启进行溢流泄压，以使调节阀不承担过大的压降。系统中设置了预热管道，保证高、低压旁路蒸汽管道在机组运行期间始终处于热备用状态。

4.4　机组回热全面性热力系统

机组回热系统是热力发电厂热力系统中的主要组成部分之一。回热系统涉及加热器的抽汽、疏水、抽空气系统、主凝结水、给水除氧和主给水等诸多系统，如果没有足够的可靠性、安全性和灵活性，热力发电厂难以发挥应有的效益。例如 300MW 亚临界压力一次中间再热机组的高压加热器事故切除后，将使发电标准煤耗率增加 14g/(kW·h)，热耗增加 4.6%。机组回热系统的性能极大地影响热力发电厂的热经济性和汽轮机、给水泵、锅炉的安全可靠运行。如果发生高压加热器事故，可能造成汽轮机进水、锅炉过热蒸汽超温、出力降低。

因此有必要弄清机组回热全面性热力系统，以保证机组安全、可靠、高效运行。

4.4.1 机组回热全面性热力系统的要求

机组的回热全面性热力系统是回热设备实际运行的热力系统，是回热原则性热力系统的补充与扩展。它是在回热原则性热力系统基础上考虑了所有运行工况（包括非正常工况如起、停、事故及低负荷等）下工质的流程、设备间的切换、运行的可靠性、安全性和灵活性以及总体投资的经济性。

1. 回热系统正常运行工况要求

（1）满足原则性回热系统的运行流程　回热原则性热力系统，是经过复杂的技术经济比较后确定的，这要综合考虑热经济性、系统繁简程度、投资和运行可靠性及国情等多种因素。机组回热全面性热力系统必须在满足原则性热力系统的基础上扩展。图4-5是机组回热全面性热力系统示意图。

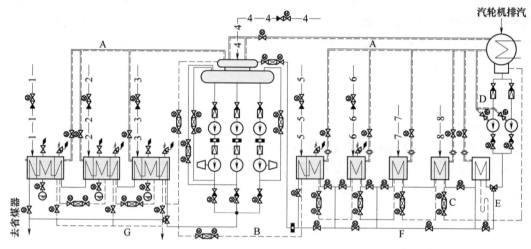

图 4-5　回热全面性热力系统示意图

（2）加热器抽空气系统的设置　回热全面性热力系统应设置低压加热器抽空气系统和高压加热器的排气系统，用以排除蒸汽凝结过程中的不凝结气体，保证设计的加热器传热系数值，如图4-5中A所示的虚实线部分。通常低压加热器抽空气系统与凝汽器的真空维持系统相连接，为减少抽空气过程中携带蒸汽造成的热损失和降低抽气器负担，在抽气管路上设置有节流孔板，用以阻止蒸汽大量流入下一级或凝汽器。高压加热器汽侧抽空气管路与除氧器相连接。凝结水泵与疏水泵入口处也应设置抽空气管路，分别引至凝汽器和相应加热器的抽空气管路，不断抽出漏入泵内的空气以维持泵的正常运行。600MW机组低加疏水与放气系统如图4-6所示。

（3）维持表面式加热器汽侧具有一定的疏水水位的要求　为保证机组热经济性和防止汽轮机进水，回热系统要求表面式加热器疏水阀正常工作和保证加热器正常水位。为了维持表面式加热器汽侧具有正常的疏水水位，避免水位过低使疏水带汽或水位过高淹没加热管束，造成过大热损失，同时为了自动调节回热抽汽量，疏水管路上装设了疏水调节装置。疏水调节装置有疏水调节阀（图4-5中的C）、浮子式疏水器（只能用于低压加热器）、U形管（用于真空下工作的加热器）等。常用的疏水调节装置有如下几个类型：

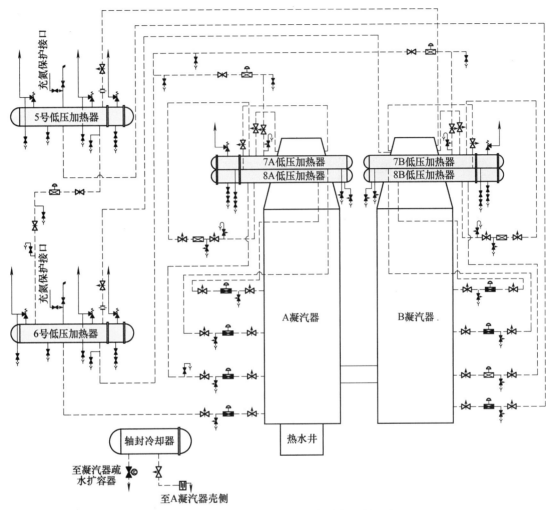

图 4-6　600MW 机组低加疏水与放气系统示意

1）水封管。利用 U 形管中水柱高度来平衡加热器间压差（图 4-5 中的 E），实现自动排水并在壳侧内维持一定水位。U 形管也可做成多级。水封管特点是：无转动机械部分，结构简单，维护方便，但占地大，需要挖深坑放置。多用于低压加热器。

2）浮子式疏水器。浮子式疏水器由浮子、滑阀及其相连接的一套传动连杆机构组成，如图 4-7 所示。浮子随加热器壳侧水位上下浮动，通过传动连杆启闭疏水阀，实现水位调节。结构简单，但不便于实现水位的人为调整和远距离控制。多用于压力稍高的低压加热器或小机组的高压加热器。

3）疏水调节阀。大机组的高压加热器多采用疏水调节阀，它的动作由一套水位控制操作系统来操纵，常

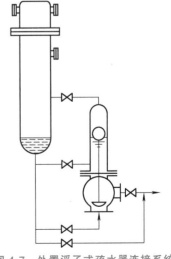

图 4-7　外置浮子式疏水器连接系统

用的有电动、气动控制系统。由电动操作系统控制的疏水调节阀及其控制系统如图 4-8 所示。疏水调节阀的启闭是通过摇杆 8、绕心轴 7 的转动来实现的。图 4-8b 的动作原理是：壳侧的控制水位计接受水位变化信号，经差压变送器、比例积分单元、操作单元，最后由电动执行机构操纵疏水调节阀的摇杆，再通过杠杆带动阀杆，驱动滑阀。

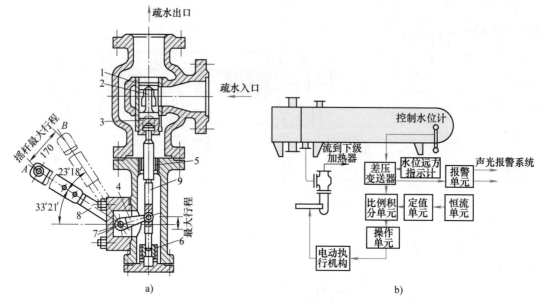

图 4-8　疏水调节阀及其控制系统

a）疏水调节阀　b）控制系统

1—滑阀套　2—滑阀　3—钢球　4—杠杆　5—上轴套　6—下轴套　7—心轴　8—摇杆　9—阀杆

4）汽液两相流疏水控制器。汽液两相流疏水控制器是基于流体力学理论和控制原理，利用汽液两相流的流动特性设计的一种全新概念的液位控制器，属自动智能调节，只需消耗少量的汽（为排水量的 1%～2%）作为执行机构的驱动源。该液位控制器由调节器和管路阀门两部分组成。其调节原理如图 4-9 所示。当加热器的水位升高时，容器内的水位随之上升，导致发送的调节汽量减少，因而流过调节器中两相流的汽量减少、水量增加，加热器的水位随之下降；反之亦然。由此实现了加热器水位的自动控制。

该疏水器构思新颖、工作原理先进、自调节能力强、液位控制稳定；无机械运动部件、无电气元件，部件少、体积小，结构和系统简单、容易安装、性能安全可靠。现已广泛用于电力行业的高、低压加热器、连续排污扩容器、生水加热器、热网加热器等压力容器的水位智能调节控制。

2. 回热系统事故工况要求

机组长期运行中，设备及系统出现故障是不可避免的，为保证事故不再进一步扩大和较小地影响机组运行，回热全面性热力系统中必须设置事故工况时应急系统与设备。其主要包括泵的备用、加热器水侧旁路、各种类型阀门的正确设置、加热器抽空气和低压加热器疏水备用管路的设置。

（1）泵的备用　为保证加热器发生事故时向除氧器和锅炉供水的绝对可靠，凝结水泵和给水泵必须设置备用泵。如图 4-5 中所示，有三台半容量给水泵，两台运行，一台备用

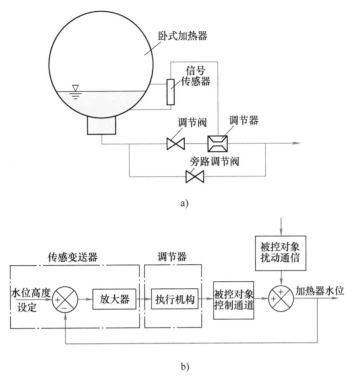

a)

b)

图 4-9 汽液两相流自动调节水位器

a）控制系统示意图 b）控制框图

（对于大容量机组给水泵的配置，一般为两台 50% 容量的汽动给水泵作为经常运行，一台 25%～50% 容量的电动给水泵作为起动及备用）；有两台全容量的凝结水泵，并互为备用。凝结水泵、给水泵、疏水泵都是输送饱和水的泵，容易汽蚀，设置备用泵显得更加必要。疏水泵一般不设备用，而设疏水起动和备用管路。

（2）加热器的水侧旁路　为保证加热器发生事故时不中断向锅炉供水，以及能随时切除加热器进行维修，表面式加热器都设有水侧旁路及相应的出入口阀和旁路阀（图 4-5 中的 F）。为减少投资，高压加热器一般为大旁路（图 4-5 中的 G），低压加热器每一个或每两个或每三个一组设旁路，根据实际情况可以互换（图 4-5 中的 F）。高压加热器水侧为给水泵出口的高压水，若高压加热器管束破裂或管板泄漏，将出现高压水反冲入汽轮机的危险，因此大、中型机组高压加热器的旁路阀必须是自动的。快速切断的高压加热器自动旁路阀有液动和电动两种。

图 4-10 所示为国产高压加热器水压液动自动旁路装置示意。该旁路是采用三台加热器，该装置在水侧进口和出口装有靠液压操纵活塞而动作的入口联成阀和出口止回阀。入口联成阀是外置活塞机构，控制水来自凝结水（0.78～0.98MPa）；电磁阀为快速启闭阀。若高压加热器出现故障，水位上升至发出信号使电磁阀动作，联成阀上部活塞在水压作用下自动关闭入口联成阀，隔断了给水进入加热器的通路，同时出口止回阀因下部失去水压而落下关闭，给水由旁通管至加热器出口，完成旁路，整个动作时间为 25s。此时给水温度为除氧器出口水温度。

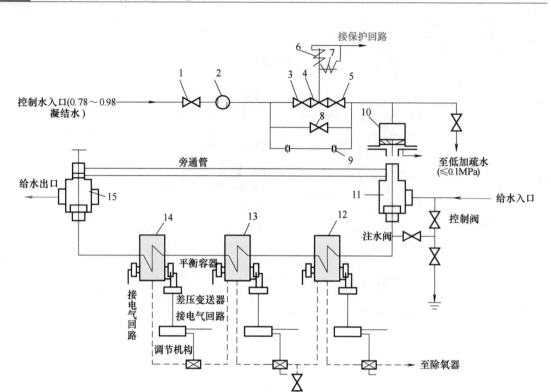

图 4-10　高压加热器水压液动自动旁路装置示意

1、3、5—截止阀　2—过滤阀　4—快速启闭阀　6—开阀电磁铁　7—闭阀电磁铁
8—启闭阀旁通阀　9—节流孔板　10—活塞缸　11—高压加热器入口联成阀
12、13、14—3、2、1 号高压加热器　15—高压加热器出口止回阀

　　该装置在水侧进、出口管路上还装有电动闸阀和旁路电动闸阀，其目的是将整个高压加热器组解列，以便对其进行检修。另外为保护高压加热器的安全，水侧、汽侧均装有溢流阀，筒体还设有排气系统（起动和正常运行时排气），该系统能排除蒸汽停滞区内的不凝结气体，改善传热环境，减少加热器的腐蚀。

　　高压加热器水侧旁路采用电动控制保护示意如图 4-11 所示。图中入口阀、出口阀及旁通阀均为电动的，它们同时受 3 台高压加热器的 3 个继电器控制。每台高压加热器都装有 1 个带电接点的水位信号器，它可发出两个信号，一是在正常范围内调节，保持加热器水位；二是在加热器发生水管破裂或泄漏等故障时，水位升至极限位置，继电器动作发出电信号，加热器的进出口阀门关闭，旁通阀打开，给水由旁通管道直供锅炉，同时信号灯发出闪光信号，表示电动旁通装置已动作。该旁路属于大旁路，系统较简单，操作方便，投资也少，有些 600MW 机组的高压加热器水侧旁路即是如此。也有大机组的高压加热器组水侧旁路采用小旁路的，如某电厂 300MW 机组的 3 台高压加热器都有自己的旁路，该系统运行灵活，事故影响面小。针对具体的机组究竟采用大旁路、小旁路或大小兼顾要通过技术经济比较来确定。

　　（3）阀门正确合理设置

　　1）逆止阀。逆止阀是阻止汽、水倒流，保护热力设备的阀门。抽汽管上应设置快速动

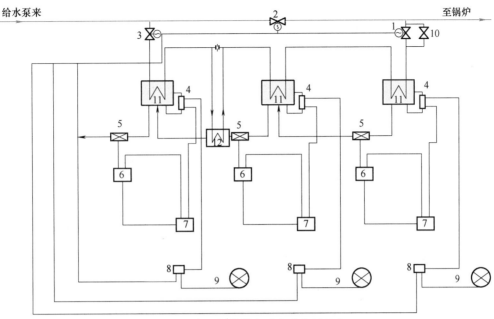

图 4-11　高压加热器电动旁路装置示意

1—电动出口阀　2—电动旁通阀　3—电动入口阀　4—水位信号器　5—回转调节器　6—执行机构
7—调节器　8—继电器　9—信号灯　10—起动注水器　11—高压加热器　12—疏水冷却器

作的液动或气动逆止阀，以防止水、汽由加热器倒流入汽轮机。水、汽倒流入汽轮机一般发生在加热器管束破裂、管子与管板或集箱连接处泄漏、疏水调节阀运行不正常（如卡涩）造成水位过高以及汽轮机负荷突降或甩负荷等情况下。最后二级低压加热器（图 4-5 中 7 号、8 号低压加热器）抽汽管上，一般不设逆止阀，因该二级加热器处于真空下运行，汽水倒流的危害性较小，且安装在凝汽器喉部、阀门尺寸大，不易制造、安装。

凝结水泵、给水泵出口均设有逆止阀，以防止事故时或运行泵故障时水泵出水压力波动太大。

2）切断阀。在加热器发生事故时，为防止事故扩大和对设备能进行及时检修，在加热器进汽口、进出水口和旁路管上，给水泵、凝结水泵和疏水泵出入口处，以及有关的空气、疏水管上都应设置切断阀门。某些机组，如国产 200MW 机组的高压加热器，虽有自动旁路，但为保证在机组运行中检修高压加热器时人员的安全，还需设有电动旁路。

3）溢流阀。为在超压时保护设备，除氧器、给水箱和高压加热器汽侧都设有溢流阀。

（4）加热器抽空气和低压加热器疏水备用管路的设置　表面式加热器抽空气管路除正常运行时的逐级自流外，还有并联的备用管路直接进入凝汽器，供本级加热器发生事故时使用。

低压加热器发生事故时，相邻上级来的疏水亦可经由与上述空气管路相类似的备用管路，直接疏至凝汽器或经汽轮机本体疏水扩容器到凝汽器。疏水泵事故或低负荷下不能运行时，也由备用管路转为逐级自流或直接引至凝汽器。

3. 机组低负荷工况要求

随着社会和经济的发展，大容量机组参与调峰已越来越普遍。机组参与调峰过程中，出现低负荷运行的情况将很普遍，机组回热全面性热力系统必须满足低负荷工况的要求。主要包括给水泵和凝结水泵的再循环管路设置、除氧器低负荷汽源切换、高压加热器至低压加热器的备用疏水管路。

（1）给水泵和凝结水泵的再循环设置 低负荷时为保证有足够水量带走泵运行中产生的热量，使泵内水的温升不致导致汽蚀，给水泵和凝结水泵均设有再循环管。

给水再循环由水泵出口逆止阀处接出，排至给水箱汽空间，再循环管上有减压的串联节流孔板组，以保护给水箱免受水冲击。

主凝结水再循环至凝汽器，为兼顾抽气器冷却器（若为射汽抽气器时）和轴封冷却器在低负荷时冷却的需要，故凝结水再循环不直接从凝结水泵出口处引出，而是在抽气冷却器与轴封冷却器后引出。

在起动和低负荷时，疏水泵不投入运行，采用逐级自流方式运行，因此疏水泵不设再循环，而采用备用管路。

（2）除氧器低负荷汽源的切换

1）原因。定压运行除氧器为维持定压，在低负荷时应切换高一级抽汽；滑压运行除氧器为保证自动排气，低负荷时需改变运行方式为定压运行，需要切换汽源。

2）设置。对单元制机组，连接高压缸排汽、起动锅炉、临机来汽或老厂来汽，通过辅助蒸汽集箱（厂用蒸汽汽源）供机组或设备起动或低负荷用汽。对母管制机组，利用母管上运行的其他机组抽汽。

（3）高压加热器至低压加热器的备用疏水管路 由于除氧器必须高位布置及低负荷时进行汽源切换，在低负荷时，与定压运行除氧器相邻的高压加热器和除氧器使用同一级抽汽汽源，没有压力差，甚至除氧器切换到高压缸排汽，此时负值压力差，高压加热器疏水无法自流进入除氧器。为此设置了至相邻低压加热器的备用疏水管路及相应的阀门，以保证低负荷时高压加热器正常疏水之用（图4-5中的B）。

4. 机组起动与停运的要求

1）在回热系统中，为满足回热系统投入和停运的需要，应设置一些必要的管路及阀门。如：①加热器和泵的汽、水出入口的切断阀门；②抽汽管上设置疏水的管路及阀门，以及时排除加热器在投入和停运过程中或抽汽切换时积存于管内的凝结水流至汽轮机本体疏水扩容器，以免汽轮机进水；③低压加热器设置检查放水管及阀门，以保证合格水进入除氧器；④高压加热器起动排空气阀。高压加热器一般在机组带到一定负荷后才投入，其汽侧一般不设运行抽空气管，为排除起动前积存于汽侧和加热器间连接水管内的空气，设置了起动排空气阀直接排入大气；⑤加热器检查管及阀门（放水管）。加热器投入前，（尤其高压加热器）应检查水侧是否泄漏，为此在汽侧或疏水管上设有通地沟的检查管道及阀门，它们还兼作加热器停运后的放水之用。

2）机组起动过程中保证合格的除氧水进入省煤器的相应系统及管路。机组起动前，锅炉上水要符合一定水温和含氧量指标。为满足这一要求，必须设置除氧器起动时的循环加热系统。

对于不设置全厂疏放水回收系统的单元机组，可利用前置泵和再循环管道系统来完成加热，即水重复经过除氧器水箱放水管→前置泵→再循环管→除氧器，完成加热除氧的要求，如图 4-12a 中粗实线部分。

对于有全厂疏放水的系统，可利用全厂疏放水回收系统来完成加热，即水重复经过除氧器水箱放水管→疏水箱→疏水泵→除氧器，完成加热除氧，如图 4-12b 所示。

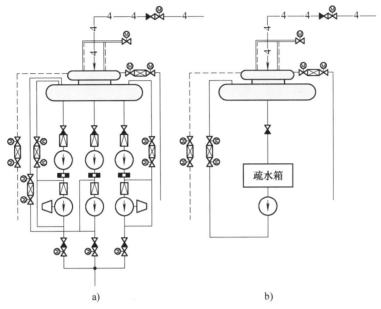

图 4-12 机组起动时除氧器循环加热系统示意

3）机组起动加热汽源设置。锅炉投运而汽轮机未投运前以及锅炉清洗时，应供给锅炉以合格的水，则水必须经过加热除氧。应具备用汽源代替机组运行时的汽轮机抽汽。

对新建电厂应设置起动锅炉，其产生的蒸汽用作备用起动加热气源。对于扩建电厂可采用老厂来汽或利用母管制机组的母管上运行的其他机组抽汽。

4.4.2 机组回热全面性热力系统的组成

机组回热全面性热力系统主要由回热抽汽系统、给水系统、除氧系统、凝结水系统、加热器疏水与抽空气系统（高压加热器与低压加热器疏水与放气系统）、轴封汽系统、小汽轮机蒸汽及疏水系统、辅助蒸汽系统（包括起动循环加热系统）组成。

某电厂 600MW 机组回热全面性热力系统如图 4-13 所示，共 8 级回热，其中，3 级高压加热器，1 级除氧器，4 级低压加热器；全部采用逐级自流的疏水回收方式，3 级高压加热器的疏水逐级自流进入除氧器，5 号低压加热器、6 号低压加热器的疏水逐级自流进入凝汽器，7、8 号低压加热器为连体加热器，与凝汽器合在一起；为了防止回热蒸汽倒排入汽轮机，1~6 级的抽汽管道上均安装了止回阀和隔离阀；3 级高压加热器采用了给水大旁路；5 号、6 号低压加热器各自采用了凝结水旁路，7 号和 8 号低压加热器公用一套凝结水旁路；每级回热加热器均配有抽空气管道，以便运行时随时抽走加热器中产生的空气，高压加热器中的空气经过除氧器进入凝汽器，低压加热器直接进入凝汽器；3 号高压加热器疏水，正常工况流入除氧器，低负荷期间并且除氧器进入定压运行方式时，流入 5 号低压加热器。

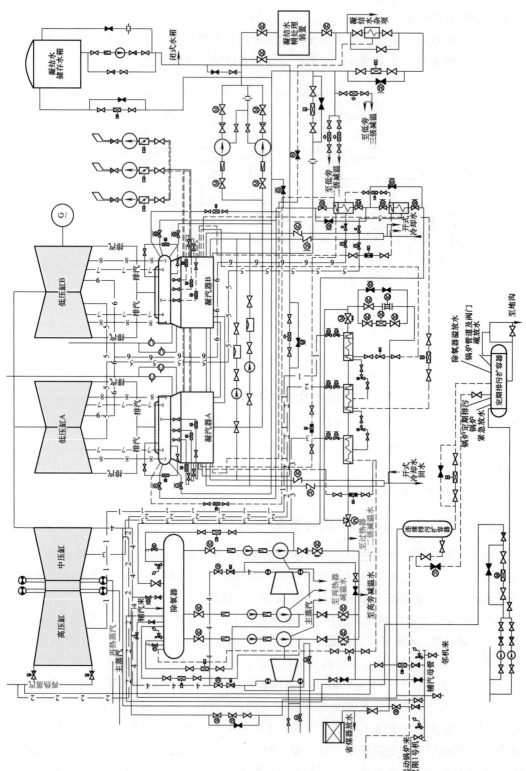

图 4-13 某电厂 600MW 机组回热全面性热力系统

4.4.3 除氧给水系统

4.4.3.1 除氧给水系统的作用及组成

除氧给水系统是从除氧器到锅炉省煤器进口之间的管道、阀门和附件的总称。除氧给水系统作用是将主凝结水进行除氧，暂存在除氧器给水箱中，通过给水泵提高压力，经过高压加热器进一步加热后，输送到锅炉省煤器入口，作为锅炉给水。此外，除氧给水系统还向锅炉再热器、过热器的一、二级减温器以及汽轮机高压旁路系统的减温器提供减温水，用以调节上述设备出口的温度。

对于大容量机组来说，除氧给水系统包括除氧系统和给水系统，主要由除氧器、给水下降管、给水泵、高压加热器以及管道、阀门等附件组成。

为了保证发电厂的连续运行，在发电厂的任何运行方式下和发生任何故障的情况下，都应保证锅炉给水的供应，锅炉一旦缺水不仅对电厂的正常运行产生严重的破坏，而且对锅炉本身也造成严重的破坏。因此，除氧给水系统设计的一个基本条件，就是要保证在任何情况下，锅炉本身不断水。

4.4.3.2 除氧给水系统的设计

1. 除氧系统的设计

中间再热机组的除氧器，应采用滑压运行方式。除氧器的总容量，应根据最大给水消耗量选择，每台机组宜配一台除氧器。

中间再热凝汽式机组宜采用一级高压除氧器。高压和中间再热供热式机组，在保证给水含氧量合格的条件下，可采用一级高压除氧器。否则，补给水应采用凝汽器鼓泡除氧装置或另设低压除氧器。

给水箱的储水量是指给水箱正常水位至水箱出水管顶部水位之间的储水量，宜按下列要求确定：对于 200MW 及以下机组，储水量不少于 10min 的锅炉最大连续蒸发量时的给水消耗量；300MW 及以上机组，储水量不少于 5min 的锅炉最大连续蒸发量时的给水消耗量。

除氧器的起动汽源应来自起动锅炉或厂用辅助蒸汽系统。除氧器的备用汽源应取自正常运行抽汽的高一级乃至二级回热抽汽以供汽轮机低负荷工况时使用。同时应考虑采用防止除氧器过压爆炸的措施。

单元制系统除氧器给水箱起动时的加热可以用给水起动循环泵或再沸腾管。当用再沸腾管时，所用的蒸汽应经过调压，并应采取措施防止在运行中可能产生的水击和振动。

2. 给水系统类型的选择

给水系统类型的选择与机组的类型、容量和主蒸汽系统的类型有关。主要有单母管制系统、切换母管制系统和单元制系统三种。

（1）单母管制系统　单母管制系统如图 4-14 所示，它设有三根单母管，即给水泵入口侧的低压吸水母管、给水泵出口侧的压力母管和锅炉给水母管。同时，为了防止锅炉起动及低负荷运行阶段给水泵产生汽蚀，还设有给水再循环母管。

图 4-14 中还表示了高压加热器的大旁路和最简单的锅炉给水操作台。

单母管给水系统的特点是安全可靠性高，具有一定灵活性，但系统复杂、耗钢材、阀门较多、投资大。

（2）切换母管制系统　图 4-15 所示为切换母管制系统，低压吸水母管采用单母管分段，压力母管和锅炉给水母管均采用切换母管。

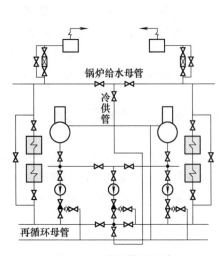

图 4-14　单母管制系统

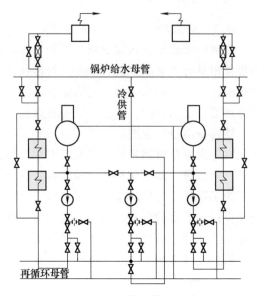

图 4-15　切换母管制系统

当汽轮机、锅炉和给水泵的容量相匹配时，可进行单元运行，必要时可通过切换阀门交叉运行，因此其特点是有足够的可靠性和运行的灵活性。同时，因有母管和切换阀门，投资大，钢材、阀门耗量也相当大。

（3）单元制系统　图 4-16 所示为单元制系统。当主蒸汽管道采用单元制系统时，给水系统也必须采用单元制系统。这种系统的优点是系统简单，管路短、阀门少、投资省，便于机炉集中控制和管理维护。

若两台机组的给水系统组成一个单元，则称为扩大单元制给水系统，它无锅炉给水母管，低压吸水母管作为单母管，压力母管作为切换母管。

GB 50049—2011《小型火力发电厂设计规范》及GB 50660—2011《大中型火力发电厂设计规范》中规定：对装有高压供热式机组的发电厂，应采用母管制系统；对装有中间再热凝汽式机组或中间再热供热式机组的发电厂，应采用单元制系统。

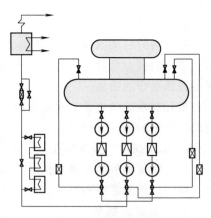

图 4-16　单元制系统

3. 给水泵总容量的选择

在每一个给水系统中，给水泵出口的总容量（即最大给水消耗量，不包括备用给水泵），均应保证供给其所连接的系统的全部锅炉在最大连续蒸发量时所需的给水量，并留有一定的裕量，即对于锅筒炉和直流炉，给水泵总容量应分别为锅炉最大连续蒸发量的 110% 和 105%。

对中间再热机组，给水泵入口的总流量，还应加上供再热蒸汽调温用的从泵的中间级抽出的流量，以及漏出和注入给水泵轴封的流量差。前置给水泵出口的总流量，应为给水泵入口的总流量及从前置泵与给水泵之间的抽出流量之和。

对于母管制给水系统，当其最大一台给水泵停用时，其他给水泵应能满足整个系统的给水需要量。

4. 给水泵扬程的确定

给水泵扬程应按下列各项之和计算：

1）从除氧器给水箱出口到省煤器进口介质流动总阻力（按锅炉最大连续蒸发量时的给水量计算），对于锅筒炉应另加20%裕量，对于直流炉应另加10%裕量。

2）若制造厂提供的锅炉本体总阻力已包括静压差，则应为省煤器进口与除氧器给水箱正常水位间的水柱静压差。对于制造厂提供的锅炉本体总阻力不包括静压差的情况，则对于锅筒锅炉，则为锅炉正常水位与除氧器给水箱正常水位间的水柱静压差；对于直流锅炉，则为锅炉水冷壁炉水汽化始终点标高的平均值与除氧器给水箱正常水位的水柱静压差。

3）锅炉达到最大连续蒸发量时的省煤器入口给水压力。

4）除氧器额定工作压力（取负值）。

在有前置泵时，前置泵与给水泵扬程之和应大于上列各项之总和。至于前置泵的扬程，除应考虑前置泵出口至给水泵入口间的介质流动总阻力和静压差之外，还应满足汽轮机甩负荷瞬态工况时为保证给水泵入口不汽化所需的压头要求。

5. 给水泵的配置

国家标准 GB 50049—2011《小型火力发电厂设计规范》及 GB 50660—2011《大中型火力发电厂设计规范》中规定：对125MW、200MW 机组，宜配置两台容量各为最大给水量100%或三台容量各为最大给水量50%的调速电动给水泵。对200MW 机组，经技术经济比较论证，认为合理时，也可采用汽动给水泵。

对300MW 机组的运行给水泵，宜配置一台容量为最大给水量100%或两台容量各为最大给水量50%的汽动给水泵。当运行给水泵为一台100%容量的汽动给水泵时，宜设置一台容量为最大给水量50%的调速电动给水泵作为起动和备用给水泵；当运行给水泵为两台50%容量的汽动给水泵时，宜设置一台容量为最大给水量25%~35%的调速电动给水泵作为起动与备用给水泵，也可以采用定速电动给水泵并加设大压差节流阀。

对300MW 及以上容量机组，当汽轮机本体回热系统及发电机裕量适合于采用电动给水泵作为运行给水泵或采用空冷系统的机组或抽汽供热机组时，经技术经济比较后认为合理时，可设置三台容量各为最大给水量50%的调速电动给水泵。

对600MW 及以上机组的运行给水泵，宜配置两台容量各为最大给水量50%的汽动给水泵。宜设置一台容量为最大给水量25%~35%的调速电动给水泵作为起动和备用给水泵。

6. 前置泵与主给水泵的连接

前置泵与主给水泵的连接方式主要有两种，即前置泵与主给水泵同轴串联连接方式和不同轴连接方式。

1）当为电动调速泵时，多采用前置泵与主给水泵同轴串联连接方式。通常是低速电动机直接与前置泵连接，电动机经液力耦合器带动主给水泵，通过液力耦合器传递转矩与改变转速使主给水泵改变流量与出口压力。目前国内125MW 与 200MW 机组均采用这种连接方式，如图4-17 所示。此外，有些1000MW 机组采用汽动前置给水泵，也采用通过变速装置与汽动给水泵同轴的连接方式。

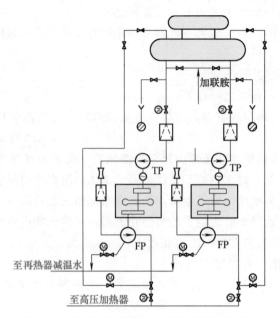

图 4-17　前置泵与主给水泵同轴串联电动调速

2）当给水泵由小汽轮机驱动时，其前置泵多采用单独的电动机驱动，即不同轴的串联连接方式，300MW、600MW 机组多采用这种连接方式。如图 4-18 所示。

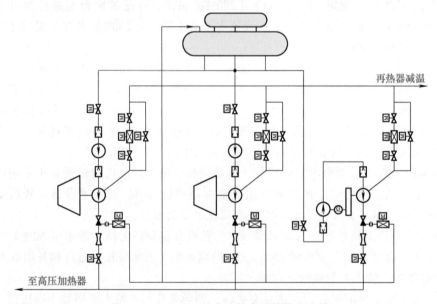

图 4-18　300MW 给水系统全面性热力系统

配置汽动给水泵的机组，通常汽动给水泵为经常运行泵，电动调速泵为备用泵。

7. 给水流量调节

GB 50049—2011《小型火力发电厂设计规范》及 GB 50660—2011《大中型火力发电厂设计规范》规定：当采用定速给水泵时，给水调节系统的路数、容量，应根据锅炉要求的调节范围、进水路数及调节阀的性能研究确定。当采用调速给水泵时，给水主管路应不设调节阀，起动支管应根据调速给水泵的调节特性设置调节阀。

图 4-19 所示为简化了的锅炉给水操作台，它位于高压加热器出口至锅炉省煤器之前的给水管路上，通常由 2~4 根不同直径并联支管组成。各支管上装有远程操作的给水调节阀与电动隔离阀，以便在低负荷或起动工况下调节给水流量。

由图 4-19 可以看出，与定速给水泵配多管路给水操作台相比，变速给水泵具有节能优势，尤其是低负荷时更节电，安全可靠，起动、滑压运行和调峰的适应性更是定速给水泵不可比的，所以我国 125MW 以上的再热式机组均采用变速给水泵。

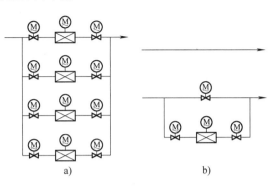

图 4-19 锅炉给水操作台系统
a）采用定速给水泵 b）采用变速给水泵

8. 给水泵的驱动方式

过去由于给水泵单位容量较小，所以小汽轮机驱动方案往往因其效率低而被舍弃。但随着给水泵单位容量的增大，使小汽轮机驱动的效率几乎与主机相等，故使用小汽轮机驱动已成为最佳方案。为了确定单元机组是采用小汽轮机驱动、还是采用电动机加液力耦合器驱动，可将这两种驱动方案化为可比的等同条件进行经济性比较。如图 4-20 所示。

比较的原则之一是，两种驱动方式下的主汽轮机初参数、再热蒸汽参数及终参数相同，且主汽轮机主蒸汽流量相同，则给水泵本身消耗的轴功率 P_p 也相等。并且设在不考虑给水泵耗功的条件下，主汽轮机产生的总电功率为 P_e。

当用汽动泵时，给水泵本身消耗功率由小汽轮机提供，即

$$P_p = \frac{D_{ex} h_a \eta_{ip} \eta_{mp}}{3600} \tag{4-5}$$

式中，D_{ex} 为汽动泵的进汽量，即主机供给的抽汽量（kg/h）；h_a 为小汽轮机内蒸汽的理想焓降（kJ/kg）；η_{ip} 为小汽轮机的相对内效率；η_{mp} 为小汽轮机的机械效率。

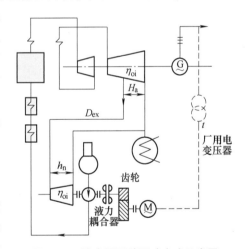

图 4-20 给水泵两种驱动方式示意图

由于存在小汽轮机的抽汽，则在同样的主蒸汽流量下，汽轮发电机组实际输出的净电功率为

$$P_{es} = P_e - \Delta P_1 \tag{4-6}$$

$$\Delta P_1 = \frac{D_{ex} H_a \eta_i \eta_m \eta_g}{3600} \tag{4-7}$$

式中，P_{es} 为采用汽动泵后汽轮机实际输出的净电功率（kW）；ΔP_1 为由于小汽轮机抽汽主汽轮机少产生的电功率（kW）；H_a 为小汽轮机抽汽在主汽轮机抽汽点后理想焓降（kJ/kg）；η_i 为主机中、低压缸的相对内效率；η_m 为主汽轮机的机械效率；η_g 为发电机效率。

将式（4-5）代入式（4-7）得，经过简单推导得

$$\Delta P_1 = \frac{P_p H_a \eta_i \eta_m \eta_g}{h_a \eta_{ip} \eta_{mp}} \qquad (4-8)$$

当用电动泵时，虽然不存在小汽轮机的抽汽，但电动泵要消耗汽轮发电机组输出的电功率。电动泵消耗的电能是由发电机输出，经过变压器、电动机、升速齿轮、液力耦合器后传到给水泵的。

则在同样的主蒸汽流量下，汽轮发电机组实际输出的净电功率为

$$P_{ee} = P_e - \Delta P_2 \qquad (4-9)$$

$$\Delta P_2 = \frac{P_p}{\eta_d} \qquad (4-10)$$

式中，P_{ee} 为扣除电动泵消耗电功率后汽轮机实际输出的净电功率（kW）；η_d 为电能传递效率，即

$$\eta_d = \eta_{tr} \eta_M \eta_w \eta_{tc} \qquad (4-11)$$

式中，η_{tr} 为变压器效率；η_M 为电动机效率；η_w 为升速齿轮效率；η_{tc} 为液力联轴器效率。

当采用汽动泵时，汽轮发电机组电功率的净收益为

$$\Delta P = P_{es} - P_{ee} = \Delta P_2 - \Delta P_1 \qquad (4-12)$$

将式（4-8）和式（4-10）代入式（4-12）得

$$\Delta P = P_p \left(\frac{1}{\eta_d} - \frac{H_a \eta_i \eta_m \eta_g}{h_a \eta_{ip} \eta_{mp}} \right) \qquad (4-13)$$

为了便于比较，假定 $H_a = h_a$，$\eta_{mp} = \eta_m$，则

$$\Delta P = P_p \left(\frac{1}{\eta_d} - \frac{\eta_i \eta_g}{\eta_{ip}} \right) \qquad (4-14)$$

由式（4-14）可见，只要小汽轮机的内效率大于主机内效率与发电机效率和电能传递效率的乘积，即 $\eta_{ip} > \eta_i \eta_g \eta_d$，就可以获得小汽轮机驱动的增益，且随 η_{ip} 的增大或者 η_d 的减小而增益越多。此外，增益程度还与给水泵耗功有关，给水泵耗功越大，增益也就越多。这意味着单元机组主蒸汽压力越高、单机容量越大，采用小汽轮机驱动，增益越显著。

例如，某国产 330MW 机组，采用电动给水泵，给水泵轴功率为 2×4354kW。如按主机额定负荷时中、低压缸内效率为 $\eta_i = 0.8935$，发电机效率 $\eta_g = 0.99$，小汽轮机额定负荷时相对内效率为 $\eta_{ip} = 0.785$，以及假设当采用液力联轴器驱动时的电能传递效率为 $\eta_d = \eta_{tr} \eta_M \eta_w \eta_{tc} = 0.97 \times 0.95 \times 0.96 \times 0.95 = 0.841$，则采用汽动泵的净电功率收益为

$$\Delta P = P_p \left(\frac{1}{\eta_d} - \frac{\eta_i \eta_g}{\eta_{ip}} \right)$$

$$= 2 \times 4354 \times \left(\frac{1}{0.841} - \frac{0.8935 \times 0.99}{0.785} \right) \text{kW}$$

$$= 0.0622 \times 2 \times 4354 \text{kW} = 541.6 \text{kW}$$

由此证实，大容量单元机组采用小汽轮机驱动给水泵，其经济增益是显著的。综上所述，随着单元机组容量的增大，给水泵单位容量相应增大，采用小汽轮机直接变速驱动给水泵，已较为常见。但是，如果水泵容量还没有增加到一定程度，小汽轮机效率还比较低，那么简便、灵活且可靠性高的还是电动机加液力耦合器方式。根据技术经济比较，单元机组容

量在 250~300MW 或者驱动给水泵总功率在 6000kW（相当于单元机组约 200MW）以上时，采用小汽轮机直接变速驱动较为合理；而在此容量以下时，则应采用间接的变速驱动，其中尤以采用电动机加液力耦合器的变速驱动为好。

对于空冷机组，由于汽轮机背压高，随气温变化频繁，若采用汽动给水泵，排汽接入主凝汽器，存在小汽轮机运行工况变化频繁和调节复杂等问题，经济性变差，国内外 300MW 及以上空冷机组均采用电动给水泵作为运行给水泵。若采用汽动泵，则需要配置独立的凝汽器。

4.4.3.3 除氧给水系统举例

如图 4-21、图 4-22 所示为某发电厂 1000MW 机组的除氧给水系统图。

1. 除氧器

本机组除氧器采用定-滑-定运行方式，除氧器设有两路汽源：本机四段抽汽和辅汽，任一路均能满足除氧和加热的要求。在四抽管路上只设汽轮机防进水阀门，不设调节阀，实现滑压运行。在机组起动或甩负荷时，为保证除氧器的除氧效果，以及机组在调峰运行时或机组停运期间不使除氧器的凝结水与大气接触，加热蒸汽改由辅助蒸汽提供。当汽机跳闸，除氧器压力降至 0.147MPa 时，辅助蒸汽调节阀自动开启，辅助蒸汽投入。

2. 给水泵及管路

本机组给水系统按最大运行流量，即锅炉最大连续蒸发量工况所对应的给水量进行设计。机组设置两台 50% 容量的汽动给水泵和一台 25% 容量的起动备用电动给水泵。每台汽动给水泵配置一台同轴汽动前置给水泵。采用汽动前置给水泵的优点是减少厂用电的消耗量。考虑到前置给水泵需要低转速运行，以便防止其汽蚀，给水泵汽轮机通过变速装置带动前置给水泵。电动给水泵配有一台与其用同一电动机驱动的前置给水泵，电动机直接与前置泵连接，而通过液力耦合器传递转矩与改变转速使主给水泵改变流量与出口压力。在一台汽动给水泵出现故障时，电动主给水泵和另一台汽动给水泵并列运行可以满足汽轮机 83% 铭牌功率的需要。

水从除氧器水箱由三根管道引出，分别接至两台汽动前置给水泵和一台电动前置给水泵。在各前置给水泵的进口管上各装有电动蝶阀、锥形滤网。蝶阀用于水泵检修隔离，滤网可防止除氧器水箱中积存的残渣进入泵内。在每台前置给水泵的出水管道上，均装有给水流量测量装置。每个前置给水泵对应一台主给水泵，在各给水泵出口通过止回阀和电动隔离阀接入给水母管，然后将给水分别送到 A 列和 B 列高压加热器。

3. 给水小流量回路

为防止给水泵低负荷时发生汽蚀，在每台主给水泵出口引一路再循环管路，通过两个电动隔离阀和一个气动调节阀回到除氧器水箱，以保证在低负荷条件下通过给水泵的流量不低于允许的最小流量。

4. 有关减温水

来自各汽动给水泵和电动给水泵中间抽头的水，经过止回阀和手动隔离阀汇入母管后，向锅炉再热器的减温器提供减温水。过热器减温水来自省煤器入口。汽轮机高压旁路减温水从给水泵出口母管引出。

5. 给水流量的调节

在给水母管的电动给水泵侧，设置有 30% 容量的给水调节阀，以增加机组在低负荷下给

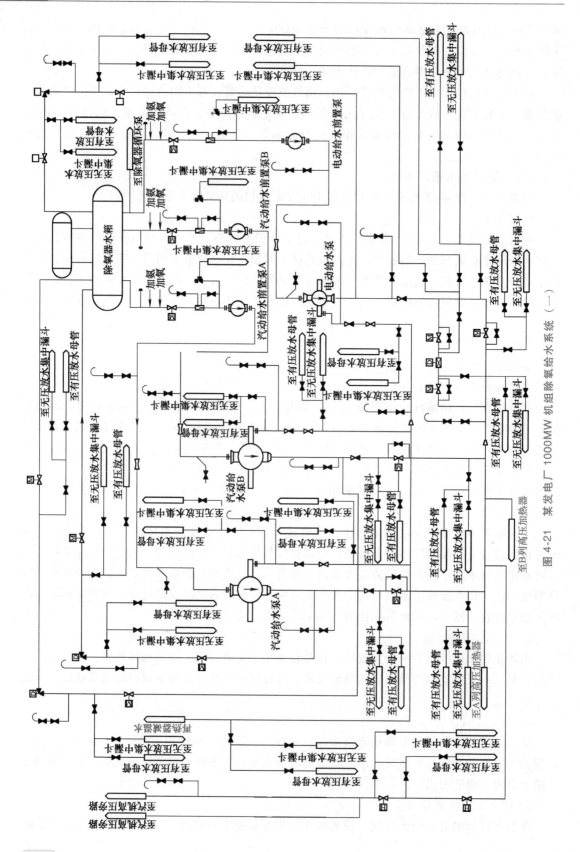

图 4-21 某发电厂 1000MW 机组除氧给水系统（一）

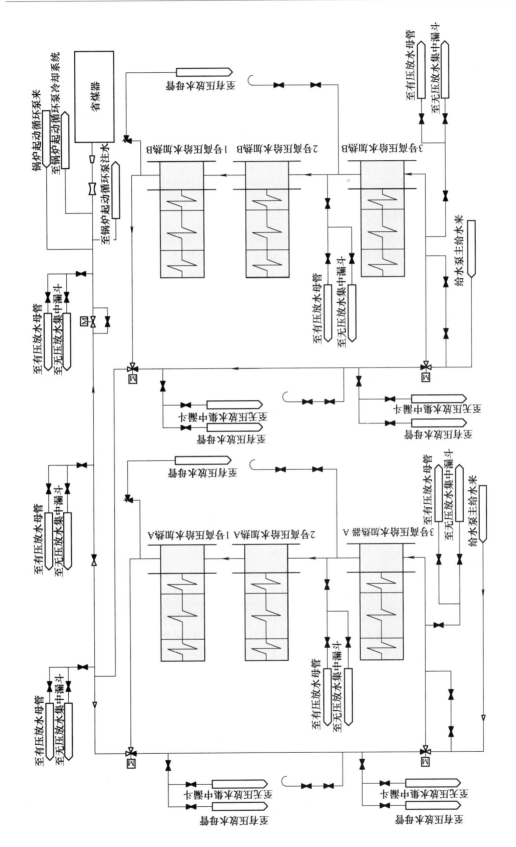

图 4-22 某发电厂 1000MW 机组除氧给水系统（二）

水流量调节的灵敏性。机组正常运行时，给水流量由给水泵汽轮机或电动给水泵液力耦合器的转速进行调节。

6. 高压加热器及其旁路

本机组配置 2×3 台 50%容量、卧式高压加热器，即高压加热器采用双列配置。每一列三台卧式高压加热器设有大旁路，即在进口设有一电动三通阀，出口设有快速电动闸阀，任一高压加热器故障解列，都同时切除该列的三台高压加热器，给水旁路进入省煤器，而另一列仍继续运行。

4.4.4 回热抽汽系统

4.4.4.1 回热抽汽系统简介

将在汽轮机内做了一部分功的蒸汽抽出，用以加热回热加热器中的给水或凝结水。这种由回热抽汽管道及其相应附件所组成的系统，称为回热抽汽系统。

汽轮机设备中，采用回热抽汽系统的目的是减少冷源损失，以提高机组的热经济性。将汽轮机中做过部分功的蒸汽，从一些中间级抽出来导入回热加热器或除氧器，加热锅炉给水或主凝结水，不再进入凝汽器。这样，抽汽的热焓就被充分利用，而不被冷却水带走。

采用回热加热后，汽轮机总的汽耗量增大，而汽轮机热耗率和全厂煤耗率是下降的。汽耗量增大是因为进入汽轮机的每千克新蒸汽所做的功减少，而热耗率和煤耗率的下降是由于冷源损失减少，所以采用回热加热系统后，热经济性提高了。

另外，采用回热抽汽，由于提高给水温度，可以减少锅炉受热面因传热温差过大而产生的热应力。同时，采用回热抽汽，也减少了汽轮机的排汽量，从而有利于减少汽轮机的末级叶片高度，减少离心力，从而提高设备的可靠性。

从理论上讲，汽轮机回热抽汽的级数越多越好。但是，回热抽汽级数增多，会使系统复杂，造价增大。而且级数增大到一定程度后，再增加回热抽汽级数带来的汽轮机热经济性增加并不明显。因此，大型中间再热机组通常设有 7~8 级回热抽汽。其中，1 级供除氧器，2~3 级供高压加热器，其余的供低压加热器。有的回热抽汽系统还接有向锅炉给水泵小汽轮机正常运行提供工作汽源以及全厂各种用途的辅助蒸汽汽源的管道。

需要说明的是，回热级数的确定还取定于当地钢煤价格比。钢材价格高采用较少的回热级数，煤炭价格高采用较多的回热级数。从财务分析上讲，如果再增加一级回热的追加投资回收期少于发电厂的投资回收期，就应该增加这一级。从经济上讲应该对发电厂运行服务期内的钢煤价格比，有个比较现实的调查和预测，用以确定回热级数。

回热抽汽管道一侧是汽轮机，另一侧是具有一定水位的加热器和除氧器。

4.4.4.2 回热抽汽系统的保护

为了防止在机组甩负荷时由于汽轮机内压力突然降低，回热抽汽管道和各加热器内的蒸汽倒流入汽轮机，引起汽轮机超速，同时也为了防止加热器泄漏使水从回热抽汽管道进入汽轮机而引起水击事故。在回热抽汽管道上设置了一定的保护设备，主要包括止回阀和隔离阀。

1. 止回阀

止回阀又称为逆止阀，主要用途是为了防止在汽轮机甩负荷或紧急停机时回热抽汽管道和各加热器内的蒸汽倒流入汽轮机，引起汽轮机超速。特别是当回热抽汽管道与辅助蒸汽、给水泵汽轮机相连时，危险性更大。因此，辅助蒸汽、给水泵汽轮机与回热抽汽连接的管道上也要装设止回阀，严防蒸汽倒流。

回热抽汽止回阀有以压力水为动力的液压止回阀和以压缩空气为动力的气动止回阀。由于气动止回阀控制系统简单，因此在大型机组中得到了广泛的应用。当汽轮机超速保护系统（OPC）动作时，回热抽汽止回阀快速关闭，以防止汽轮机继续超速。止回阀的安装位置应该尽量靠近汽轮机侧，以减少倒流入汽轮机的蒸汽量。

2. 电动隔离阀

电动隔离阀是隔离回热抽汽管道的部件。其作用是防止加热器水位过高而进入汽轮机。当任何一台加热器因管系破裂或疏水不畅，水位升高到事故警戒水位时，通过水位信号自动关闭相应抽汽管道的电动隔离阀，与此同时，该抽汽管道上的止回阀及来自上级加热器的疏水阀也自动关闭。电动隔离阀的另一个作用是在加热器停用时，切断加热器汽源。

电动隔离阀前后、止回阀前后的抽汽管道低位点，均设有疏水阀。当任何一个电动隔离阀关闭时，连锁打开相应的疏水阀，疏出抽汽管内可能积聚的凝结水，防止汽轮机进水。

回热抽汽系统对汽轮机运行热经济性和安全性均产生很大的影响。回热抽汽压力损失增大，将使本级加热器汽侧压力降低，加热器出口水温度降低，回热抽汽量减少，同时，使相邻的压力较高的加热器抽汽量增大，机组循环热效率降低。汽轮机实际运行过程中，抽汽压损增大通常是因为抽汽管道的逆止门、隔离门误关或开度不够造成的。

4.4.4.3 回热抽汽系统举例

某电厂超临界 1000MW 机组的回热抽汽系统如图 4-23 所示。全机共有八级不调整抽汽。高压缸共两级，第 1 级供高压加热器 H1，第 2 级用高压缸排汽供高压加热器 H2。中压缸共有三级，第 3 级供高压加热器 H3，第 4 级供除氧器 H4、驱动锅炉给水泵的小汽轮机和辅助

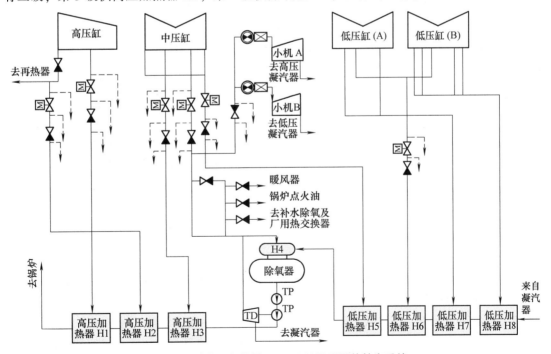

图 4-23 某电厂超临界 1000MW 机组回热抽汽系统

蒸汽集箱，第 5 级供低压加热器 H5。低压缸共有三级，分别供低压加热器 H6～H8。在第 1～6 级抽汽管道上，均设置有回热抽汽止回阀和电动隔离阀。而且，在第 4 级抽汽管道通往给水泵小汽轮机和辅助蒸汽集箱的各管道上，也都设置有回热抽汽止回阀，以便防止蒸汽和水倒流入汽轮机。在第 7、8 级抽汽管道上未装任何阀门，其原因是：这两级抽汽分别所供的低压加热器 H7 和低压加热器 H8 均安装在凝汽器颈部，抽汽压力已经很低，即使机组甩负荷，蒸汽倒流入汽轮机，因其焓降很小，引起超速的可能性不大，并且在加热器疏水和主凝结水管道上采取了防止汽轮机进水的措施，这样就可省去不易加工制造且布置安装不便的大口径阀门。但是，当这两台加热器管束严重泄漏时，汽轮机仍有进水的危险，此时必须停机处理。

此外，每根抽汽管上都应装有吸收管道热膨胀量的膨胀节。

4.4.5　回热加热器的疏水与排气系统

以图 4-24～图 4-26 所示的某 1000MW 机组为例，来分别对回热加热器的疏水系统和排气系统进行说明。

4.4.5.1　回热加热器的疏水系统

回热抽汽在表面式加热器中放热后的凝结水称为加热器的疏水。由回热加热器疏水管道及相应附件组成的系统称为回热加热器的疏水系统。

回热加热器疏水系统的作用是：

1）回收回热加热器内抽汽的凝结水，并及时疏通到其他地方去。

2）保持加热器内的疏水水位在正常范围，防止汽轮机进水或抽汽沿疏水管道进入其他地方。

回热加热器的疏水按照加热器压力不同，分为高压加热器疏水和低压加热器疏水。另外，对应不同压力加热器的疏水，又根据运行工况的不同，分为正常疏水、起动疏水和事故疏水。以下分别说明高压加热器疏水和低压加热器疏水的运行情况。

1．高压加热器疏水

（1）正常疏水　正常运行工况时，高压加热器的疏水通过逐级自流方式流入除氧器。即高压加热器 H1 疏水自流入高压加热器 H2，再自流入高压加热器 H3，最后流入除氧器。各个加热器疏水管路上均设置有疏水调节阀，以便对加热器水位进行调节。每个调节阀前后均设有隔离阀和止回阀。

（2）起动疏水　在机组起动阶段，由于加热器起动疏水中可能含有铁屑等固体杂质，各台高压加热器的疏水直接排至地沟。

（3）事故疏水　在下列情况下，开启事故疏水系统。

1）当高压加热器管束破裂或管板焊口泄漏，给水进入加热器汽侧、正常疏水调节阀故障或疏水流动不畅。

2）下一级高压加热器或除氧器水箱水位升高后发生事故，关闭上一级加热器的疏水调节阀，上一级加热器疏水无出路。

3）低负荷工况下，加热器之间压差减小，正常疏水不能逐级自流时。

开启事故疏水阀，疏水通过每台高压加热器的事故疏水管道进入疏水扩容器降压后，排入凝汽器。

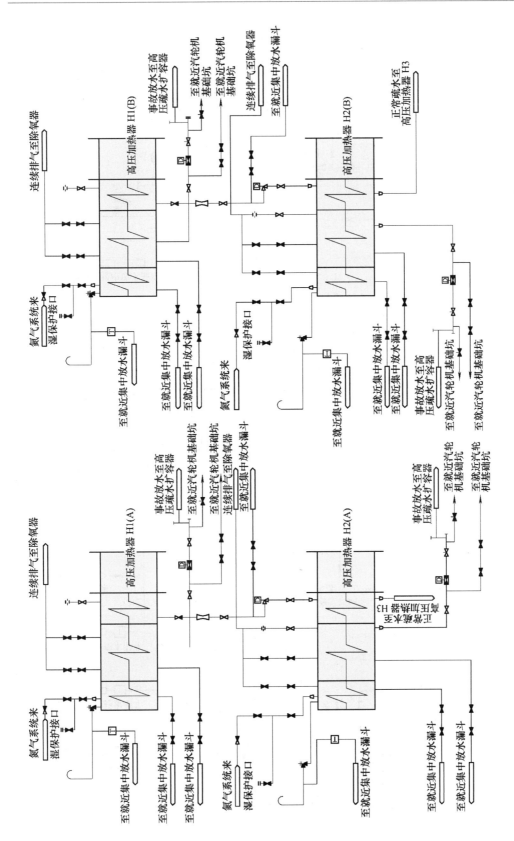

图 4-24 某 1000MW 机组高加疏水及排气系统图 （一）

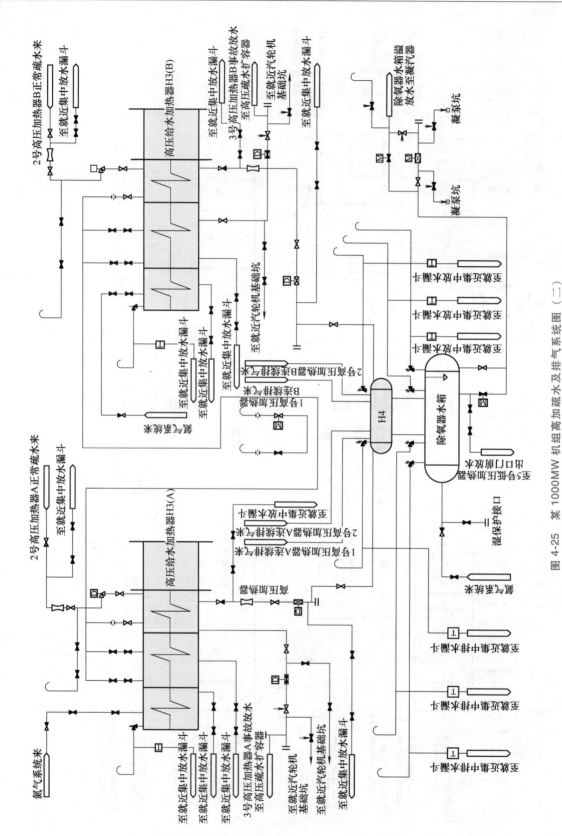

图 4-25 某 1000MW 机组高加疏水及排气系统图（二）

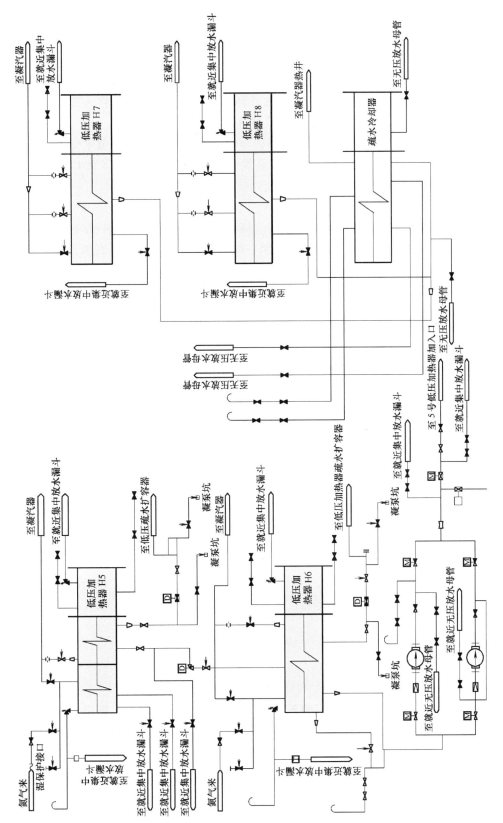

图 4-26 某 1000MW 机组低加疏水及排气系统图

2. 低压加热器疏水

（1）正常疏水 对于不使用疏水泵的系统，正常运行时，各低压加热器的疏水靠各级之间的压力差逐级自流进入凝汽器。

该1000MW机组在低压加热器H6处设置一个疏水泵，上级加热器疏水经疏水调节阀逐级自流入具有疏水泵的低压加热器H6。低压加热器H6的疏水由疏水泵打入其出口的主凝水管道。低压加热器H7和H8共用一个疏水冷却器，然后再流入凝汽器。

（2）事故疏水和起动疏水 各低压加热器的事故疏水管道兼作起动疏水管道。各低压加热器的事故疏水均直接排至疏水箱。当疏水泵发生事故时，疏水可经多级U形水封管排入凝汽器。

4.4.5.2 回热加热器的排气系统

表面式回热加热器汽侧均设置有排气系统，用以排除蒸汽凝结过程中析出的不凝结气体，减小回热加热器的传热热阻，增强传热效果，防止气体对热力设备的腐蚀，提高回热加热器的运行经济性和安全性。

每台加热器的汽侧安装有起动排气和连续排气装置。起动排气用于机组起动和水压试验时迅速排气。连续排气用于正常运行时连续排除加热器内不凝结气体。

对于本节所讨论的某1000MW机组高压加热器，每台高压加热器起动排气有两根排气管，每根排气管通过两只隔离阀排入排气母管。每台高压加热器有一根连续排气管，通过一个截止门和单级节流孔板引入排气母管。节流孔板的作用是为了防止过多的蒸汽随空气一起被排放出去。排气母管与除氧器相连。

对于低压加热器，各个低压加热器均只设置一个起动排气门。低压加热器排气分别从各加热器引出，经一只真空阀和一只单级节流孔板进入低压加热器排气母管后，接入凝汽器。

除氧器的各排气管汇成一根母管，然后排入大气或者排入凝汽器，不分起动和连续排气。

因每台加热器工作压力不同，为了避免相邻两台加热器排气系统构成循环回路，影响压力较低的加热器排气，设计安装时采取以下措施：

1）压力较低的加热器排气至母管的接口应在压力较高的加热器排气接口的下游。

2）排气母管的管径要足够大。

此外，在汽侧压力大于大气压的加热器和除氧器上，均设有溢流阀，作为超压保护。

加热器还设有充氮系统，其作用是在机组长期停用时，向加热器内充氮气，用作加热器的防腐保护。

4.4.6 抽真空系统

4.4.6.1 抽真空系统的作用和形式

对于凝汽式汽轮机，在初参数一定的条件下，汽轮机排汽压力越低，则机组的循环热效率越高，发电标准煤耗率越低。降低排汽压力的有效方法是使汽轮机的排汽凝结，热力发电厂通常利用凝汽器内的冷却水使汽轮机排汽进行凝结。因此，除了背压式汽轮机外，一般汽轮机都设置有凝汽器。

在实际运行中，空气会通过汽轮机装置中处于真空状态下的管道和壳体不严密处漏入凝汽器，还有少量空气是由主蒸汽进入汽轮机夹带来的。由于空气漏入凝汽器使其真空度降低，循环热效率降低。此外，空气漏入凝汽器，还使凝结水的溶氧量增加，从而加剧对低压加热器及低压凝结水管道的腐蚀。因此，在凝汽器运行时，必须不断地抽出其中的空气。

抽真空系统的作用是将漏入凝汽器内的空气和其他不凝结气体连续不断地抽出，在机组起动初期建立凝汽器真空，在机组正常运行中保持凝汽器真空，确保机组安全经济运行。

对于大型火电机组来说，凝汽器的抽真空设备主要有射水抽气器和真空泵两种。射水抽气器抽真空系统，系统简单、工作可靠，但其耗电量比较多。

4.4.6.2　抽气器抽真空系统设计

凝汽器应配置可靠的抽真空设备。对300MW及以下容量的机组，宜配置两台水环式真空泵或其他形式的抽真空设备（如射水抽气器等），每台抽真空设备的容量应能满足凝汽器正常运行时抽真空的需要。对600MW及以上容量的机组，宜配置三台水环式真空泵，每台泵的容量应能满足凝汽器正常运行时抽真空达50%的需要。

当全部抽真空设备投入运行时，应能满足机组起动时建立真空度的要求。

对200MW及以上容量机组，当采用直流供水系统时，宜设置一台凝汽器水室抽真空泵。

4.4.6.3　射水抽气器抽真空系统

1. 射水抽气器结构及工作原理

图4-27为射水抽气器结构简图，它主要由工作水入口、工作喷嘴、混合室、扩压管和止回阀等组成。

射水抽气器一般由专用射水泵供给工作水，工作水进入水室1，然后进入喷嘴2，形成高速水流，在高速水流周围形成高度真空，凝汽器的蒸汽空气混合物被吸进吸水室3，与工作水相混合，部分蒸汽立即在工作水表面凝结，然后一起进入喷嘴管4及喉部5进一步混合后，由排水管排出。为了节省能量消耗，长排水管应插在排水井水面以下，这一排水管中的水柱借助重力下落，可使扩压管出口压力减小，从而节省工作水的能量消耗。

当专用水泵或其电动机发生故障或厂用电中断时，工作水室水压立即消失，混合室内就不能建立真空。这时凝汽器压力仍是很低的，而排水井表面压力是大气压力，故不洁净的工作水（循环水）将从扩压管倒流入凝汽器，污染凝结水。为此在混合室空气吸入口处设置了逆止阀，用以阻止工作水倒流。

2. 抽真空系统

图4-28所示为射水抽气器抽真空系统。它由射水抽气器、射水泵、射水箱及连接管道组成。

各台低压加热器的排气、凝结水泵及疏水泵的排气经排气管汇入凝汽器，凝汽器与射水抽气器的工作室相连。由循环水或深水井来的射水箱的水，用射水

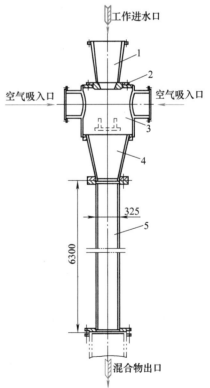

图4-27　射水抽气器结构简图

1—水室　2—喷嘴　3—吸水室

4—喷嘴管　5—喉部

泵（一台正常运行，一台备用）升压后，打入射水抽气器。抽气器中喷嘴射出的高速水流，在工作室内产生高真空以抽出凝汽器中的气、汽混合物，这些气、汽混合物经扩压后回到射水箱，并排入大气中。

在凝汽器与射水抽气器相连的抽气管道上设有真空破坏阀。它是一种电动闸阀，其作用有两个：一是在汽轮机起动过程中调节凝汽器真空；二是在汽轮机发生事故紧急停机时，由运行人员在集控室手动打开，破坏凝汽器真空，以缩短汽轮机转子的惰走时间，加速停机过程，防止事故扩大。

射水抽气器的水循环方式有两种：一种为开式循环，由水源来水经离心式射水泵升压后进入抽气器，排水到出水渠；另一种为闭式循环，如图4-28所示，射水抽气器排水到射水箱，射水泵抽吸射水箱的水，升压后进入抽气器，如此循环。

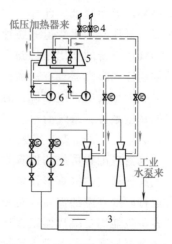

图 4-28　射水抽气器抽真空系统

1—射水抽气器　2—射水泵　3—射水箱
4—真空破坏阀　5—凝汽器　6—凝结水泵

4.4.6.4　真空泵抽真空系统

1. 真空泵的工作原理

图4-29所示是水环式真空泵（简称水环泵）的工作原理，它的主要部件是叶轮和壳体。叶轮由叶片和轮毂构成，叶片有径向平板式，也有向前（向叶轮旋转方向）弯式。壳体由若干零件组成，不同形式的水环泵，壳体的具体结构可能不同，却有着共同的特点，那就是在壳体内部形成一个圆柱体空间，叶轮偏心地装在这个空间内，同时在壳体的适当位置上开设吸气口和排气口。吸气口和排气口开设在叶轮侧面壳体的气体分配器上，轴向吸气和排气。

壳体不仅为叶轮提供工作空间，更重要的作用是直接影响泵内工作介质（水）的运动，从而影响泵内能量的转换过程，水环泵工作之前，需要向泵内灌注一定量的水，它起着传递能量的媒介作用，因而被称为工作介质。采用水作为工作介质是因为水容易获取，不会污染环境，黏性小，可以提高真空泵的效率。

当叶轮在电动机驱动下转动时，水在叶片推动下获得圆周速度，由于离心力的作用，水向外运动，即水有离开叶轮轮毂流向壳体内表面的趋势，从而就在贴近壳体内表面处形成一个运动的水环。由于叶轮与壳体是偏心的，水环内表面也与叶轮偏心。

图 4-29　水环式真空泵的工作原理

1—排气口　2—橡胶球　3—泵体
4—水环　5—叶轮　6—吸气口

由水环内表面、叶片表面、轮毂表面和壳体的两个侧盖表面围成许多互不相通的小空间。由于水环内表面与叶轮偏心，因此处于不同位置的小空间的容积是不相同的。同理，对于某指定的小空间，随着叶轮的旋转，它的容积是不断变化的。如果能在小空间的容积由小变大的过程中，使之与吸气口相通，就会不断地吸入气体。当这个空间的容积开始由大变小时，使之封闭，这样已经吸入的气体的就会随着空间容积的减小而被压缩。气体被压缩到一定程度后，使该空间与排气口相通，即可以排出已经被压缩的气体。

综上所述，水环泵的工作原理可以归纳如下：由于叶轮偏心地装在壳体上，随着叶轮旋转，工作液体在壳体内形成运动着的水环，水环内表面也与叶轮偏心，由于在壳体的适当位置开设有吸气口和排气口，水环泵就完成了吸气、压缩和排气这三个相互连续的过程，从而实现抽送气体的目的。在水环泵的工作过程中，工作介质传递能量的过程为：在吸气区内，工作介质在叶轮推动下增加运动速度（获得动能），并从叶轮中流出，同时从吸气口吸入气体；在压缩区内，工作介质速度下降，压力上升，同时向叶轮中心挤压，气体被压缩。由此可见，在水环泵的整个工作过程中，工作介质接受来自叶轮的机械能，并将其转换为自身的动能，然后液体动能再转换为液体的压力能，并对气体进行压缩做功，从而将液体能量转换为气体的能量。

真空泵的工作水与被压缩的气体是一起排出的。因此，水环需用新的冷水连续补充，以保持稳定的水环厚度和温度。水环除起液体"活塞"的作用外，还有冷却、密封等作用。

2. 真空泵抽真空系统

图 4-30 为真空泵抽真空系统图。真空泵抽真空系统主要由水环式真空泵、气水分离器、冷却器等及其连接管道、阀门和控制部件组成。

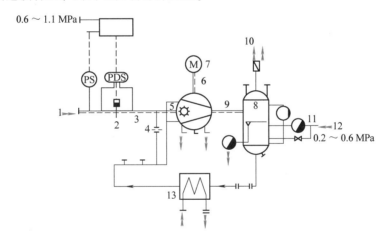

图 4-30　真空泵抽真空系统图

1—气体吸入口　2—气动蝶阀　3—管道　4—孔板　5—真空泵　6—联轴器　7—电动机　8—气水分离器

9—管道　10—气体排出口　11—水位调节器　12—补充水入口　13—冷却器

从凝汽器来的气体，经过气动蝶阀后，沿泵抽气管进入水环式真空泵，泵排出的水和气体的混合物从泵的出口管到达气水分离器，分离后的气体经气体排放口排入大气，分离出的水与来自水位调节器的补充水（一般用凝结水）一起进入冷却器。冷却后的水分为两路：一路直接进入泵体作为工作水（水环）的补充水，使水环保持稳定而不超温；另一路经节流孔板喷入真空泵抽气管，使即将进入真空泵的气体中所携带的蒸汽冷却凝结下来，以提高真空泵的抽吸能力。冷却器的冷却水取自闭式或开式冷却水系统。分离器高水位溢水、真空泵和冷却器停用时的放水排入地沟。

4.4.6.5 水环真空泵抽真空系统举例

图 4-31 所示为某 1000MW 机组凝汽器抽真空系统图。该系统由蒸汽凝结区抽真空系统和水室抽真空系统组成。

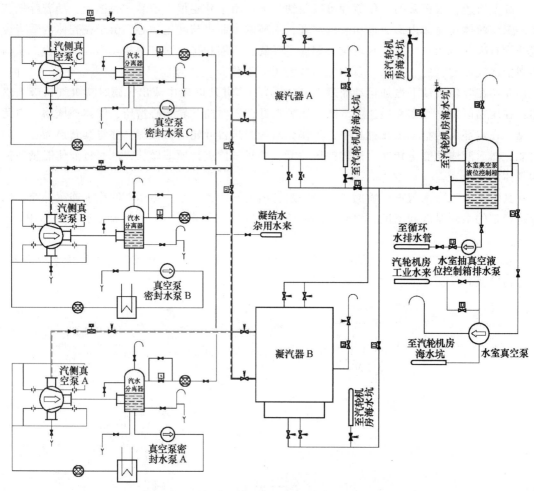

图 4-31 某 1000MW 机组凝汽器抽真空系统图

1. 蒸汽凝结区抽真空系统

在凝汽器两个空气冷却区各引出一个抽真空接口，引出凝汽器后合并成一根。为避免单边运行、单边检修或清洗时蒸汽从检修侧倒流入真空泵，影响真空泵的正常工作，破坏凝汽器真空，在合并前的每根抽出管道上分别装设一个真空式隔离阀，合并后的总管上还装设了两个电动隔离阀。总管再分成支管分别接到真空泵组的进口，在每一泵组的进口还分别有一个手动隔离阀，以免开启备用泵之前空气由备用泵倒流入凝汽器。

该系统配三台 50%容量的真空泵，两台处于"手动操作"运行状态，一台备用，处于"自动操作"运行状态。当真空泵的吸入压力低于预定压力（例如 4kPa）时，处于"自动操作"运行状态的备用真空泵自动停止运行，并关闭气动蝶阀，处于"手动操作"运行状态的真空泵继续运行。当真空泵的吸入压力高于预定压力（例如 6kPa）时，处于"自动操作"运行状态的备用真空泵自动投入运行，从而保持真空泵始终在预先设定的吸入压力范围内运行。

另外，每台真空入口管路上还装设有真空式隔离阀和止回阀。当真空泵处于检修状态时，隔离阀起隔离作用。止回阀的作用是防止当真空泵处于检修或故障状态时，空气通过真空泵进入凝汽器。

该系统中，还设有较为完善的凝汽器真空破坏系统。它由真空破坏阀、空气过滤器和水封系统组成。在机组出现需要紧急停机的故障时，开启真空破坏阀，使外界空气进入凝汽器，破坏凝汽器真空，加快停机速度，减少故障对机组的损坏程度。空气过滤器的作用是在破坏真空时，防止空气中携带杂质进入凝汽器，造成凝结水水质恶化。水封系统作用是防止机组正常运行时，由于真空破坏阀泄漏，空气进入凝汽器影响真空。

真空泵的工作水来自凝结水。凝结水补水经过手动隔离门、滤网和电磁补水阀进入气水分离器。分离器中的水经过工作水泵和冷却器回到真空泵。

通过工作水管使泵体与气水分离器实现水位平衡。气水分离器的水位通过自动补水管路和溢流管来维持在正常的范围内。同时正常的水位也能使水环式真空泵运行在最佳工况，保证真空泵出力和效率。

2. 凝汽器水室抽真空系统

设置凝汽器水室抽真空系统的目的是：在机组起动时，用来抽出凝汽器水室内的空气，使水室建立负压，以便帮助凝汽器循环水系统正常投入运行；在机组正常运行期间，抽出循环水因温度升高而游离出来的空气，维持水室一定的负压，使水室内始终充满循环水。

凝汽器水室抽真空系统主要包括一台水室真空泵、一个水室真空泵液位控制箱、液位控制箱排水泵及阀门和仪表等部件。水室真空泵工作原理同凝汽器真空泵。所不同的是，由于该机组采用海水冷却，从凝汽器水室来的空气和海水混合物经过真空式节流阀、气动隔离阀和止回阀，首先进入水室真空泵液位控制箱内，分离出海水，气体则通过气动隔离阀和止回阀后，进入水室真空泵泵体内，然后直接排放到大气。

水室真空泵补水来自工业水，通过气动补水门或其旁路门对水室真空泵直接进行补水。

水室真空泵不设备用。循环泵起动后，水室真空泵会自起动，帮助循环水系统投入正常运行。当凝汽器四个循环水室水位都正常后，泵自停。当四个水室中任何一个水室水位处于低水位时，水室真空泵又会自起动。在自动失灵时，水室真空泵可以手动起停。

4.4.7 主凝结水系统

4.4.7.1 主凝结水系统的作用和组成

主凝结水系统的主要作用是把凝结水从凝汽器热井由凝结水泵送出，经除盐装置、轴封冷却器、低压加热器送到除氧器。其间，还对凝结水进行加热、除氧、化学处理和除杂质。此外，凝结水系统还向各有关用户提供水源，如有关设备的密封水、减温器的减温水、控制水、各有关系统的补给水以及汽轮机低压缸的喷水等。

主凝结水系统一般由凝结水泵、凝结水储存水箱、凝结水输送泵、凝结水收集箱、凝结水精除盐装置、轴封冷却器、低压加热器等主要设备及其连接管道、阀门等组成。

4.4.7.2 主凝结水系统的设计

1. 凝结水泵台数的确定

凝结水泵台数的确定决定了电厂投资、布置等很多因素。

（1）凝汽式机组　对于凝汽式机组，单台凝汽式机组宜装设两台凝结水泵，每台凝结水泵容量为最大凝结水量的110%；如大容量机组需装设三台容量各为最大凝结水量55%的凝结水泵时，应进行技术经济比较后确定。

（2）供热式机组　对于工业抽汽式供热机组或工业、采暖双抽式供热机组，每台宜装设两台或三台凝结水泵。当机组投产后即对外供热时，宜装设两台110%设计热负荷工况下凝结水量或两台55%最大凝结水量的凝结水泵，两者进行比较取较大值；当机组投产后需较长时间在纯凝汽工况或低热负荷工况下运行时，宜装设三台110%设计热负荷工况下凝结水量或三台55%最大凝结水量的凝结水泵，两者进行比较取较大值。

对于采暖抽汽式供热机组，可装设三台凝结水泵，每台泵容量为最大凝结水量的55%。

2. 凝结水泵容量的确定

凝结水泵台数的确定决定了电厂长期运行的经济性情况，保证凝结水泵不至于长期偏离其经济工况。

（1）凝汽式机组　对于凝汽式机组，凝结水泵最大凝结水量应为汽轮机最大进汽工况时的凝汽量、进入凝汽器的正常疏水量和进入凝汽器的正常补给水量之和。当备用泵短期投入运行时，应满足低压加热器可能排入凝汽器的事故疏水量或旁路系统投入运行时凝结水量输送的要求。

（2）供热式机组　当补给水不补入凝汽器时，供热机组凝结水泵的最大凝结水量按纯凝工况计算，其计算方法与凝汽式汽轮机相同；当补给水补入凝汽器时，还应按最大抽汽工况计算，计入补给水量后与按纯凝汽工况计算值比较，取较大值。

3. 凝结水升压泵的设置

凝结水系统宜采用一级凝结水泵；当全部凝结水需要进行处理且采用低压凝结水除盐设备时，应设置凝结水升压泵，其台数和容量应与凝结水泵相同。在设备条件具备时，宜采用与凝结水泵同轴的凝结水升压泵。

4. 补水设备的设置

中间再热机组的补给水在进入凝汽器前，宜按照系统的需要装设补给水箱和补给水泵。补给水泵不设备用，补给水泵的总容量应按锅炉起动时的补给水量要求选择。对于125MW和200MW机组，补给水箱的容积不小于50m^3；对于300MW机组，补给水箱的容积不小于100m^3；对于600MW及以上机组不小于300m^3。

5. 疏水泵容量的确定

装设有疏水泵的凝结水系统，低压加热器疏水泵的容量，应按在汽轮机最大进汽工况时接入该泵的低压加热器的疏水量之和计算，另加10%裕量。

6. 低压加热器主凝结水旁路的设置

为了保证当某台加热器故障解列或停运时，凝结水通过旁路进入除氧器，不因加热器事故而影响整个机组正常运行，加热器一般都设置有旁路系统。每台加热器均设一个旁路，称为小旁路；两台以上加热器共设一个旁路，称为大旁路。大旁路具有系统简单、阀门少、节省投资等优点，但是当一台加热器故障时，该旁路中的其余加热器也随之解列停运，凝结水温度大幅度降低，这不仅降低机组运行的热经济性，而且使除氧器进水温度降低，工作不稳定，除氧效果变差。小旁路与大旁路恰恰相反。因此，低压加热器的主凝结水系统多采用大小旁路联合应用的方式。

7. 设置凝结水最小流量再循环

为使凝结水泵在起动或低负荷时不发生汽蚀，同时保证轴封加热器有足够的凝结水量流过，使轴封漏汽能完全凝结下来，以维持轴封加热器中的微负压状态，在轴封加热器后的主凝结水管道上设有返回凝汽器的凝结水最小流量再循环管。

8. 各种用水的取水点选择

各种减温水及杂项用水管道，接在凝结水泵出口或除盐装置后。因为这些水要求是纯净的压力水。

4.4.7.3 主凝结水系统举例

如图 4-32 和图 4-33 所示为某电厂 1000MW 机组的主凝结水系统。

1. 凝汽器

本机组采用双背压凝汽器，低压侧凝结水在重位差作用下流至高压凝汽器。低压凝汽器凝结水通过淋水盘与高压凝汽器凝结水相遇，经过加热混合后聚集在高压凝汽器热井内。高压凝汽器热井内的凝结水由凝结水泵打出，这种方式有利于提高凝结水的温度。

2. 凝结水泵及管路

凝结水从凝汽器热井水箱引出一根管道引出，分别接至两台 100% 容量凝结水泵（一台正常运行，一台备用）的进口，在各泵的进口管上各装有电动蝶阀、临时锥形滤网和柔性接头。蝶阀用于水泵检修隔离，临时滤网可防止机组投产或检修后运行初期热井中积存的残渣进入泵内，柔性接头可吸收系统管线的膨胀与收缩，减小应力，防止凝结水泵的振动传到凝汽器。在两台凝结水泵的出水管道上均装有止回阀和电动闸阀，闸阀上装有行程开关，便于控制和检查阀门的开闭状态，止回阀防止凝结水倒流。凝结水泵密封水采用自密封系统，正常运行时，密封水取自凝结水泵出口母管，经节流孔板减压后供至两台凝结水泵轴端。第一台凝结水泵起动时，密封水来自凝输泵系统。

3. 抽真空及密封系统

由于凝汽器热井到凝结水泵处于负压状态，为了防止空气漏入，凝结水系统设有抽真空及密封系统。在每个凝结水泵上引出一根细管引入凝汽器，通过凝汽器抽真空系统将空气抽出。

4. 补充水系统

每台机组各设置一套凝结水补水系统。凝结水补水系统主要在机组起动时为凝汽器热井和除氧器进水、闭式水系统和凝结水系统的起动注水及正常运行时提供系统补水，机组的补充水来自化学处理水，也可回收凝汽器热井的高位溢流水。

此系统包括一台 500m³ 凝结水储存水箱、两台 100% 容量的凝结水输送泵及相关管道阀门。在凝输泵的入口处设有滤网和进口手动隔离阀，泵出口有逆止阀和手动隔离阀，在泵出口与逆止阀间接出泵的再循环管路。此外，凝结水输送泵入口处设有一电动隔离阀和临时滤网，出口处设有止回阀和一电动隔离阀。此外，凝结水升压泵还有一个由止回阀和电动隔离阀组成的旁路。机组正常运行时，凝结水输送泵停止运行，通过该旁路借助于储存水箱和凝汽器之间的压差向凝汽器热井补水。当机组真空未建立，或压差不够时，起动凝结水输送泵向凝汽器补水。凝汽器补水控制站设置两路：一路为正常运行补水，另一路为起动时凝结水不合格放水时的大流量补水。机组正常运行时储存水箱水位由除盐水进水调阀控制，水源来自化学水处理室来的除盐水。

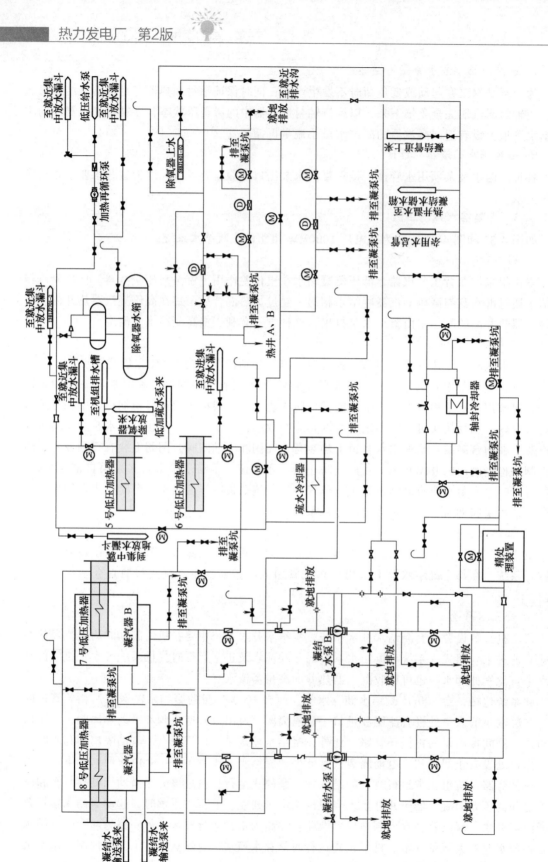

图 4-32 某电厂 1000MW 机组的主凝结水系统图（一）

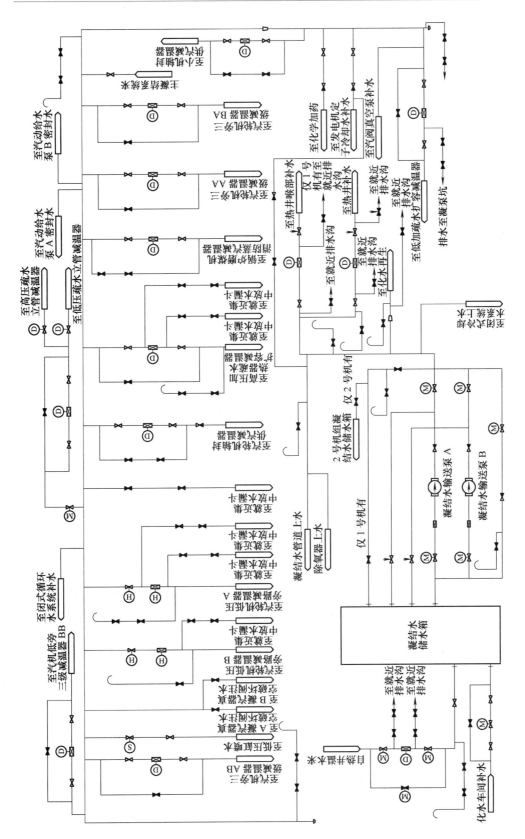

图 4-33 某电厂 1000MW 机组的主凝结水系统图（二）

5. 凝汽器热井水位控制

凝汽器热井水位通过凝汽器补水调阀进行调节。正常运行时，可不起动凝输泵，而借助凝汽器真空的抽吸作用，实现对热井补水。当热井水位高到一定值时补水阀关，若水位继续上升可通过凝汽器高水位调节阀把凝结水排回至凝结水储存水箱，或利用起动放水阀，直接将凝结水排入地沟。

6. 凝结水精处理装置

考虑到防止由于凝汽器铜管泄漏或其他原因造成凝结水中含有盐质固形物，确保凝结水水质合格，机组配备一套凝结水精处理装置及一个电动旁路和一个手动旁路。凝结水系统为单元制中压供水系统，因此仅设凝结水泵，不设凝结水升压泵，系统较简单。凝结水精处理发生装置设有进出口阀及旁路阀，机组起动或精处理发生故障时由旁路向系统供水。系统亦设有氧、氨和联氨加药点，经过除盐和氨-氧联合处理，使凝结水水质得到改善。

7. 凝结水小流量回路

为防止凝结水泵发生汽蚀，在轴封冷却器后引一路再循环管路至凝汽器，在凝结水系统起动和低负荷时投运。凝结水的再循环流量大于凝结水泵和轴封冷却器所要求的最小安全流量，用来冷却轴封系统漏汽和门杆漏汽，并保证凝结水泵不汽蚀。

8. 低压加热器及其旁路

凝结水系统有四台低压加热器，即5、6、7、8号低压加热器。5、6号低压加热器为卧式、双流程形式，7、8号低压加热器采用复合式单壳体结构，分别安装于两个凝汽器接颈部位与凝汽器成为一体，四台加热器采用电动隔离阀的小旁路系统，以减少除氧器过负荷运行的可能。当加热器需切除时，凝结水可经旁路运行。停炉后，凝结水泵与除氧器之间小循环时，将凝结水精处理旁路同时加大加氨量，将 pH 值提高至 10 以上。停凝结水泵前，将四台低压加热器旁路，并隔绝低压加热器进出口阀。

9. 各种减温水和杂项用水

在凝结水输送泵的出水总管上接出的用水支管。

4.4.8　汽轮机的轴封蒸汽系统

4.4.8.1　轴封蒸汽系统的作用和组成

轴封蒸汽系统的主要功能是向汽轮机、给水泵小汽轮机的轴封和主汽阀、调节阀的阀杆汽封供密封蒸汽，同时将各汽封的漏汽合理导向或抽出。在汽轮机的高压区段，轴封系统的正常功能是防止蒸汽向外泄漏，以确保汽轮机有较高的效率；在汽轮机的低压区段，则是防止外界的空气进入汽轮机内部，保证汽轮机有尽可能高的真空，也是为了保证汽轮机组的高效率。轴封蒸汽系统主要由轴封、轴封蒸汽母管、轴封加热器等设备及相应的阀门、管路系统构成。

目前，大型汽轮机轴封系统普遍采用自密封系统。也就是高、中压缸轴封漏汽通过轴封供汽母管，对低压缸轴封进行供汽。

4.4.8.2　轴封蒸汽系统的设计原则

不同的汽轮机组有不同的轴封系统。根据轴封系统的功能要求，轴封蒸汽系统的设计应考虑到轴封漏汽的回收利用、低压低温汽源的应用、防止轴封蒸汽漏入大气和防止空气漏入真空部分等问题。

1. 轴封漏汽的回收利用

为减小轴封漏汽损失，往往将轴封分成数段，各段间形成中间腔室，将漏汽从中间腔室引出加以利用，以减少漏汽损失。引出的轴封漏汽可与回热抽汽合并，流到回热加热器中加热给水。这时因轴封漏汽量较少，不可能改变该级回热抽汽压力，所以轴封漏汽引出处的压力将由回热抽汽压力决定。

2. 低压低温汽源的应用

高压汽轮机高压缸两端的轴封与主轴承靠近。为了防止运行中高压缸和两端轴封传出过多的热量至主轴承而造成轴承温度过高，影响轴承安全，在大容量汽轮机的轴封系统中，常向高压轴封供给低压低温汽源，以降低轴封处的温度。

同时，考虑到机组在起动及低负荷运行时，即使在高压缸内也可能形成真空，此时高压缸端轴封不可能有蒸汽向外泄漏，因此必须有备用汽源向轴封供汽，以防空气漏入。

3. 防止蒸汽由端轴封漏入大气

对于大型汽轮机，为了避免端轴封漏汽漏入轴承以致油中带水恶化油质，减小车间内的湿度，使仪表及运行人员的工作条件不致恶化，同时也为了减少汽水损失，常在高低压端轴封出口处人为地造成一个比大气压力稍低的压力（如0.095MPa），将漏出的蒸汽和漏入的空气一起抽出，送到轴封冷却器，蒸汽冷凝后被回收，空气由抽气器或轴封风机抽出后排至大气。

4. 防止空气漏入真空部分

为了防止空气漏入低压缸的真空部分，影响机组真空，常在低压端轴封中间通入比大气压力稍高的蒸汽，如压力为0.101~0.147MPa的蒸汽，这股蒸汽漏入汽缸内，同时沿着主轴向背离汽缸的方向流动，以阻止外界空气漏入汽缸。

可见，轴封蒸汽系统都是由供汽、抽汽和漏汽三部分所组成。

4.4.8.3 轴封蒸汽系统举例

如图4-34所示为某1000MW机组的轴封蒸汽系统图。该系统是由汽轮机的轴封装置、轴封冷却器、轴封风机、轴封压力调节阀以及相应的管道、阀门等部件组成。

在汽轮机的高、中、低压缸中，汽缸内外压差较大。正常运行时，高压缸轴封要承受很高的正压差，中压缸轴封次之，而低压缸则要承受很高的负压差。因此，这三个汽缸的轴封设计有较大的区别。为实现蒸汽不外漏、空气不内漏的轴封设计准则，除通过结构设计减小通过轴封的蒸汽（或空气）的通流量外，还必须借助外部调节控制手段阻止蒸汽的外泄和空气的内漏。因此，轴端汽封必然设计成多段多腔室结构。为阻止蒸汽外泄到大气，避免轴承的润滑油中带水，应使与大气交界的腔室处于微真空状态；为防止空气漏入汽缸，应使与蒸汽交界的腔室处于正压状态。

当机组在起动时，轴封蒸汽系统的汽源主要来自辅汽母管。为了防止杂质进入轴端汽封，供汽母管上设有蒸汽过滤网。辅汽进入轴封供汽压力靠调节阀进行调压，调压后的辅汽随时由压力表、温度表监测，使辅汽在各种工况下维持其压力和温度的正常值。此外，还有一部分轴封汽来自高、中压主汽门和高、中压调节汽门的门杆漏汽。这些蒸汽进入轴封蒸汽母管。汽封供汽阀门站通过调节，使轴封蒸汽压力略高于大气压力。此时，汽封溢流阀处于关闭状态。

随着机组负荷的增加，高、中压缸轴封漏汽和高、中压缸进汽阀的阀杆漏汽也相应增

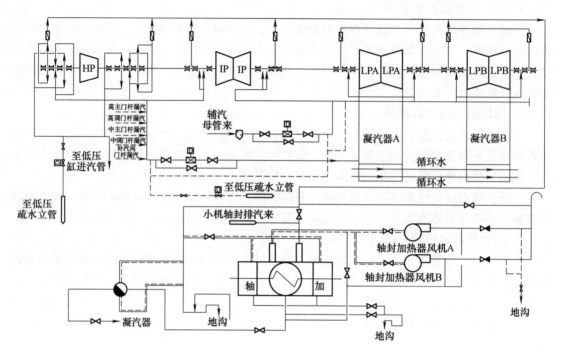

图 4-34　某 1000MW 汽轮机的轴封系统

加，致使轴封蒸汽压力上升。于是，汽封供汽压力调节阀逐渐关小，以维持轴封蒸汽压力正常值。如果轴封蒸汽调压阀无法满足轴封要求，如轴封蒸汽调压阀运行故障，或者轴封蒸汽进口阀门前蒸汽压力太低，则轴封调压旁路必须打开。轴封蒸汽调压阀的进出口阀门可以隔离轴封蒸汽调压阀。当汽封供汽压力调节阀全关时，轴封蒸汽系统的汽源切换为高、中压缸门杆漏汽。此时，轴封蒸汽压力改为汽封溢流阀门站来控制。汽封溢流阀门站将多余的蒸汽排放至凝汽器。如果溢流调节阀达到其行程末端，或者运行中出现故障而多余蒸汽无法排放时，手动溢流旁路阀必须打开。如果溢流调节阀达到其行程末端，其中一个原因可能是轴封汽系统中的溢流蒸汽太多。

　　由于高压缸前端轴封漏汽的压力、温度较高，因此高压缸前端轴封较长，它由 5 段 4 个腔室组成，后端轴封由 4 段 3 个腔室组成。机组正常运行时，为了不使高温汽流向外泄漏，辅汽直接送入高压缸第 3 个前轴封汽室（由内往外数，下同）和后端第 2 个轴封汽室。高压缸第 2 个前轴封汽室和第 1 个后轴封汽室内的漏汽直接引至中压缸排汽管，而第 4 个前轴封和第 3 个后轴封汽室的漏汽通过高压缸轴封回汽阀汇集至低压汽封漏汽母管；中压缸前、后两端各有 3 段 2 个汽室，辅汽被分别送入两端第 1 段轴封后的汽室和第 2 段轴封前的汽室，而两端第 2 个轴封汽室内的漏汽同样通过轴封回汽阀进入低压汽封漏气母管；低压缸的端轴封均由 3 段 2 个汽室组成，两端第 1 个轴封汽室与汽封密封蒸汽母管相连，两端第 2 个轴封汽室内的漏汽汇集至低压汽封漏气母管。

　　汽轮机（包括小汽轮机）最外一侧轴封的回汽（轴封泄漏的蒸汽和空气的混合物）及阀杆漏汽，均通过各自的管道汇集至低压汽封漏汽母管。低压汽封漏汽母管中的蒸汽和空气混合物随后排入轴封冷却器，蒸汽在轴封冷却器中凝结。轴封冷却器的水源来自凝结水系统，当轴封冷却器故障时，将回汽排到大气中。该轴封冷却器处配有两台100%容量的轴封风机，可互为切换、备用，利用一个轴封冷却器风机，把轴封冷却器中的空气从轴封冷却器中抽出，以确保轴封冷却器的微真空。

轴封系统中设置了许多疏水器和疏水阀门，在轴封系统刚起动时排出由于暖管形成的疏水。疏水阀门起到控制疏水的作用。

4.4.9 汽轮机本体疏水系统

4.4.9.1 汽轮机本体疏水系统的作用和组成

汽轮机在起动、停机和变负荷工况下运行时，蒸汽在与汽轮机本体和蒸汽管道接触时被冷却。蒸汽被冷却后，当蒸汽温度低于与蒸汽压力相对应的饱和温度时就凝结成水，若不及时排出凝结水，它会存积在某些管段和汽缸中。运行中，由于蒸汽和水的密度、流速都不同，管道对它们的阻力也不同，这些积水可能引起管道发生水冲击，轻者使管道振动，产生噪声，污染环境；重者使管道产生裂纹，甚至破裂。更为严重的是，一旦部分积水进入汽轮机，将会使动叶片受到水的冲击而损伤，甚至断裂，使金属部件急剧冷却而造成永久变形，甚至使大轴弯曲。

为了有效地防止汽轮机进水事故和管道中积水而引起的水冲击，必须及时地把汽缸和蒸汽管道中存积的凝结水排出，以确保机组安全运行。同时还可回收洁净的凝结水，这对提高机组的经济性是有利的。为此，汽轮机都设置有本体疏水系统，它包括汽轮机本体疏水，主蒸汽管道的疏水，再热蒸汽冷、热段管道的疏水，机组旁路管道的疏水，抽汽管道的疏水，高、中压缸主汽门和调速汽门的疏水，汽轮机轴封疏水，疏水扩容器，疏水箱等。

4.4.9.2 汽轮机本体疏水系统的设计

1. 汽轮机本体疏水点的设置

汽轮机本体疏水点一般设置在容易积聚凝结水的部位及有可能使蒸汽带水的地方，如蒸汽管道的低位点、汽缸的下部、阀门前后可能积水处、喷水减温器之后、备用汽源管道死端等。在这些部位设置疏水点，能够将疏水全部排出，保证机组安全。

2. 疏水装置及控制

疏水的控制是通过疏水装置实现的。疏水装置包括手动截止阀、电动调节阀、气动调节阀、节流孔板、节流栓和疏水箱等。现代大型机组多采用电动疏水阀或气动疏水阀作为疏水控制的主要机构。电动疏水阀可以自动开关，也可以在集控室由运行人员手动操作控制。气动疏水阀一般为气关式，由电磁阀控制，当电源、气源和信号中断时，阀门向安全的方向（开启方向）动作，以确保疏水的畅通，它可根据机组的运行情况由程序控制自动开启，也可在集控室由运行人员手动操作控制。手动截止阀、节流孔板、节流栓和疏水箱等，一般与以上两种疏水阀配合使用，组成不同的疏水控制方式。由于各处对疏水的要求不同，疏水的控制方式也不尽相同。

3. 疏水管道的布置

疏水管道的布置以及疏水管道和疏水阀内径的确定，应考虑在各种不同的运行方式下都能排出最大疏水量，且在任何情况下管道和阀门内径均不应小于20mm，以免被污物阻塞。

4.4.9.3 汽轮机本体及管道疏水系统举例

现以某1000MW机组的汽轮机本体及管道疏水系统为例来进行介绍，疏水系统简图如

图 4-3 所示。

1. 汽轮机本体疏水系统

汽轮机本体疏水系统范围包括汽轮机的本体疏水以及本体管道疏水，即主汽阀及其至汽轮机本体之间管道的疏水，各抽汽止回阀及其至汽缸之间管道疏水，自密封汽封系统高压汽源控制站、辅助汽源控制站，溢流控制站后供汽母管和供汽支管的疏水，锅炉给水泵汽轮机本体及其管道疏水也接入本系统。

2. 疏水扩容器

本体疏水系统采用两个矩形疏水扩容器，分别置于低压凝汽器和高压凝汽器壳体的侧边，低压侧疏水扩容器上接有 21 根疏水集管，主要用于接纳汽轮机本体及管道疏水、高压主汽调节阀后主汽管疏水、中压缸冷却阀前后疏水、6 号低压加热器事故疏水、2 号高压加热器事故疏水、3 号高压加热器事故疏水、采暖疏水、锅炉起动疏水等；高压侧疏水扩容器上接有 11 根疏水集管，主要接纳给水泵汽轮机高压供汽疏水、给水泵汽轮机本体疏水、5 号低压加热器事故疏水、1 号高压加热器事故疏水、除氧器溢放水、锅炉起动疏水等。

汽轮机本体及其管道的疏水支管上设置有电动疏水阀/气动疏水阀（其中高压主汽阀上阀座疏水、高压调节阀上阀座疏水、中压联合汽阀阀后疏水和抽汽止回阀阀前疏水设有气动疏水阀；高压调节阀后主汽管疏水、中压联合汽阀阀前疏水、高压内缸疏水和中压缸冷却阀阀前后疏水设有电动疏水阀）、手动截止阀和节流组件。

机组各处疏水经疏水管道排入到相应的疏水集管，通过疏水扩容器上的疏水集管进入疏水扩容器。减温水（凝结水）通过喷水管上的喷嘴从扩容器上部喷入，使扩容器内的闪蒸蒸汽温度迅速降低，增加了疏水扩容器的扩容能力。每台扩容器对应一套减温水系统。减温水源取自凝结水泵后，为防止喷嘴堵塞，需经滤水器过滤后才允许通过喷水阀接入疏水扩容器内的雾化喷嘴。

4.4.10 小汽轮机热力系统

驱动给水泵的小汽轮机本体结构和工作原理等与主汽轮机的基本相同。小汽轮机的工作任务是驱动锅炉给水泵，满足锅炉给水的要求。因此，小汽轮机的运行方式与主汽轮机又有一定的差别。这些不同的特性在小汽轮机自身的热力系统上有一定的体现。为此，本小节重点介绍小汽轮机的热力系统。

4.4.10.1 小汽轮机热力系统的组成及作用

小汽轮机热力系统的作用是向小汽轮机提供满足要求的蒸汽汽源，保证驱动给水泵小汽轮机的安全和经济运行。

小汽轮机热力系统包括小汽轮机工作汽源、小汽轮机的自动主汽门、调节汽门、排汽部分、轴封系统及疏水系统等。

4.4.10.2 小汽轮机的类型

小汽轮机和主汽轮机一样，是将蒸汽的热能转变为机械能的原动机。从理论上讲，任何类型的汽轮机均可以作为驱动给水泵的小汽轮机，即可以是背压式或凝汽式汽轮机。

1. 背压式或抽汽背压式小汽轮机

背压式小汽轮机的进汽，来自主汽轮机某一压力较高的抽汽，通常取自高压缸排汽即中间再热冷段蒸汽。背压式小汽轮机的排汽与主汽轮机压力较低的回热抽汽管道相连。大多数背压式小汽轮机带有 2~3 级回热抽汽，送到主汽轮机的回热系统，用来加热给水或凝结水，如图 4-35 所示。

这种小汽轮机的优点是外形尺寸比较小，且可减少主汽轮机中压缸回热抽汽。其缺点是：

1) 小汽轮机的排汽回到了主汽轮机的回热系统，减少了主汽轮机的回热抽汽，对改善主汽轮机的热经济性并无好处，当主汽轮机功率增大、末级的排汽面积不够时，更为突出。

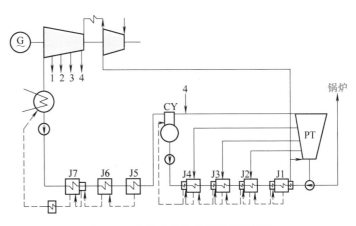

图 4-35　背压式小汽轮机装置系统图

2) 小汽轮机的运行与主汽轮机的回热系统有关，当主汽轮机需要经常在变工况下运行时，背压机的变工况很难与主汽轮的变工况相匹配，两者的适应性很差。20 世纪 60 年代这种小汽轮机曾在美国获得较多的应用，但目前除少数几个制造厂还继续生产外，它已逐渐被凝汽式小汽轮机所替代。

2. 凝汽式小汽轮机

为了简化系统、增加运行的灵活性，目前广泛采用的凝汽式小汽轮机均设计成纯凝汽式汽轮机。它的排汽排入自备的凝汽器或主凝汽器，它的工作蒸汽来自主汽轮机的中压缸或低压缸抽汽。主汽轮机的抽汽压力随负荷下降而降低，因此当主汽轮机负荷下降至一定程度时，需采用专门的自动切换阀门，将高压蒸汽引入小汽轮机或者从其他的汽源引入一定压力、温度的蒸汽，图 4-36 是这种小汽轮机装置的典型系统图。

机组采用凝汽式小汽轮机后，其经济性的改善在很大程度上取决于小汽轮机在热力系统中的位置。原则上讲，小汽轮机工作蒸汽可取自主汽轮机的任何一段抽汽，但从中间再热前供汽会使小汽轮机产生如下缺点：

1) 小汽轮机排汽的湿度过大，增大了末级叶片的水蚀，使小汽轮机效率下降。

2) 工作蒸汽压力高，进入小汽轮机蒸汽的体积流量小，降低小汽轮机高压级叶片高度，使小汽轮机相对内效率降低。

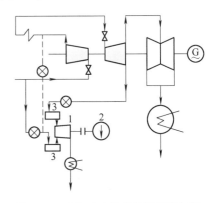

图 4-36　凝汽式小汽轮机装置系统图

3) 从中间再热循环中获得的热力学效益必须除去进入小汽轮机的那部分蒸汽，降低了主汽轮机的循环热效率。

为此，小汽轮机的工作蒸汽通常取自主汽轮机再热后某一段抽汽。为降低主汽轮机排汽的余速损失，同时又不使小汽轮机的排汽面积过大，小汽轮机的工作蒸汽常常取自主汽轮机中压缸排汽，或中压缸排汽前一段抽汽。主汽轮机额定功率下小汽轮机进汽压力为 0.5~1.2MPa。

4.4.10.3 小汽轮机工作汽源的切换

1. 小汽轮机的运行特点

小汽轮机工作原理与主汽轮机相同。但是，主汽轮机是在定转速下工作，通过改变调节汽阀的开度来改变进汽量以适应外界负荷的变化。正常运行时，主汽轮机的调节阀开度与进汽量基本成正比关系。

小汽轮机一般由主汽轮机的抽汽作为汽源，由于主汽轮机的抽汽压力正比于主汽轮机的负荷，故当主汽轮机负荷变化时，小汽轮机工作汽源的参数也要发生变化，这就决定了小汽轮机是变参数运行。

当主汽轮机负荷下降至一定程度时，小汽轮机和给水泵的效率随着负荷的下降而降低，小汽轮机产生的动力将不能满足给水泵耗功，不能满足锅炉给水的需要量。要满足给水量的要求，则必须开大小汽轮机进汽阀的富裕开度，或者全开超负荷进汽阀。如果小汽轮机的进汽量受主汽轮机最大允许抽汽量的制约，或者没有过负荷的通流面积，则就必须另设高压汽源，通过控制高压调节汽阀的开度，保持小汽轮机动力与给水泵耗功相平衡。因此，小汽轮机属于多汽源工作的汽轮机。

同时，当主汽轮机负荷变化时，锅炉给水流量也要发生变化，相应的小汽轮机功率和转速也要相应地发生变化，从而要求驱动给水泵的小汽轮机的功率也要发生变化。因此，小汽轮机又属于变转速汽轮机。

综上所述，驱动给水泵的小汽轮机是一个变参数、变转速、变功率和多汽源的原动机。

2. 小汽轮机工作汽源的切换方式

一般小汽轮机汽源的切换有5种方式：辅助电动泵切换、高压蒸汽外切换和高压蒸汽内切换、新蒸汽内切换和辅助汽源外切换。

（1）辅助电动泵切换 当主汽轮机负荷下降到切换点时，由辅助电动泵承担部分或全部给水泵所需要的电功率。这种方式的优点是可以使主汽轮机负荷降低至零；缺点是要增加电厂的附加设备投资，经济性差。但其切换方便，安全可靠。

（2）高压蒸汽外切换 高压蒸汽外切换系统如图4-37所示，小汽轮机只设一个蒸汽室。正常工况时，小汽轮机由主汽轮机中压缸抽汽供汽，当主汽轮机负荷降到低压汽源不能满足小汽轮机的需要时，打开小汽轮机高压蒸汽（即高压缸排汽）管道上的减压阀A，则高压蒸汽经阀A节流后进入汽轮机，与此同时，低压管道的止回阀B动作，小汽轮机自动地由低压汽源切换到高压汽源。切换后，低压蒸汽停止进入汽轮机，小汽轮机完全由高压缸排汽供汽。

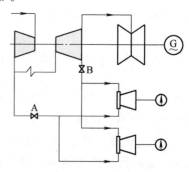

图 4-37　高压蒸汽外切换系统

小汽轮机由高压缸排汽供汽时，随主汽轮机负荷的减小，蒸汽参数下降，减压阀A不断开大，阀门的蒸汽损失不断减小。采用外切换方式，在切换点工况下小汽轮机工质突然由低压蒸汽变为高压蒸汽，会对小汽轮机产生较大的热冲击，同时阀门A产生了节流损失。所以，尽管这种切换方式只需设置一个蒸汽室，但仍因经济性不高而应用得不多。

（3）高压蒸汽内切换 针对高压蒸汽外切换存在的问题，采用高压蒸汽内切换。高压蒸汽内切换仍用高压缸排汽作为小汽轮机的高压内切换汽源，正常汽源为中压缸抽汽或排汽。当主汽轮机负荷低于切换点负荷时，小汽轮机的供汽由主汽轮机的低压抽汽汽源切换到高压缸排汽——高压汽源，取消了外切换系统中高压汽源管道上的减压阀A，在小汽轮机内设置了两个独立的蒸汽室，并各自配置有相应的主汽门和调节汽阀，它们分别与高压汽源和低压汽源相连，如图4-38所示。

其切换过程是：机组正常运行时，小汽轮机由低压汽源供汽。当主汽轮机负荷降低到低压汽源不能满足小汽轮机需要时，高压调节汽阀开启，将一部分高压蒸汽送入小汽轮机。此时，低压汽阀保持全开状态，高压和低压两种蒸汽分别进入各自的喷嘴组膨胀，在调节级做功后混合。

随着主汽轮机负荷继续下降，高压蒸汽量不断加大，由于低压蒸汽压力随主汽轮机负荷的减小而不断下降，而调节级后蒸汽压力随高压蒸汽流量的增加而

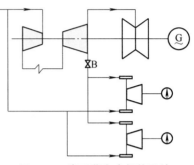

图4-38　高压蒸汽内切换系统

提高，所以低压喷嘴组前后压差减小，低压蒸汽的进汽量逐渐减小。当低压喷嘴组前后的压力相等时，低压蒸汽不再进入小汽轮机，全部切换到高压汽源供汽，此时低压调节阀仍全开，装在低压蒸汽管道上的止回阀B自动关闭，以防止高压蒸汽通过低压汽源的抽汽管道倒流入主汽轮机。

这种切换方式的优点是：汽源切换过程中，汽轮机调节系统工作比较稳定，热冲击小，高压蒸汽在汽阀中的节流损失也小，改善了机组低负荷的热经济性，因此高压蒸汽内切换方式得到了广泛应用。其缺点是小汽轮机进汽部分结构比较复杂。

（4）新蒸汽内切换　其切换方法与高压缸排汽内切换基本相同，只是高压蒸汽采用新蒸汽。这种方式的优点是可以保证小汽轮机在更低的主汽轮机负荷下工作，其缺点是主蒸汽受到了很大的节流，小汽轮机进汽部分的热冲击也比较大。

（5）辅助汽源外切换　目前应用比较多的是采用辅助蒸汽外切换方式。这种方式不仅保证小汽轮机能在更低的主汽轮机负荷下工作，而且也使小汽轮机取消了高压蒸汽室、高压喷嘴组及进汽阀门等，使小汽轮机的结构紧凑、系统简单、运行可靠。

4.4.10.4　小汽轮机的排汽方式

小汽轮机的排汽有两种方式。一种是排至专门为小汽轮机设置的凝汽器。这种方式布置上比较灵活，但需设置单独的凝结水泵将小汽轮机的凝结水打入主凝结水泵出口调节阀后的主凝结水管道中。这不仅使系统复杂，投资增加，而且会增加厂用电消耗和运行维护的工作量，因此新型机组上已不再采用。

另一种排汽方式是乏汽直接排入主汽轮机凝汽器。在排汽管上装设一个真空蝶阀，以保证汽轮发电机组正常运行时小汽轮机的乏汽能通畅地排入主汽轮机凝汽器，同时在机组甩负荷或给水泵检修而切除时，真空蝶阀关闭，切断主汽轮机凝汽器与小汽轮机之间的联络，维持主汽轮机凝汽器的真空，保证主汽轮机安全运行。这种排汽方式系统简单，安全可靠。

4.4.10.5　小汽轮机的热力系统举例

1. 蒸汽管道系统

小汽轮机广泛采用冷再蒸汽内切换供汽方式，设有高、低压两个供汽汽源。因此，小汽轮机的蒸汽管道系统包括高压蒸汽管道和低压蒸汽管道系统，如图4-39所示。

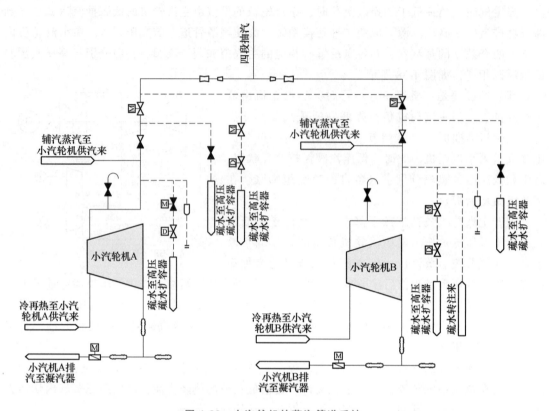

图 4-39 小汽轮机的蒸汽管道系统

高压蒸汽从主汽轮机的冷再热蒸汽管道上引出，经一个电动隔离阀送到高压主汽门，通过高压调节汽阀进入汽轮机。

低压汽源自主汽轮机4级抽汽管上接出。在低压汽源管道上安装一个电动隔离阀和止回阀。止回阀的作用是防止由低压汽源切换高压汽源时，高压蒸汽倒流入抽汽管道，造成主汽轮机超速及抽汽管超压。电动隔离阀和主汽门前，分别装设一只气动疏水阀，供暖管和汽轮机超速保护用。当汽轮机甩负荷时，气动疏水阀能快速开启，以释放管道内积存的蒸汽和凝结水。在电动隔离阀与止回阀之间管道低位点，设置一套疏水装置，在低压汽源管道起动暖管时采用旁路阀疏水，当抽汽压力低，小汽轮机切换高压汽源时采用经常疏水，使低压汽源处于热备用状态，以便当主汽轮机负荷增加到抽汽满足小汽轮机用汽时及时投用。

同样，由于高压蒸汽管道经常处于热备用状态，随时要切换高压蒸汽运行，因此在电动隔离阀后、高压主汽门前的管道低位点设有疏水装置，用于暖管疏水。蒸汽管道上所有疏水回收进入凝汽器疏水扩容器。

在低压汽源管道止回阀后还接入辅助蒸汽汽源管道，作为小汽轮机调试用汽。

2. 轴封蒸汽系统

为防止空气进入汽缸及蒸汽漏至汽轮机房，汽轮机设置了轴封蒸汽系统。并在小汽轮机盘车时维持机组的真空，小汽轮机轴端汽封的供汽和漏汽管道、主汽门和调节汽阀的阀杆漏汽管道以及蒸汽过滤器等组成了小汽轮机的轴封蒸汽系统，如图4-40所示。

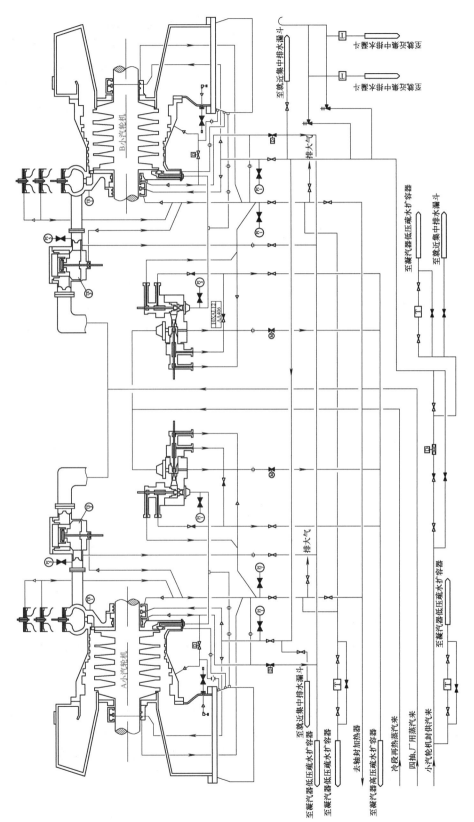

图4-40 小汽轮机轴封蒸汽及疏水系统

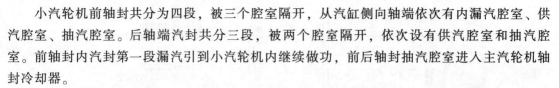

小汽轮机前轴封共分为四段，被三个腔室隔开，从汽缸侧向轴端依次有内漏汽腔室、供汽腔室、抽汽腔室。后轴端汽封共分三段，被两个腔室隔开，依次设有供汽腔室和抽汽腔室。前轴封内汽封第一段漏汽引到小汽轮机内继续做功，前后轴封抽汽腔室进入主汽轮机轴封冷却器。

小汽轮机轴封供汽来自主汽轮机低压缸汽封供汽母管。除了引自主汽轮机汽封供汽系统的蒸汽，小汽轮机轴封蒸汽系统还备有均压箱或压力调节阀。

高、低压主汽门和调节汽阀阀杆漏汽均只有一个抽汽腔室，均接至主汽轮机轴封冷却器。

3. 疏水系统

小汽轮机汽缸和连接管道同样要设置疏水系统，但不设置专门的疏水扩容器。如图 4-40 所示，在连接高压调节汽阀与高压蒸汽室的挠性主汽管的最低位置处有一个疏水门，在前汽封第一段漏汽至汽轮机级内连接管的最低端处设有一个疏水口，这两路疏水接至小汽轮机排汽口。高压主汽门阀座下部疏水、高压主汽门阀壳疏水、高压调节汽门上部阀壳疏水直接接至主汽轮机凝汽器高压疏水扩容器。

低压主汽门阀座上部直接接至主汽轮机凝汽器高压疏水扩容器。轴封抽汽管道疏水经疏水器后，进入汽轮机凝汽器低压疏水扩容器。

4.5 辅助蒸汽系统

4.5.1 辅助蒸汽系统的作用与组成

辅助蒸汽系统的作用是保证机组在各种运行工况下，为各用汽项目提供参数、数量均符合要求的蒸汽。

辅助蒸汽的参数是根据电厂对辅助蒸汽用汽要求而定的。

辅助蒸汽系统主要由供汽汽源、用汽支管、辅助蒸汽集箱（或称辅助蒸汽母管）、减压减温装置、疏水装置及其连接管道和阀门等组成。

4.5.2 辅助蒸汽系统的汽源

1. 起动锅炉或老厂供汽

对于新建电厂的第一台机组，要设置起动锅炉，用锅炉新蒸汽来满足机组的起停和厂区用汽。对于扩建电厂，可利用老厂锅炉的过热蒸汽作为起动和低负荷汽源。

2. 再热冷段供汽

再热冷段供汽汽源可接至高压旁路之后，这样在机组起动、低负荷及机组甩负荷工况下，只要旁路系统投入，且其蒸汽参数能满足用汽要求时，就能供应辅助蒸汽。当旁路系统切除，再热冷段蒸汽能满足要求时，由高压缸排汽供辅助蒸汽。该供汽管道上装有逆止阀，防止辅助蒸汽倒流入汽轮机。

3. 汽轮机抽汽供汽

当负荷大于 70%~85% MCR 时，利用汽轮机与辅助蒸汽集箱压力相一致的抽汽供辅助蒸汽,并且在抽汽供汽管与辅助蒸汽集箱之间不设减压阀,在辅助蒸汽集箱所要求的一定压力范围内滑压运行,从而减少了压力损失,提高机组运行的热经济性。接入辅助蒸汽集箱的抽汽管道上也装有逆止阀。

4.5.3 辅助蒸汽的用途

1. 向除氧器供汽

机组起动时,供除氧器加热用汽。

低负荷或停机过程中,当除氧器压力低于一定值时,抽汽汽源自动切换至辅助蒸汽,以维持除氧器定压运行。

甩负荷时,辅助蒸汽自动投入,以维持除氧器内具有一定的压力。

在停机情况下,向除氧器供应一定量的辅助蒸汽,使除氧器内储存的凝结水表面覆盖一层蒸汽,防止凝结水直接与大气相通,造成凝结水溶氧量增加。

2. 小汽轮机的调试用汽

机组起动之前,若给水泵小汽轮机需要调试用汽,可由辅助蒸汽供给。供汽管接在小汽轮机低压主汽门前。

3. 主汽轮机和小汽轮机的轴封用汽

对于采用辅助蒸汽供汽的轴封蒸汽系统,在各种工况下,辅助蒸汽系统都要提供合乎要求的轴封用汽。对于在正常运行时采用自密封平衡供汽的轴封蒸汽系统,在机组起停及低负荷工况下,由辅助蒸汽向主汽轮机和小汽轮机供轴封用汽。

4. 采暖用汽和锅炉暖风器用汽

正常运行时,电厂的采暖用汽和锅炉暖风器用汽由汽轮机抽汽供给。当机组低负荷运行,汽轮机抽汽压力不能满足用汽要求时,可由辅助蒸汽系统供给。

5. 其他用汽

辅助蒸汽还提供卸油、油库加热、燃油加热及燃油雾化用汽,以及机组停运后的露天管道和设备的保暖用汽等杂项用汽。

4.5.4 辅助蒸汽系统举例

图4-41所示为某电厂1000MW机组的辅助蒸汽系统。在全厂第一台机组起动及低负荷阶段,辅助蒸汽系统的汽源来自起动锅炉,向本机组除氧器、本机组轴封系统、小汽轮机及其轴封系统、磨煤机灭火系统、空气预热器吹灰系统、燃油加热及雾化、厂用热交换器以及化学水处理等提供蒸汽。

当全厂已经存在多台机组的条件下,某一机组的起动及低负荷阶段,上述各种辅助蒸汽来自相邻机组的辅助蒸汽系统。

随着机组负荷的增加,当再热冷段蒸汽压力达到一定数值时,辅助蒸汽开始由再热冷段蒸汽供汽,随着机组负荷的进一步增大,逐渐切换成自保持方式。

在机组正常运行期间,当汽轮机第4级抽汽压力足够高时,由第4级抽汽向辅助蒸汽集箱直接供汽。

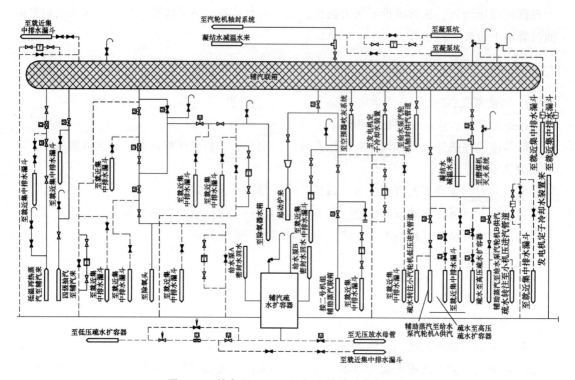

图 4-41　某电厂 1000MW 机组的辅助蒸汽系统

本机组辅助蒸汽母管上共有两个安全阀，辅助蒸汽至磨煤机灭火系统管路上设置了一个溢流阀。

4.6　锅炉排污系统

4.6.1　锅炉排污的作用及形式

锅炉运行中，将带有较多盐分和水渣的锅水排放到锅炉外，称为锅炉排污。

锅炉排污的作用，是排掉含盐浓度较高的锅水，以及锅水中的腐蚀物及沉淀物，使锅水含盐量维持在规定的范围之内，以减小锅水的膨胀及出现泡沫层，从而可减小蒸汽湿度及含盐量，保证良好的蒸汽品质。同时，排污还可消除或减轻蒸发受热面管内结垢。

4.6.2　锅炉排污系统的设计

锅筒锅炉的正常排污率不得低于锅炉最大连续蒸发量的 0.3%，但也不宜超过锅炉额定蒸发量的下列数值：

1）以化学除盐水为补给水的凝汽式发电厂为 1%。

2）以化学除盐水或蒸馏水为补给水的热电厂为 2%。

锅炉排污又分为连续排污和定期排污。连续排污是从锅筒中含盐量较大的部位连续排放炉水，由于连续排污量大，在连续排污过程中要回收工质和热量；定期排污是从炉水循环的最低点（水冷壁下集箱）排放炉水，定期排污能迅速地降低炉水的沉淀物。锅筒锅炉均设置一套完整的连续排污利用系统和定期排污系统。

4.6.3 锅炉排污系统举例

1. 锅炉连续排污系统

锅炉连续排污的目的就是控制锅筒内炉水水质在允许范围内，从而保证锅炉蒸发出的蒸汽品质合格。锅筒中的排污水是含盐浓度较高的水。

图 4-42 所示为某 600MW 机组锅筒锅炉排污利用系统。连续排污管道由锅筒底部接出进入连续排污扩容器。另外，在该管上还装设一套流量测量装置，以便于监视排污水流量。

连续排污扩容器产生的蒸汽，经一个关断闸阀和一个止回阀送到除氧器。关断闸阀和止回阀供检修关断和防止蒸汽倒流。

2. 定期排污系统

锅炉的定期排污系统由定期排污扩容器及其连接管道和阀门组成，如图 4-42 所示。

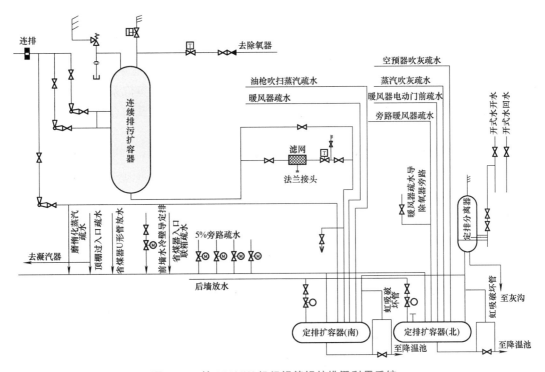

图 4-42 某 600MW 机组锅筒锅炉排污利用系统

锅炉的定期排污系统主要为安全性方面而设置，因此可不考虑工质的回收。锅炉锅筒的紧急放水、定期排污水、锅炉检修或水压试验后的放水、锅炉点火升压过程中对水循环系统进行冲洗的放水、过热器和再热器的下集箱及出口集汽箱的疏水等均进入锅炉定期排污扩容器，排污扩容后的水进入降温池，蒸汽进入定期排污分离器。分离器中的蒸汽，由开式水来水对其进行降温，使分离器的分离能力得到进一步的提高。分离出的水排入排污地沟。

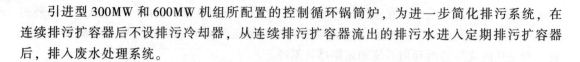

引进型 300MW 和 600MW 机组所配置的控制循环锅筒炉，为进一步简化排污系统，在连续排污扩容器后不设排污冷却器，从连续排污扩容器流出的排污水进入定期排污扩容器后，排入废水处理系统。

4.7　热力发电厂全面性热力系统

前面各章节已经把热力发电厂各局部系统的全面性热力系统进行了较详细的介绍，若将它们按一定规律和配置条件组合起来，就形成了发电厂的全面性热力系统，它在全厂范围内展示各局部系统相互之间的关系，各运行工况、起动停机、事故切换以及维护检修等各种操作方式的具体体现。

作为总结和巩固前几章所学的知识，进一步加深理解和分析现代发电厂的全面性热力系统，应注意以下几点：

1）熟悉图例。国家标准 GB/T 6567—2008《技术制图　管路系统的图形符号》，以及电力行业标准 DL/T 5028—2015《电力工程制图标准》都规定了有关热力系统设备、管道和主要管道附件的统一图形符号，表 4-2 中列出了部分常用图形符号。应熟悉这些常用的图形符号，在设计和阅读图样时加以正确的应用。

2）以设备为中心，以局部系统为线索，逐步拓展阅读理解。发电厂热力系统的主要设备包括锅炉、汽轮机、凝汽器、除氧器及各级回热加热器、各种水泵等，结合设备明细表，了解主要设备的特点和规范。再根据各局部系统，如回热系统、主蒸汽系统和旁路系统、给水系统等，找出各系统的连接方式及其特点、各系统间的相互关系及结合点。逐步扩大至全厂范围。

3）区别不同的管线、阀门及其作用。辅助设备有经常运行的和备用的，管线和阀门也有正常工况运行和事故旁路，不同工况下切换甚至于只有起动、停机时才启用的，这些都需要通过前面章节所学各局部系统的内容进行分析，最后综合成全厂（单元机组）的全面性热力系统的运行工况分析。

以国产超临界 CLN600-24.67/537/537 型机组的全面性热力系统为例，该机组汽轮机为一个高中压合缸，两个低压缸四排汽，配超临界压力直流锅炉。单元制主蒸汽管道系统、冷再热和热再热蒸汽管道均采用 2-1-2 布置方式。旁路系统采用两级旁路串联系统。单元制给水系统装有两台汽动给水泵和一台电动液力耦合调速泵，均设有前置泵。给水泵汽轮机的低压汽源来自第 4 段抽汽，高压汽源来自高压缸排汽，高低压汽源自动内切换，给水泵汽轮机排汽至主机凝汽器。回热系统有八段非调整抽汽，分别供三台高压加热器、除氧器和四台低压加热器。7 号、8 号低压加热器布置在凝汽器颈部。三台高压加热器均带有内置式蒸汽冷却器和疏水冷却器并设有水侧大旁路。三台高压加热器疏水正常工况逐级自流至除氧器。当低负荷期间，并且除氧器转入定压运行时，由于 3 号高压加热器至除氧器的压差小，使得疏水不能自流入除氧器时，3 号高压加热器疏水流入凝汽器。高压加热器的事故放水都放入凝汽器。除氧器排气直接排入大气。四台低压加热器疏水逐级自流至凝汽器。5 号低压加热器疏水还可以直接流入高压凝汽器，6 号和 7 号低压加热器疏水还可以直接流入低压凝汽器。除氧器为滑压运行。过热器喷水来自省煤器出口。再热器事故喷水来自给水泵中间抽头。真空抽气系统采用三台水环式真空泵，两台工作、一台备用，起动期间视情况可以起动两台或

表 4-2 发电厂热力系统图例

设备名称代号		阀门图例		管件和设备图例	
代号	设备名称	符号	说明	符号	说明
B	锅炉	⋈	截止阀	◑	疏水器
HP	汽轮机高压缸	⋈	闸阀	⊔	疏水罐
IP	汽轮机中压缸	⋈	球阀	▷	大小头(变径管)
LP	汽轮机低压缸	◄►	截止阀(常关)	⊣⊢	单级节流孔板
HJ	第J号加热器	⋈	逆止阀	⋈	文丘里流量测量装置
TP	前置给水泵	⊠	调节阀	⊙	滤水器
FP	给水泵	⋊	真空阀(水封阀)	⟋	排大气
TD	给水泵汽轮机	⟁	角阀	⊕	泵
SG	轴封冷却器	⟁	安全阀	⬭	管线续接号
C	凝汽器	⋈	减温减压阀	◉	自动主汽阀
CP	凝结水泵	▭	蝶阀	⟊	减温器
BP	凝结水升压泵	✳	四通阀	⊗	滤网
DE	除盐装置	⋈	三通阀	⊳	透平机
FC	给水冷却器	⋈	浮子调节阀	⊥	热力除氧器
HD	除氧器	▥	疏水阀	⊕	加热器
FF	风机		控制元件图例		管路图例
E	蒸汽发生器	日	活塞元件	┼	交叉连接管
ES	蒸汽冷却器	M	电动元件	┼	交叉不连接管
EJ	抽汽冷却器	⌐	带弹簧薄膜元件	──	主蒸汽管、给水管
HD	除氧器	⊤	不带弹簧薄膜元件	----	凝结水管
DC	疏水冷却器	▯	电磁元件	─╍─	排汽管
WAH	暖风器	⌐	浮球元件	─•─	连续排污管
ECL	低压省煤器	⌐	重锤元件	─•─	定期排污管

三台。凝结水泵设为两台，一台运行、一台备用。凝结水经除盐装置后进入低压加热器。循环水系统设有胶球清洗泵两台。凝汽器喷水和汽轮机排汽喷水一并引自除盐装置出口的凝结水。锅炉设定期排污系统，没有连续排污系统。

思 考 题

4-1 什么是热力发电厂全面性热力系统？它与原则性热力系统的区别是什么？热力发电厂全面性热力系统的主要作用是什么？

4-2 发电厂补充水通常采用什么方法除盐？对亚临界以上锅炉为何还要对凝结水进行精处理？精处理装置有哪两种系统？在热力系统图上如何表示出来？

4-3 大型中间再热机组的主蒸汽管道采用什么系统？为什么？

4-4 设计发电厂主蒸汽系统时，需要解决哪几个问题？分别采用什么措施解决？

4-5 采用小汽轮机驱动给水泵时，小汽轮机的汽源应如何设置以确保给水系统的安全？

4-6 回热加热器的水侧旁路通常有哪几种类型？各有什么优缺点？

4-7 回热加热器及凝结水泵入口处为什么要设置抽空气管路？

4-8 再热机组的主蒸汽系统可以采用母管制吗？

4-9 举例说明现代热力发电厂的生产过程还存在哪些废热损失。

4-10 针对一种现代热力发电厂生产过程的现存废热，自行挑选提出你的回收利用技术方案。

4-11 为何说高压加热器事故可能造成汽轮机进水、锅炉过热蒸汽超温、出力降低？

4-12 汽轮机超速发生于发电机并网状态还是离网状态？为什么？

4-13 选择发电厂类型及容量时，主要考虑哪些因素？

4-14 对回热全面性热力系统的要求是什么？

4-15 拟定除氧器全面性热力系统应主要考虑哪些问题？

第5章

热力发电厂优化运行与调整

我国一次能源紧张的现状和电力行业实施"厂网分开""竞价上网"的竞争机制，都要求各热力发电厂必须节能降耗。而热力发电厂运行的经济性与设备的选型、系统设计、安装质量、运行方式等许多因素有关。热力发电厂除加强各生产环节的管理、提高操作人员的运行和检修技能外，深入研究并完善热力发电厂经济运行技术将进一步给整个热力发电厂带来可观的经济效益。本章从运行的角度出发，分析讨论最经济的运行方式。

5.1 热力发电厂热力系统主要设备运行与调整

5.1.1 回热加热器运行与调整

1. 低压加热器运行与调整

低压加热器通常都是随主机一同起动和停止的。机组起动前各台低压加热器的出入口全开，各旁路门全关，但靠近除氧器的那台低压加热器出口应处于关闭状态。当凝结水泵起动后，缓慢向低压加热器通水，将水室及管道内积存的空气充分排出，各加热器的进汽门、疏水门、空气门全开，汽侧放水门全关。汽轮机起动后，回热抽汽开始进入加热器，疏水则逐级自流至下级加热器，最后排到凝汽器。机组在起动中，当凝结水水质合格后，关闭起动放水门，开启靠近除氧器的低压加热器出口门，将凝结水导入除氧器。随着负荷的增加，低压加热器疏水水位升高，应及时调整到正常数值。当负荷稳定后，将疏水调节投入自动调节。随着疏水量的增加，机组负荷达到30%额定负荷时，可起动低压加热器疏水泵，关闭去凝汽器的疏水调整门。

停机时，随着负荷的减少，低压加热器进汽量相应减少，直至和主机同时停止。在停机过程中，除需调整凝汽器水位外，其他阀门一般不进行操作。停机后，如需对低压加热器进行找漏时，应将汽侧放水门全开，确认汽侧存水放净时再起动凝结水泵，检查汽侧放水门是否流水，根据水量的大小，可以判断低压加热器管束的泄漏程度。

机组运行中，如果发生低压加热器管束或水室结合面泄漏以及其他缺陷时，则需要将低压加热器停止，低压加热器疏水泵停用。减少负荷的数值以除氧器不振动为宜。切除低压加

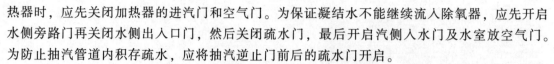

热器时，应先关闭加热器的进汽门和空气门。为保证凝结水不能继续流入除氧器，应先开启水侧旁路门再关闭水侧出入口门，然后关闭疏水门，最后开启汽侧入水门及水室放空气门。为防止抽汽管道内积存疏水，应将抽汽逆止门前后的疏水门开启。

当需要在机组运行中投入低压加热器时，应先开入口水门，注意排净空气，防止汽水共存，再开出口门，关水侧旁路门，使凝结水全部通过加热器。当汽侧放水门全关后，缓慢开启加热器进汽门，将汽压逐渐提高到当时负荷的抽汽压力。而后根据负荷情况起动疏水泵。加热器投入后，关闭抽汽管道上的疏水门。

低压加热器正常运行时，主要监视其水位的变化，如果低压加热器管系泄漏或水位调整失灵时，均会造成水位升高或满水。低压加热器满水时不仅会引起壳体振动，而且可能使汽轮机中、低压缸进水。判断低压加热器水位是否过高，除了水位计及水位信号外，还可以从低压加热器出口温度来判断。如果负荷未变而出口水温下降，则说明某台低压加热器水位过高。另外，在正常运行中，对汽侧压力最低的低压加热器出入口水温也要注意检查，如果此低压加热器的出入口水温减小，说明汽侧抽汽量减少。这可能是由于空气排不出去引起的，应进行调整。

2. 高压加热器运行与调整

高压加热器能否正常投入运行，对热力发电厂的经济性和负荷都有很大的影响。当高压加热器切除时，由于抽汽量的变化，改变了汽轮机各级的压降和蒸汽流量，使动叶、隔板上所受应力随之增加。另外，由于进入锅炉的给水温度降低，若锅炉仍保持原来的蒸发量，则必然要加大燃料消耗量，由此可能会造成锅炉过热器和再热器超温。因此，在高压加热器停用时，应限制机组的负荷。此外，高压加热器停运后，加大了排汽在凝汽器中的热量损失，降低了机组的循环热效率。对于一台 300MW 机组，高压加热器切除时，机组热耗将增加 4.6%，标准煤耗率增加 $11g/(kW \cdot h)$ 左右。由此可见，提高高压加热器的投入率，对发电厂的安全、经济运行有着重要的意义。

（1）高压加热器投运率的计算　高压加热器投运率的定义是：在机组运行时间内，高压加热器参与机组运行时间的百分比。即

$$高压加热器投运率 = \frac{高压加热器运行小时数}{机组运行小时数} \times 100\% \qquad (5\text{-}1)$$

式（5-1）中的机组运行小时数，是指机组并入电网到机组从电网中解列所经历的小时数；高压加热器运行小时数是指高压加热器蒸汽侧阀门全部打开到开始关闭蒸汽侧阀门所经历的小时数。

对于只有整组高压加热器给水大旁路而没有高压加热器给水小旁路的高压加热器系统，一个高压加热器发生故障，机组的整组高压加热器必须停运，故此机组只有一个高压加热器投运率。而对设有小旁路的高压加热器系统，一个高压加热器出现故障，可以只停这个高压加热器，其他各个高压加热器可以继续运行，各个高压加热器各有其投运率，故此机组的高压加热器投运率即为各高压加热器投运率平均值。例如某机组年运行 6500h，其 1 号高压加热器投运 2000h，其 2 号、3 号高压加热器分别运行 6000h 和 5000h，则

$$高压加热器投运率 = \frac{2000+6000+5000}{6500 \times 3} \times 100\% = 66.7\%$$

在实际计算中，不仅要计算单台机组的高压加热器投运率，有时还需要计算若干台机组

的高压加热器投运率，或一个电厂的高压加热器投运率，或某一类机组的高压加热器投运率。这时应注意：

1）每个高压加热器运行小时数的规定。当高压加热器不随主机滑起滑停时，按每台高压加热器的进汽门开启至关闭的小时数计算；当高压加热器随主机滑起滑停时，把主机与电网并列、解列的时间作为高压加热器进汽门开启、关闭的时间。

2）主机的运行小时数按主机与电网并列至解列的小时数计算。

3）统计计算高压加热器投运率，同时应测定并记录给水温度。

（2）高压加热器停运对机组煤耗的影响　给水回热加热器是热力系统的重要设备之一，热力发电厂设置给水回热加热器的目的是降低热耗，提高热效率，降低煤耗。除了在热力发电厂设计时要做详细的优化计算外，热力发电厂在运行中也要考虑各给水回热加热器对机组经济运行的影响，尤其是要考虑高压加热器停运对机组热耗和煤耗的影响。

高压加热器对机组经济性的影响可以从两个方面进行分析：

1）汽耗量变化。当机组输出功率不变时，高压加热器投运后，由于抽汽只做了一部分功即被抽出加热给水，因此汽耗量将增加。

2）单位蒸汽在锅炉内的吸热量由于投入高压加热器后给水温度升高而降低，因此，投高压加热器后汽轮机的热耗量减少。按照高压加热器停运比高压加热器运行时热耗和煤耗增加值的计算方法进行高压加热器停运对机组煤耗影响的计算。表5-1列出了一些机组停用高压加热器时的热耗和煤耗增加值。

表 5-1　机组停用高压加热器时的热耗和煤耗增加值

机组型号	给水温度/℃	热耗增加（%）	标准煤耗增加值/[g/(kW·h)]	每年标准煤多耗/t	发电标准煤耗率/[g/(kW·h)]
N100-9.0/535	222.0	1.9	7.0	4900	360
N125-13.5/550/550	239.0	2.3	7.4	6500	320
N200-13/535/535	240.0	2.57	8.3	11600	320
N300-16.5/550/550	263.1	4.6	11.0	19400	310

综上所述，高压加热器停运后，200MW 机组的发电标准煤耗率的增加值约为 8.3g/(kW·h)，300MW 机组的发电标准煤耗率的增加值约为 11g/(kW·h)，该数值可作为一般应用参考。若对本厂某一机组要求有准确数值，可以结合实际运行参数，进行详细计算或测定。

（3）高压加热器的起停方式　为防止高压加热器管束及胀口泄漏，延长高压加热器的寿命，在高压加热器起停过程中应限制高压加热器的温度变化率。国产 300MW 机组规定，起动时，给水温升率不大于 1.7℃/min；停止时，温降率也不大于 1.7℃/min。为了控制高压加热器温度变化率在规定范围内，高压加热器应随机组滑起、滑停。这是由于给水温度和抽汽参数是随着机组负荷的增减而变化的，高压加热器的壳体、管束、管板、水室等就能均匀地被加热和冷却，相应地金属热应力也就减少了，高压加热器管束和胀口泄漏也可能会大大减少。

随机起动高压加热器时，一般在给水泵运转后，就对高压加热器注水。在注水过程中，根据邻近除氧器的高压加热器入口给水温升速度，控制注水门开度。高压加热器注满水后，从汽侧放水门检查高压加热器管束是否泄漏。如果不漏，即可关闭该放水门，连续排汽门全开。投运过程中，重点要监视高压加热器水位的变化。疏水方式为逐级自流，并用疏水调节阀保持水位，在机组负荷稳定后投入水位自动调节。高压加热器随机起动时，如果高压胀差增长较快，应适当关小一次抽汽门，以提高高压外缸的温度。

高压加热器随机滑停时，随着负荷的减少，抽汽参数和给水温度逐渐下降，直至汽轮机停止运行时，高压加热器也即停止。当机组负荷降低时，要特别注意汽轮机上下缸的温差，如果上下缸温差增大时，可以停止高压加热器，以保证汽轮机的安全运行。高压加热器停止后，开启高压加热器汽侧放水门。

高压加热器在起停过程中，温度变化率比较难控制，操作时要特别注意。起动时，为避免高温给水对高压加热器管束、胀口、管板等部件的热冲击，通水前要先进行预暖。利用蒸汽对金属的凝结放热，使筒体、管板和管束加热到接近于正常的给水温度，之后再进行注水排气。注水时要注意监视水侧压力，不要提得太快，以使容器和管道内空气充分排出。高压加热器注满水时，其水侧压力应等于管道内的给水压力。关闭注水门时应注意观察高压加热器水侧压力，如果压力不变，则高压加热器不漏，此时可以进行通水操作。高压加热器通水后，按抽汽压力由低到高的顺序，逐个开启每台高压加热器进汽门和疏水门，并注意监视每台高压加热器出口给水温度变化率，直至将进汽门全开。疏水逐级自流到除氧器。

停用高压加热器时，先停汽，后停水，按抽汽压力由高到低的顺序缓慢关闭每台高压加热器进汽门；严格控制给水温降速度。水侧停止以前，要先开给水旁路门，再关闭出入口门。为防止汽侧超压，疏水门最后关闭。汽侧全停后，应开启汽侧及水侧放水门。

不论高压加热器是随机组起动还是在机组运行中起动，都必须提前进行保护装置试验，通水前先投入高压加热器保护。

（4）高压加热器正常运行中的维护　高压加热器正常运行时应做如下维护工作：

1）保持正常高压加热器水位，防止低水位或高水位运行。高压加热器低水位运行时，蒸汽将通过疏水管流入下一级加热器，从而减少下一级抽汽，直接影响着机组回热系统的经济性，同时由于疏水管内的汽水共存而造成管道的振动。另外，低水位运行时，蒸汽夹带着凝结的水珠流经加热器管束的尾部，将造成部分管束的冲蚀，特别是疏水冷却段处的管束。高压加热器水位过高时，一方面使管束的传热面积减少，给水温度下降；另一方面水位过高容易造成保护动作，而一旦保护失灵，容易发生汽轮机进水。

2）监视高压加热器出入口温度和抽汽压力。若给水温度降低，可能是因为疏水水位过高、汽侧连续排汽不畅、处于关闭状态下的给水旁路门不严、入口联成门未全开使一部分给水经旁路流过等。此外，加热器入口水室挡板与筒壁或管板之间有间隙，也可能使给水走近路，应将挡板缝隙封死。抽汽逆止门、加热器进汽门开度不足，处于节流状态，也使给水温度降低，此时可根据汽轮机抽汽口与加热器汽侧压力之差的变化来分析。若汽侧压力等于或高于抽汽压力，则说明高压加热器水位过高，应及时采取措施。

3）高压加热器汽侧连续排汽门要畅通，防止空气聚集在传热面上，影响高压加热器传热效果，腐蚀高压加热器管束。

4）注意负荷与疏水调节阀开度的关系，当负荷未变而调节阀开度增加时，管束可能出现轻度泄漏。此时应将高压加热器停止，防止压力水对相邻管束的冲刷。

5）防止高压加热器在过负荷状态下运行。高压加热器在过负荷时，抽汽量增加，蒸汽流速加大，将使管束发生振动；另外将使过热蒸汽冷却段出口蒸汽过热度减少，产生的水雾将严重侵蚀管束。此时，可暂关进汽门，使高压加热器的给水温升保持在正常值。

6）在运行时，应维持给水溶氧不超过 $7\mu g/L$。高压加热器随机组起动时，要防止未除氧的水通入高压加热器。给水的 pH 值为 $8.8\sim9.2$，pH 值高，易在碳钢管形成一层保护膜，可减少对设备的过度腐蚀；但 pH 值过高，又将加速设备腐蚀。

7）高压加热器运行中，汽侧的安全门应保证可靠好用，要定期进行校验及动作试验。应定期进行高压加热器保护、危急疏水门、抽汽逆止门和进汽门的连锁试验；定期冲洗水位计，防止出现假水位。

5.1.2　除氧器运行与调整

除氧器作为给水回热加热系统中的一个混合式加热器，其作用是除去锅炉给水中的氧气、氮气、二氧化碳等气体，以保证锅炉给水的品质合格。在运行中如果加强监视，及时进行合理调整，不但能达到最佳的除氧效果，而且对提高电厂的热经济性也有重要作用。

1. 除氧器滑压运行的经济性分析

除氧器有定压和滑压两种运行方式。除氧器定压运行由压力调节阀维持压力恒定，但压力调节阀会产生节流损失，在高负荷时（一般为 $70\%P_e$），就必须切换到压力更高的回热抽汽，蒸汽节流损失更大，而且高压加热器组的疏水不能进入除氧器，需切换到低压加热器。相对除氧器的定压运行而言，滑压运行是指其运行压力随主机负荷变动而变化的运行方式，无蒸汽节流损失。在低负荷时（$20\%P_e$），汽源则切换到压力更高的回热抽汽，同时除氧器以定压方式运行。

除氧器采用滑压运行后，主要从以下两方面提高热力系统的经济性。

（1）避免除氧器抽汽的节流损失　对于定压运行的除氧器来说，在任何情况下均应使除氧器内保持恒定的压力。供除氧器的抽汽压力一般需要高出除氧器工作压力，一般为 $0.2026\sim0.3039MPa$，抽汽管路上需装设压力调节阀。当机组在较高负荷下运行时，抽汽有节流损失，使热效率降低。当机组负荷再降低时，原抽汽压力不能维持除氧器在一定工作压力时，需将抽汽切换到高一级压力的抽汽，同样导致节流损失，同时还停掉原级抽汽，热经济性降低更多。而采用滑压运行方式，不必维持除氧器压力的恒定，所以至除氧器的抽汽管路上没有压力调节阀。除氧器压力在任何工况下都接近供汽压力，低负荷时也不需汽源切换，这样既简化了系统又避免了节流损失，大大改善了回热系统的经济性。

图 5-1 所示为除氧器两种运行方式的热经济性比较曲线，相对于定压除氧器，滑压除氧器的经济性用机组内效率的相对变化来表示。当机组负荷从额定负荷开始降低时，抽汽压力随之降低，定压运行除氧器的节流损失随之逐渐减少，$\delta\eta$ 随负荷的下降而下降，如图 5-1 中 ab 曲线所示。当机组负荷继续下降（约 70%

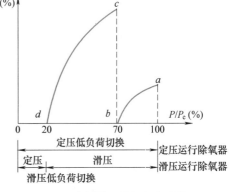

图 5-1　除氧器两种运行方式的
热经济性比较曲线

P_e）到抽汽压力不能满足定压运行要求时，则需切换至高一级抽汽，这时由于停掉了原级抽汽，热经济性显著下降，$\delta\eta$ 将突然增大（曲线上点 c）一直到滑压除氧器在低负荷（约 $20\%P_e$）切换成定压运行，这段负荷区间除氧器滑压运行的热经济性也一直高于除氧器定压运行，如图 5-1 中 cd 曲线所示。

（2）可使汽轮机抽汽点得到合理分配　在设计汽轮机时，汽轮机回热抽汽点的确定，在考虑汽轮机结构合理的同时，应尽量使抽汽点布置得合理，因为这样可以提高汽轮机回热系统的经济性。除氧器在采用定压运行时，往往不能很好地把除氧器作为一级加热器使用，表现为凝结水在除氧器中的温升比其他加热器中的温升低得多，即除氧器的工作压力与后面相邻一级低压加热器的抽汽压力相差不多，或者与它前面的一级高压加热器共用一级抽汽，这两种情况都使抽汽点不能合理地分配。当除氧器采用滑压运行时，上述缺点就可以避免，此时除氧器中的压力就和其他加热器一样是随着负荷变化的，则除氧器起着除氧和加热两个作用，在热力循环中作为一级回热加热器使用。

2. 机组负荷变化对除氧器滑压运行的影响

除氧器与给水泵连接方式以及有关汽水参数如图 5-2 所示。除氧器内压力与水温变化速度不同，压力变化较快，水温变化则较慢。当机组在接近额定负荷的工况下运行时，进入除氧器的水量、水温符合设计工况，除氧器的定压与滑压运行效果是一样的，都能保持给水处于沸腾状态。当机组负荷变化缓慢时，除氧器内压力与水温变化不一致的矛盾也不突出。但当机组负荷在较大范围内变动时，除氧器滑压运行与定压运行相比，将对除氧效果产生不同的影响。

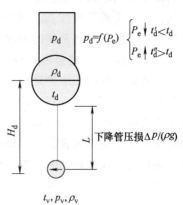

图 5-2　除氧器与给水泵连接方式以及有关汽水参数

（1）机组负荷骤升　当负荷骤升时，除氧器内的工作压力将随着抽汽压力的升高而升高，水温升高速度远远落后于压力的升高速度，此时除氧塔内处于下降过程中的凝结水和给水箱中的水不能瞬时达到除氧器内蒸汽压力对应的饱和温度，致使除氧器内原来的饱和水瞬间变成不饱和水。原逸出的溶解氧就会重新溶回到水中，出现"返氧"现象。因而使除氧器内的水产生过冷而引起含氧量增加。这种情况一直要持续到除氧器内水温达到新工作压力下的饱和温度，除氧效果才能恢复。

（2）机组负荷骤降　当机组负荷骤降时，除氧器内蒸汽压力将随抽汽压力的下降而降低，由于给水箱的热容量较大，水温的降低又滞后于压力的降低，水温瞬间还来不及下降，部分水必然要发生汽化，致使除氧器内的水发生急剧的"闪蒸"现象，除氧效果变佳。所以在机组减负荷时，除氧器滑压运行使除氧效果变好。

机组负荷骤变时，滑压运行的除氧器对除氧效果、给水泵的安全运行有截然不同的重大影响，见表 5-2。机组负荷骤升时，除氧效果变差，可通过加装再沸腾管等措施来克服。机组负荷骤降时，则必须防止给水泵汽蚀。除氧器滑压运行时，最严重的骤降负荷是汽轮机从满负荷全甩负荷至零，除氧器的抽汽量骤降至零，降氧器压力由额定工作压力降到大气压。

表 5-2 机组负荷骤变时，滑压运行的除氧器对除氧效果、给水泵汽蚀的影响

电负荷变化	对除氧效果的影响	对给水泵汽蚀的影响
电负荷骤降	1）除氧器压力也骤然下降，$p_d' < p_d$ 2）p_d' 对应饱和水温 $t_d' < t_d$ 3）水箱内的水温滞后变化，水闪蒸改善除氧效果	1）除氧器压力骤然下降，$p_v' < p_v$ 2）水泵入口水温滞后变化，p_d' 对应饱和水温 $t_v' < t_v$，恶化汽蚀
电负荷骤升	1）除氧器压力也骤升，$p_d'' > p_d$ 2）p_d'' 对应饱和水温 $t_d'' > t_d$ 3）已离析氧气重返水中，降低除氧效果	1）除氧器压力提高，$p_v'' > p_d$ 2）p_v'' 对应饱和水温 $t_v'' > t_v$，给水泵入口不会汽蚀

3. 除氧器的滑压运行对给水泵入口汽蚀的影响

（1）给水泵不汽蚀的条件　除氧器滑压运行时，最严重的电负荷骤降是汽轮机从满负荷全甩负荷至零，除氧器的抽汽量骤降至零，降氧器压力由额定工作压力降到大气压力。针对此瞬态工况，假设：①暂态过程进入除氧器的凝结水温度不变；②给水管段的压降 Δp 不变；③给水流量不变；④额定工况时，滑压运行的除氧器工作压力为 p_d，泵入口承受的水柱静压头为 H_d，下降管总长为 L（图 5-2）。

在稳定工况下，有效净正吸水头 $NPSH_a$ 和给水泵入口必需的净正吸水头 $NPSH_r$ 与流量 Q 的关系如图 5-3 所示。当 $NPSH_a > NPSH_r$ 时，泵正常工作，如点 M；反之，$NPSH_a < NPSH_r$ 时，泵不能正常工作，泵入口产生汽蚀，故 O—N 段已汽化，用虚线表示。$NPSH_r$ 为水泵吸入口压降与入口流道压降之和，如图 5-4 所示，取决于泵本身的特性，如结构、转速和流量，其值由水泵制造厂提供。$NPSH_a$ 为水柱压头和除氧器压力之和扣除流动阻力及水泵入口压力，表达式为

$$NPSH_a = \frac{p_d}{\rho_d g} + H_d - \frac{\Delta p}{\rho g} - \frac{p_v}{\rho_v g} \tag{5-2}$$

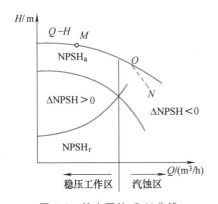

图 5-3 给水泵的 Q-H 曲线

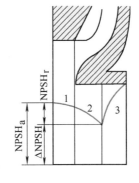

图 5-4 $NPSH_r$ 与 $NPSH_a$ 的关系

1—吸入口压降　2—流道压降　3—增压

给水泵不汽蚀的基本条件或防止给水泵入口汽蚀的条件是有效富裕压头 $\Delta NPSH$ 应大于等于零，即

$$\Delta NPSH = NPSH_a - NPSH_r \geq 0 \tag{5-3}$$

将式（5-2）代入式（5-3），并整理得

$$\Delta\text{NPSH} = \left(H_d - \frac{\Delta p}{\rho g} - \text{NPSH}_r\right) - \left(\frac{p_v}{\rho_v g} - \frac{p_d}{\rho_d g}\right) = (\Delta h - \Delta H) \geqslant 0 \qquad (5\text{-}4)$$

式中，Δh 为稳态工况时泵不汽蚀的有效富裕压头，对于已设计好的电厂，它为定值。ΔH 为暂态过程中有效富裕压头下降值，它是变量，稳态时，$\Delta H = 0$；全甩负荷至零的暂态工况，除氧器压力已下降至 p_d'，由于水温滞后于除氧器压力下降，$p_v > p_d'$，因此 $\Delta H > 0$。

（2）稳态工况　假定除氧器入口凝结水温不变，除氧器的 $H\text{-}\tau$ 关系如图 5-5 所示。稳定工况时，除氧器滑压运行与定压运行是一致的，忽略泵吸入管段的散热损失，t_v、t_d 均为除氧器工作压力 p_d 所对应的饱和温度，故 $\Delta H = 0$，由式（5-4）得 ΔNPSH 等于常数，即图 5-5 中稳定工况区，$a'a = b'b = \Delta h$。除氧器位于一定高度形成的水柱压头 H_d，用以克服流动阻力损失和 NPSH_r，即只要 $\Delta h > 0$，泵入口就不会汽化。因此，大气压力式除氧器安装高度通常为 $7 \sim 8\text{m}$，高压除氧器安装高度为 $17 \sim 18\text{m}$。

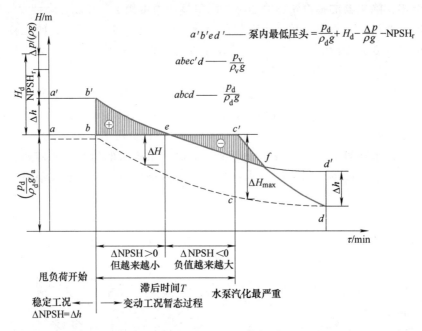

图 5-5　骤降电负荷给水泵汽蚀的 $H\text{-}\tau$ 图

（3）机组骤升电负荷的暂态过程　机组骤升电负荷，p_d 相应骤升，而除氧器内水温滞后于压力的升高。在滞后时间 T 内，$p_d > p_v$，即 $\Delta H < 0$。与稳态工况的相比，ΔNPSH 增加，这时水泵不可能发生汽蚀，所以更安全可靠。

（4）机组骤降电负荷的暂态过程　机组骤降电负荷，p_d 相应骤降，则 $p_d < p_v$，即 $\Delta H > 0$。与稳态工况相比，ΔNPSH 减小。此时，H_d 除了用以克服流动阻力损失和 NPSH_r 之外，还要克服 ΔH，减少了防止水泵汽蚀的裕度，使水泵入口容易发生汽蚀。

图 5-5 中曲线 bcd 为暂态过程中除氧器压力随时间 τ 的变化情况。水泵叶轮入口的实际压头为 $(\Delta h + p_d/g\rho_d)$，故其暂态过程为曲线 $b'ed'$，它平行于曲线 bcd，两者的纵坐标之差为常数 Δh。

泵入口水温 t_v 滞后于 p_d 的下降，t_v 对应的 p_v 也相应地滞后时间 T，如 bc' 水平线所示。吸入管段内温度为 t_v 的水全部进入水泵的时间称为滞后时间，对应于图 5-5 中点 c'。经过点

c'之后，进水温度开始下降，对应的汽化压力 p_v 也随之下降，因为吸入管容积小于给水箱容量，使得吸入管的给水汽化压力 p_v 下降速度大于除氧器中压力 p_d 的下降速度，故曲线 c' fd 比曲线 bcd 下降更快。

图 5-5 中形成 $bb'eb$、$ec'fe$ 两个区域和一个转折点 e。在 $bb'eb$ 区，$\Delta NPSH > 0$，故水泵不会汽化，但其值却越来越小。在转折点 e，$\Delta NPSH = 0$。在 $ec'fe$ 区，$\Delta NPSH < 0$，且其值越来越大，在点 c' 时达最大值，水泵汽蚀最严重。

（5）防止给水泵入口汽蚀的措施　除氧器滑压运行时，必须防止给水泵汽蚀。可以采取的技术措施有：

1）提高静压头 H_d。滑压运行的除氧器布置在比定压运行的除氧器更高的位置。静压头 H_d 不仅用以克服 $\Delta p/\rho g$、$NPSH_r$，还用于克服滑压运行暂态过程富裕压头下降值 ΔH。除氧器布置位置高度 H_d 更大，主厂房土建费用将增加。

2）改善泵的结构，采用低转速前置泵。改善水泵结构和特性，可减小 $NPSH_r$，滑压运行的除氧器布置位置较低，也能够保证给水泵安全运行，比单纯加大 H_d 经济合理。大容量汽轮机组的给水泵出口压力高，如果采用 5000~6000r/min 的高转速给水泵，其 $NPSH_r$ 值较高，约为 200kPa。如果采用 1500r/min 的低转速前置泵，其 $NPSH_r$ 仅 60~90kPa，因此滑压运行的除氧器可布置得较低。

3）减小管道的压降。缩短吸水管长度，尽量减少弯头及附件数量，选用 2~3m/s 的合适流速，均可减少 Δp，提高水泵运行的安全性。

4）缩短滞后时间。在水泵入口注入温度较低的主凝结水，或在泵入口前设置给水冷却器，均可降低泵入口水温，从而缩短滞后时间。

5）减缓除氧器压力下降速度。在负荷骤降的滞后时间内，快速投入备用汽源，以阻止除氧器压力下降，从而提高水泵运行的安全性。

4. 除氧器运行

（1）除氧器的起动与停运　单元机组的除氧器是随机起停的。机组起动时，锅炉应先上水，为此在锅炉点火前除氧器必须先投入。在对系统检查结束后，先向除氧器补水，同时，加热汽源也应投入。补至正常水位后，补水停止，还需进行循环加热，这时除氧器的加热汽源可用起动锅炉供汽，也可用邻机抽汽。当水加热到规定温度，即可满足锅炉上水的要求。

给水泵运行时，需要开启至除氧器的再循环门。汽轮机起动后，只有当凝结水硬度合格时，才能将凝结水导入除氧器。低负荷时，注意保证除氧器内的压力应能满足轴封供汽的需要。机组负荷稳定后，投入压力和水位自动调节器。随着除氧器压力的上升，要注意根据给水中含氧量调整排气门（排氧门）的开度。与除氧器联络的其他系统，应随着机组起动的过程逐个地投入，如门杆漏汽、高压加热器疏水、锅炉连排等。

当停机时，随着机组负荷的减少，抽汽压力降低。当抽汽压力不足时，应将加热汽源切换到与起动时相反的汽源处，并注意控制降压速度。机组解列时，关闭进汽门，但因停机后锅炉需要间断上水，所以要保持好水位，直到给水泵不再起动时，除氧器的补水停止。

除氧器停运期间，应采取防腐保护措施，以防止空气或其他有害气体对除氧器及给水箱内壁产生侵蚀。通常规定：除氧器停运一周内，应采取蒸汽保养；停运一周以上，则应采取充氮保养，维持充氮压力在 30~50kPa 范围内；无论是充蒸汽还是充氮，均应与除氧器泄压放水同时进行。

（2）自生沸腾现象及防止措施 机组长期在低负荷下运行时，要注意防止高压加热器的疏水在除氧塔内产生自生沸腾。除氧器自生沸腾是指进入除氧器的疏水汽化和排汽产生的蒸汽量已经满足或超过除氧器的用汽需要，从而使除氧器内的给水不需要回热抽汽加热自己沸腾，这些汽化蒸汽和排汽在除氧塔下部与分离出来的气体形成旋涡，影响除氧效果，使除氧器压力升高。这种现象称为除氧器的自生沸腾现象。自生沸腾发生在除氧塔的上部，阻止了加热蒸汽进入除氧器内，这时在除氧塔下部分离出来的气体排不出去，气体分压力升高，引起除氧水中的含氧量增加。当发现除氧塔内有自生沸腾现象发生时，应采取增加软化水补充量或开大排气阀的方法解决。

为防止发生自生沸腾，可以采取的措施有：将一些辅助汽水流量引至其他较合适的加热器，如轴封漏气、门杆漏气或某些疏水等；设置高压加热器疏水冷却器，降低疏水焓值后再引入除氧器；提高除氧器的工作压力，减少高压加热器的数目，从而减少高压加热器疏水量和疏水比焓；将化学补水引入除氧器，但热经济性降低。

（3）除氧器运行中的监督和调整 除氧器运行时，需要监督的参数包括溶氧量、汽压、水位和水温等。

1）除氧器溶解氧的监督。运行中应通过取样监视给水含氧量。与溶解氧有关的因素包括排气阀的开度，一、二次加热蒸汽的比例，主凝结水流量及温度的变化，补水率的调整，给水箱中再沸腾管的运行，以及疏水箱来的疏水流量等。

2）除氧器压力和温度的监督。压力和温度是除氧器正常运行中的主要控制指标之一，当除氧器内压力突然升高时，水的温度暂时低于压力升高所对应的饱和温度，溶解氧也随之升高；当除氧器内压力突降时，溶解氧先是较短时间地降低，但很快又回升上来，因为水温下降的速度落后于压力下降的速度，则水温暂时高于饱和温度，有助于溶解气体的析出。

图 5-6 所示为高压除氧器的参数调节示意图。通过压力调节阀自动调节进汽量，使除氧器压力保持恒定，或在调压范围内滑压运行。机组起动、低负荷或甩负荷时，正常汽源无汽或压力不足，则投入备用汽源。二次蒸汽管道上的截止阀用于调节二次加热蒸汽流量，以改变一、二次加热蒸汽量的比例。压力调节器必须投入，且灵敏可靠，防压力突变。

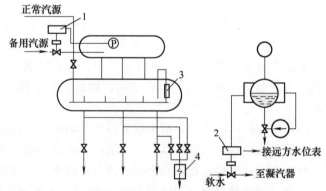

图 5-6 高压除氧器的参数调节示意图

1—压力调节器 2—水位调节器
3—液位信号计 4—取样冷却器

3）水位监督 除氧器水位的稳定是保证给水泵安全运行的重要条件。水位过低会使给水泵入口处的富裕静压减少，甚至使给水泵发生汽化，威胁锅炉上水，造成停炉等事故。水位过高，将会造成汽轮机汽封进水，抽汽管发生水击，或者造成除氧器满水，引起除氧器振动及排汽带水等，因此，给水箱应能自动或手动调节到规定的正常水位。水箱水位位置信号经压差变送器变成电信号，送到自动水位调节器，再驱动水位调节阀关小或开大。

除氧器运行除监督前述各参数外，还需防止排汽带水和除氧器振动。排汽带水的原因是排汽量过大或除氧器内加热不足。除氧器振动的原因有：起动时暖管不充分，突然进入大量低温水，造成汽、水冲击；淋水盘式除氧器负荷过载，盘内水溢流阻塞汽流通道；再循环管的流速过高；除氧器结构有缺陷，如淋水盘严重缺陷，淋水孔堵塞，喷嘴锈蚀不能正常工作，填料移位等。

5.1.3 凝汽设备的运行与调整

凝汽设备是凝汽式汽轮机设备的一个重要组成部分，其工作的好坏将直接影响到整个机组的热经济性和可靠性。国产引进型 300MW 机组凝汽器压力升高 1kPa，就会使热耗增加 0.9%～1.8%，功率将减少 1%左右；凝结水过冷度提高 1℃，煤耗量增加 0.13%左右；凝结水中含氧量以及含盐量的增加，则会影响蒸汽的品质。此外，循环水泵的耗电量占总发电量的 1.2%～2%，因此凝汽设备的正常运行对节省厂用电有着重要意义。凝汽设备的运行主要是应保证达到最有利的真空、较少的凝结水过冷度和凝结水的品质合格。

凝汽设备运行时，主要监视的指标有：凝汽器中的真空或排汽压力；凝汽器进口蒸汽温度；凝汽器冷却水进、出口温度；凝汽器出口凝结水温度；循环水泵的耗功；循环水在凝汽器中的水阻。

将上述观察得到的数据和设计时的数据（如凝汽器的特性曲线）做比较分析，以判断设备工作情况是否正常。若发现异常时，应根据现象找出原因，并采取措施加以解决。

1. 影响排汽压力的因素

汽轮机的排汽压力 p_c 等于排汽饱和温度 t_c 所对应的压力，在运行中它的大小取决于冷却水的进口温度、冷却水量的大小和冷凝管的清洁度。排汽的饱和温度应在自然水（冷却水）水温的基础上加上冷却水温升和传热端差，即

$$t_c = t_{c1} + \Delta t + \delta t \tag{5-5}$$
$$\Delta t = t_{c2} - t_{c1}$$
$$\delta t = t_c - t_{c2}$$

式中，t_{c1}、t_{c2} 分别为冷却水进、出口温度（℃）；Δt 为冷却水温升（℃），一般在 6～12℃；δt 为凝汽器传热端差（℃），一般在 3～10℃范围内变化。

由式（5-5）可见，影响排汽压力的因素主要有凝汽器的冷却面积、凝汽器的蒸汽负荷、凝汽器冷却水进口温度、冷却水量等。所以，排汽压力应根据冷却水温和供水方式，排汽流量和末级叶片特性，以及汽轮机、凝汽设备的造价和运行费用，结合产品系列和总体布置合理确定。

在热力发电厂运行中，汽轮机末级通流截面的大小已定。它限制了蒸汽的容积流量，当排汽压力降低至低于极限压力时，蒸汽膨胀就有一部分要在末级叶片以后进行，它并不能增加出力，只能增大余速损失，实际上是无益的。在运行中，凝汽器的真空并不一定是越高越好。只有在末级叶片极限压力以内，才可以说凝汽器的真空越高越好。为此，应根据负荷和季节的变化，及时调整循环水泵的运行台数或循环水量，保持机组在最有利真空下运行，以获得良好的经济效益。

例如运行在某个季节的汽轮机，当汽轮机排汽量和冷却水温度均一定时，只能借助于增

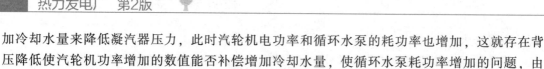

加冷却水量来降低凝汽器压力，此时汽轮机电功率和循环水泵的耗功率也增加，这就存在背压降低使汽轮机功率增加的数值能否补偿增加冷却水量，使循环水泵耗功率增加的问题，由此便有了最佳真空（或最佳背压）的概念。显然，最佳真空与汽轮机末级叶栅特性有关，也与凝汽装置和循环水泵的运行有关，故是指运行中的最佳真空。

2. 凝汽器凝结水过冷度的监视及调整

凝汽器运行中凝结水的过冷度也是一个反映热经济性的重要指标。因为在正常运行中，要求凝结水的温度恰好为排汽压力下的饱和温度，但是可能由于设备或运行维护不当，使凝结水的温度低于排汽压力下的饱和温度而造成过度的冷却。凝结水的冷却意味着冷却水要额外带走热量而产生冷源损失，要将凝结水加热到原来的温度就要多消耗燃料。一般凝结水的过冷度每增加 1℃，就相当于发电厂的燃料消耗量增加 0.1%~0.15%。另一方面，由于凝结水过度冷却还会造成溶解氧的增加，使给水系统管道、低压加热器等设备受到氧的腐蚀。因此减少凝结水过冷度不仅对经济性有利，同时对设备的安全运行也有好处。导致凝汽器运行中凝结水过冷的主要原因有：

1) 凝汽器冷却水管束排列不佳或管束过密。蒸汽进入凝汽器被冷却时，冷却水管外表面蒸汽的分压力低于管束之间的平均蒸汽分压，使蒸汽凝结温度低于管束之间混合汽流的温度。蒸汽凝结在管子外表面形成水膜（包括上排管束淋下来的凝结水在内），受管内冷水冷却，使得水膜平均温度低于水膜外表面的蒸汽凝结温度。汽阻使管束内层压力降低，也使凝结温度降低。为降低过冷度，现代凝汽器常制成回热式，即管束中留有较大的蒸汽通道，使部分蒸汽有可能直接进入凝汽器下部，与被冷却的凝结水在进入热井之前充分接触，从而消除凝结水的过冷。

2) 凝汽器内积存空气。在凝汽器中，常因为汽轮机真空部分及凝汽器本身不严密，或抽汽器真空泵工作不正常而造成空气积聚。此时，不仅因冷却水管表面构成传热不良的空气膜降低了传热效果，使真空恶化。同时，凝汽器中的压力是蒸汽和空气两者分压的总和。显然，蒸汽空气混合物中空气的成分越多，则蒸汽分压力的数值就越低。因此在这种混合物中，蒸汽的凝结温度是蒸汽分压力下的饱和温度，它比排汽总压力下的饱和温度要低，这样就形成了过冷现象。如果凝汽器中漏入的空气越多，则过冷现象越严重，过冷度越大。因此，在运行中保证真空系统的严密性，不仅是为了维持凝汽器内的高度真空，同时也是防止凝结水过冷的有效措施之一。

3) 凝汽器水位过高。在运行中凝汽器水位过高会使凝汽器下面部分冷却水管淹没，这样冷却水又带走了凝结水的部分热量，使凝结水产生过冷。为防止这种现象，除运行人员要多加注意，保持凝汽器水位在正常范围内之外，现代电厂都根据凝结水泵的汽蚀特性，采用低水位运行方式，以避免水位过高。

5.1.4　给水泵运行与调整

给水泵的任务是保证锅炉安全用水。其运行状态的好坏直接影响到发电厂的安全、经济运行。所以，保证给水泵安全、经济运行，是发电厂运行工作的主要任务之一。

给水泵在运行中必须有一定的备用容量和备用台数，且应随时处于联动备用状态。给水泵的联动装置应有低水压联动装置和电气开关掉闸联动装置各一套。对联动装置应定期进行试验，防止因电气回路故障和操作机构失灵而拒动，引起锅炉缺水事故。

给水泵的工作特点是在高温、高压、高速条件下运行,其技术条件要求高,在运行、维护与操作不当时,很容易引起事故。

1. 起动前的主要准备工作

若给水泵是配合它的出、入口管路一起检修后的第一次起动,则在给水泵入口管上应安装过滤网,以防止入口管路内的杂物进入泵内而引起事故。

对检修后的给水泵出入口管路,在投入运行前,应先排除管内空气,以防止管内形成气囊,影响管路的通水能力。图 5-7 所示为给水泵出入口管路检修后的排气示意图。

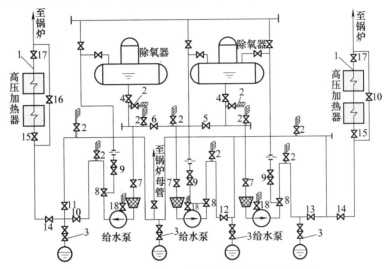

图 5-7 给水泵出入口管路检修后的排气示意图

1—排气螺塞 2—排气阀 3—排水阀 4—给水下水阀 5、6—给水下水母管联络阀 7—给水泵入口阀 8—三通阀 9—再循环阀 10~14—给水母管联络阀 15—高加入口截断阀 16—高压加热器旁路截断阀 17—高压加热器出口截断阀 18—给水泵体空气阀

排除给水泵出入口管路内空气的方法如下:

(1)给水泵入口管路检修后的排气方法

1)给水泵检修工作结束后,在恢复过程中,先开启给水泵出口再循环阀 9 和给水泵体空气阀 18,然后微开给水泵入口阀 7 排气,待泵内空气排尽后将给水泵体空气阀 18 关闭,最后全开给水泵入口阀 7。

2)微开除氧器的给水下水阀 4 或微开除氧器给水下水母管联络阀 5 或 6。

3)开启排气阀 2。如冒水则说明给水泵入口管路内已全部充满水,此时将排气阀 2 关闭。

4)确认给水泵入口管和除氧器给水下水母管已充满水后,开启除氧器给水下水阀 4 和除氧器给水下水母管联络阀 5 或 6。在未全开除氧器给水下水阀 4 之前,不能盲目开给水下水母管联络阀 5 和 6,以防止管内未排尽的空气进入运行给水泵内,造成落水。

(2)给水泵出口管路检修后的排气方法

1)开启高压加热器入口水阀。

2)开启高压加热器出口排气螺塞 1。

3)微开高压加热器出口截断阀 17,或与给水母管联络阀 14,往高压加热器和给水泵出口管内注水排气。

4）待给水泵出口管内空气排尽后，关闭排气螺塞 1 和高压加热器出口截断阀 17，全开给水母管联络阀 14。

在给水泵运行中，由于入口管路内存有空气或由于空气进入泵内，均将会引起给水泵落水而导致电厂事故。

给水泵平衡管上不应装有截止阀，对平衡管上有截止阀的给水泵，在运行中应采取防止截止阀误关的措施，因为在运行中一旦截止阀被误关，将会使给水泵因失去平衡而磨损。

给水泵起动前，给水泵出口再循环阀应全开。再循环管的作用是防止多级给水泵空负荷或低负荷运行时，由于水轮高速旋转与水摩擦产生热量，引起给水泵内水的汽化，给水泵内水的温升数值由下式计算，即

$$\Delta t = \frac{(1-\eta) \times 3.6 \times 10^3 P}{c q_{\mathrm{m}}} \tag{5-6}$$

式中，Δt 为水在给水泵内的温升（℃）；η 为给水泵效率；P 为给水泵消耗的电功率（kW）；c 为给水的比热容 $[kJ/(kg \cdot K)]$；q_{m} 为给水泵的给水流量（kg/h）。

给水泵在满负荷时，其效率一般为 75%～81%，损失掉的能量都以热的形式被泵内给水吸收。给水泵在空负荷运转时效率等于零，在低负荷时的效率也要比满负荷时低得多，在这两种情况下，给水泵所耗的功率要全部或绝大部分转变为热量被泵内给水吸收，很容易引起给水汽化。因而给水泵在空负荷或低负荷运行时，为了防止给水汽化，给水泵的出口再循环阀一定要开着。为了节电，一般根据给水泵负荷（电流）的大小确定再循环水阀的相应开度。

检修后的给水泵在起动前要先进行暖泵，在泵温升至接近工作温度后才可起动。暖泵可采用全开泵的入口水阀和出口再循环阀的方法，若泵温上升太慢，可通过开启给水泵的排水阀或空气阀进行排水升温。

给水泵检修时处在冷态，而工作时又处在热态。考虑到这一温差，在给水泵与电动机连接时，有意使电动机中心适当高于给水泵中心。这样，当泵温达到工作温度后，给水泵与电动机才能够达到同心。若在起动给水泵前不进行暖泵或暖泵不充分，将使给水泵与电动机因不同心而产生异常振动。另外泵温升高后，由于增大了水泵各段接合面的紧力，从而能防止给水泵高压段由于温度不够，紧力小，致使接合面泄漏的问题发生。

利用盘动转子工具，盘动给水泵对轮时，应感觉轻松、无卡涩和无偏沉现象；若发现卡涩和偏沉现象，应检查水泵两侧盘根是否有紧偏，泵与电动机是否同心，泵内有无摩擦等。

在给水泵起动前，检查给水泵与电动机各轴承的油位是否正常，应无假油位，油质应良好。较大容量的给水泵的供油系统和供油设备应完整，且处在正常备用状态。检查电动机是否有接地线，送电前应测量电动机绝缘是否合格，绝缘不合格的电动机不准起动，应采取干燥措施。电动机操作盘的警报信号装置应良好，操作盘内的电源应投入。当给水母管无压力时，在起动前，给水泵出口阀一定要关闭，以防止给水泵起动时超载而引起电动机烧损事故。当给水母管压力处于工作压力时，可在出口阀开启状态下起动（这种起动方式相当于联动时的起动），此时电动机不会超载。

2. 起动

1）按照运行规程的要求完成起动前的检查、准备工作后，在得到监护人员或起动指挥人员的同意后才可起动给水泵。

合上给水泵电动机的电源开关，电流计指示至最大（直入起动方式）后，在 10s 内应重新回到空负荷位置，给水泵与电动机的声音应正常；否则应立即切断电源，检查给水泵过电流或声音异常的原因，但给水泵连续起动不得超过三次，以防电动机因过热而烧坏。

2）检测给水泵及电动机各轴承的垂直与辐向振动值，最大不得超过 0.05mm。如振动值过大，容易使轴发生挠曲，致使泵内的片环磨损，轴承油膜遭到破坏而引起轴瓦磨损或烧毁。在给水泵出口再循环阀不开启的情况下，不得长时间空负荷运行，以防止泵内产生汽化。给水泵内汽化的表现是给水泵的电流和泵出入口压力剧烈波动，且泵内伴随有"沙沙"声。

3）检查给水泵盘根，不得过热，滴水量应适当，给水泵出、入口侧盘根必须保持有一定的滴水量，对盘根进行润滑、密封和冷却。因此，盘根不得过紧，但滴水量也不应过大，一般给水泵轴瓦内进水都是盘根漏水量过大所致。

检查各轴承的油环转动是否均匀。一般油环跳动或转动过快是由于油室内油位过低引起的，这时应及时加油；油环转动过慢是由于油室内油位过高引起的。由供油泵供油的给水泵还应检查供油泵各轴承的回油量和回油温度。

4）一切检查正常后，才可缓慢开启给水泵出口阀，根据给水泵电流值的上升情况应逐渐关小出口再循环阀。要防止由于给水泵出口阀突然开大而引起电动机过电流。

5）给水泵投入运行，给水系统达到稳定状态时，可投入连锁开关。给水泵连锁开关的作用是当给水母管压力降至威胁到锅炉的安全用水时，备用给水泵能通过低水压联动装置自动投入运行；若因电气系统事故，运行给水泵跳闸时，可通过电气跳闸联动装置使备用水泵联动起来，投入运行。

3. 给水泵运行中的检查、监视和注意事项

1）在正常运行状态下，给水泵电流不应超过额定值，允许电动机电压在额定值的 -5%~10% 内变化，电动机出力不变。当系统电压较额定电压高 5% 时，电流应减少 5%；当系统电压较额定电压低 5% 时，其电流应增大 5%。

2）各滑动轴承的温度不得超过 75℃，以防止油膜因高温使承压能力降低而遭破坏，使轴与轴瓦的乌金直接接触而烧毁乌金。

滚动轴承的温度不得超过 95℃，轴承温度过高时，应及时采取降温措施。轴承内加入油量过多或不足都易引起轴承温度升高。

高压电动机定子的铁心、线圈最大允许温度为 90℃，允许温升为 55℃（铁心温度减去室内温度）。

3）经常监视平衡盘背压，保证其不得变动过大。平衡盘背压升高说明平衡盘的推力间隙增大，此时给水泵的平衡有可能遭到破坏，使平衡盘或给水泵内部的水轮和部套磨损。

4）各轴承油室的油位应保持在正常位置，防止出现假油位。油位过高，油容易顺轴从油挡漏出；油位过低会使油环带油量减少，引起轴承温度升高和油环跳动。

油室内的油不得变质，若发现变质，应及时换油。在轴承油室换油的过程中，操作人员不得少于两人，以做好油室放油过程中的供油措施。

5）注意监视给水母管压力不得过低，给水母管的最低压力由式（5-7）确定。

$$p_{gs} = p_B + \Delta p + p_{gz} + p_y \tag{5-7}$$

式中，p_{gs} 为给水母管的最低压力（MPa）；Δp 为开启溢流阀所需的多余压力（MPa）；p_{gz} 为给水泵出口至锅炉的管路阻力（MPa）；p_y 为给水泵中心线至锅炉锅筒水面线的水柱静压

力（MPa）；p_B 为锅炉溢流阀的动作压力（MPa）。

运行中要经常检查，给水泵入口不得汽化，尤其在给水泵满负荷运行状态下汽化更容易出现。汽化的象征是入口压力剧烈波动（上升或下降），并伴随有刺耳的"沙沙"声。汽化的原因有：给水泵超设计流量运行；给水在给水泵入口处流速太高，压力损失太大；除氧器内加热压力突然降低；给水泵入口管的过滤网被杂物堵塞等。若发现给水泵入口产生剧烈的汽化现象，应立即起动备用泵；无备用泵时，应设法降低给水流量或减小机组负荷，以消除汽化，保证给水泵安全运行；根据具体情况，可停运给水泵，清扫入口过滤网。

6）当备用给水泵由于给水母管压力降低而被联动时，应及时投入它的电源开关。检查给水母管压力和各运行给水泵的电流，以判断给水流量的大小；若各运行给水泵的电流都较大，可关闭被联动泵的出口再循环阀。当备用给水泵被联动后，若各运行给水泵的电流都较小，则查明被联动的原因之后，再停止被联动的备用给水泵。

备用给水泵被联动的原因：锅炉水位调节器失灵；汽轮发电机组负荷突然增加；电力系统负荷不稳；电力系统频率降低；高压加热器及给水管路爆破，厂用电系统瞬间停电等。

对于带润滑油泵的给水泵，在运行给水泵跳闸，备用给水泵被联动投入运行时，应先投入跳闸给水泵的润滑油泵电源开关，然后合上被联动泵的电源开关，切断跳闸泵的电源开关及联动开关。待查明跳闸泵的跳闸原因后，再确定跳闸泵是否投入联动备用状态。

7）运行中的给水泵跳闸，备用泵没有被联动起来时，应立即手动投入备用泵的电源开关，起动备用泵。若没有备用给水泵，在跳闸泵还没有倒转的情况下，可强投一次电源开关，若强投无效，应减少汽轮机负荷，以恢复正常的给水压力。

8）在给水泵运行中，若由于电力系统频率降低使给水压力降低，锅炉应根据给水压力适当降低主蒸汽压力，以保证锅炉安全用水。

9）处于联动备用中的给水泵，其出口阀、出口再循环阀、盘根和轴承的冷却水阀都应开启。

10）对于长期处于备用状态的给水泵，每30天要测量一次绝缘或定期进行切换运行，以防电动机受潮、绝缘劣化。

4. 给水泵停运与检修的操作

1）给水泵无论在什么情况下停运，都应先关闭出口阀，适当开放出口再循环阀，才可切断电源。若出口阀不关或没关严就切断电源，将引起给水母管压力突然大幅度下降，锅炉水位不稳或备用给水泵联动。若出口逆止阀因卡涩而失灵或关闭不严，还将由给水母管往给水泵入口管返水，引起给水泵倒转，有时还会使给水泵出口管路发生水击。

在给水泵运行中，由于机组热、电负荷降低或其他原因引起给水容量过剩，或切换其他泵运行时，需停运给水泵，在关闭泵出口阀的过程中，要注意给水母管压力应缓慢下降。若给水母管压力下降过快或下降到接近联动压力时，应恢复准备停运泵的正常运行，并分析压降过大的原因。

2）在给水泵出口阀关闭后，切断电源之前，必须先解除准备停运泵的连锁开关。在切断电源后，要仔细观察给水泵的惰走时间，以分析判断泵内有无摩擦。

3）在停运运行给水泵，联动备用给水泵时，在投入连锁开关之前，要先开放备用泵出口阀、出口再循环阀。在开出口阀时，要注意观察、分析出口逆止阀是否有卡涩或泄漏现象。若在开出口阀时，比平时操作费力并听到有流水的声音，说明出口逆止阀已因卡涩而泄漏，遇到这种情况，应采用击振逆止阀外壳的方法使其关闭，或采取切断出口逆止阀与给水母管联系的措施，消除漏水，并向有关部门申请检修。

4）一般必须对要检修的转动设备停电，如仅暂时修理而不需停电时，也需有可靠的安全防范措施。在停运给水泵，关闭给水泵入口阀和出口再循环阀之前，要确知给水泵出口阀和出口逆止阀严密不泄漏才可操作。在关闭给水泵入口阀和出口再循环阀的过程中，要特别注意给水泵入口压力的变化，如发现有上升趋势，应立即停止操作并恢复至初始状态，研究消除压力升高的措施；在关闭给水泵入口阀和出口再循环阀后，只有在给水泵入口压力降低后，操作人员才可离开现场，以防由于给水泵出口逆止阀和出口阀因渗漏而引起泵内压力升高，使给水泵入口水室和入口管因超压而损坏。

5.2 热力发电厂主要热力系统优化运行与调整

5.2.1 提高热力发电厂运行经济性的途径

1. 单元机组的技术经济小指标

热力发电厂的经济运行状况，主要取决于燃料和电量的消耗情况。因此，热力发电厂的主要热经济指标是发电标准煤耗率和厂用电率。

标准煤耗率和厂用电率的大小主要取决于机组的设计、制造及燃料，同时选择调整、运行方式对这两项指标也有很大的影响。因此，在运行中应尽可能提高能量转换过程的各个环节的效率，以降低单元机组的标准煤耗率和厂用电率。

在运行中，常把单元机组的标准煤耗率和厂用电率等主要经济指标分解成能量转换过程各环节对应的技术经济小指标。只要控制了这些小指标，也就控制了各环节的效率，从而保证了机组的经济性。

（1）锅炉热效率 锅炉热效率是表征锅炉运行经济性的主要指标，影响锅炉热效率的主要因素有排烟损失、化学不完全燃烧损失、机械不完全燃烧损失、散热损失、灰渣物理热损失等。

（2）主蒸汽压力 主蒸汽压力是单元机组在运行中必须监视和调节的主要参数之一。汽压的不正常波动对机组的安全、经济性都有很大影响。当机组采用滑压运行方式时，必须控制主蒸汽压力在机组滑压运行曲线允许范围内。主蒸汽压力降低，蒸汽在汽轮机内做功的焓降减少，从而使汽耗增大；主蒸汽压力太高，会使旁路甚至安全门动作，机组运行的经济性降低。

（3）主蒸汽温度 主蒸汽温度的波动对机组安全、经济运行有很大的影响。汽温增高可提高机组运行的经济性，但汽温过高会使工作在高温区域的金属材料强度下降，缩短过热器和机组使用寿命，严重超温时，可能会引起过热器爆管。汽温过低，汽轮机末几级叶片的蒸汽湿度将增加，对叶片的冲蚀作用加剧；同时，使机组汽耗、热耗增加，经济性降低。

（4）凝汽器的真空度 凝汽器的真空度对煤耗影响很大，真空度每下降1%，煤耗增加1%~1.5%，出力约降低1%。在单元机组运行中，影响真空度的因素很多，如真空系统的严密性、冷却水入口温度、进入凝汽器的蒸汽量、凝汽器铜管的清洁度等，因此，运行人员必须根据机组负荷、冷却水温、水量等的变化情况，对凝汽器真空变化及时做出判断，以保证凝汽器的安全、经济运行。

（5）凝汽器传热端差　凝汽器端差通常为 3~5℃。凝汽器端差每降低 1℃，真空度约可提高 0.3%，汽耗可降低 0.25%~3%。

（6）凝结水过冷度　凝结水过冷度通常应低于 1.5℃。凝结水出现过冷却，不仅使凝结水中含氧量增加，引起设备腐蚀，而且凝结水本身的热量额外地被循环水带走，将影响机组的安全、经济运行。

（7）给水温度　机组运行中，应保持给水温度在设计值下运行。给水温度每降低 10℃，煤耗约增加 0.5%。

（8）厂用辅机用电单耗　辅机运行方式合理与否对机组的厂用电量、供电煤耗影响很大。各辅机起停应在满足机组起停、工况变化的前提下进行经济调度，以满足设计要求，提高机组运行的经济性。

2. 提高热力发电厂运行经济性的途径

提高热力发电厂运行的经济性主要有以下几个方面的措施：

（1）提高循环热效率　提高循环热效率对提高单元机组运行的经济性有很大的影响，具体措施有：维持额定的蒸汽参数；保持凝汽器的最佳真空；充分利用回热加热设备，提高给水温度。

（2）维持各主要设备的经济运行　锅炉的经济运行，应注意以下几方面内容：选择合理的送风量，维持最佳过剩空气系数；选择合理的煤粉细度，即经济细度，使各项损失之和最小；注意调整燃烧，减少不完全燃烧损失。

汽轮机的经济运行，除与循环效率有关的一些主要措施外，还应注意以下几方面内容：合理分配负荷，尽量使汽轮机进汽调节阀处于全开状态，以减少节流损失；保持通流部分清洁；尽量回收各项疏水，减少机组汽水损失；减少凝结水的过冷度；保持轴封系统工作良好，避免轴封漏汽量增加。

（3）降低厂用电率　对燃煤电厂来说，给水泵、循环水泵、引风机、送风机和制粉系统所消耗的电量占厂用电的比例很大。如中压电厂给水泵耗电占厂用电的 14% 左右，高压电厂给水泵耗电则占厂用电的 40% 左右，超临界电厂如果全部使用电动给水泵，其耗电量可占厂用电的 50%，所以降低这些电力负荷的用电量对降低厂用电率效果最明显。

（4）提高自动装置的投入率　由于自动装置调节动作较快，容易保证各设备和运行参数在最佳值下工作，同时还可以降低辅机耗电率。

（5）提高单元机组运行的系统严密性　单元机组对系统进行性能试验而严格隔离时，不明泄漏量应小于满负荷试验主蒸汽流量的 0.1%。通常主蒸汽疏水、高压加热器的事故疏水、除氧器溢流系统、低压加热器事故疏水、省煤器或分离器放水门、过热器疏水和大气式扩容器、锅炉蒸汽或水吹灰系统等都是内漏多发部位。由于系统严密性差引起补充水率每增加 1%，单元机组供电煤耗增加 2~3g/(kW·h)。

5.2.2　热力发电厂热力系统运行与调整

5.2.2.1　热力发电厂热力系统起、停

热力发电厂各热力系统与其主、辅热力设备构成一个有机的整体，在机组起、停过程中，各热力系统根据机组的要求进行相应投、停。由于机组的形式、容量、参数、结构各不

相同，所以其起、停的方式也有所不同，但它们存在着共性的规律。以上各节详细介绍了各热力系统和辅助设备的起、停步骤。下面以现代大型凝汽式机组冷态滑起、滑停方式为例，介绍热力发电厂各热力系统的投、停顺序。

1. 热力发电厂各热力系统的投入顺序

（1）起动循环水系统　在厂用电恢复、厂用水正常、循环水系统及凝汽器水侧已具备起动条件的情况下起动循环水泵，循环水供水母管充压，凝汽器水侧通水。

（2）投入开式冷却水系统　当开式冷却水系统投入准备工作就绪，循环水供水母管压力满足开式冷却水泵进水压力要求时，起动开式冷却水泵，向各冷却器供冷却水。

（3）起动闭式冷却水系统　检查闭式膨胀水箱的水位正常后，起动闭式冷却水泵，向各冷却器、轴承冷却水管和泵密封水管供水。

（4）起动除氧给水系统　冷炉起动时，由补充水泵或凝结水输送泵向除氧器上水至正常水位，对给水系统进行充水、放气。之后投入辅助蒸汽，开启除氧循环泵或再沸腾装置，对除氧器进行加热。此时，给水泵应处于暖泵状态。当除氧水水质合格后，起动备用锅炉给水泵（一般为电动泵）向锅炉锅筒上水。

（5）起动凝结水系统　当凝汽器上水至正常水位，凝结水系统充水放气且冲洗完毕时，打开凝结水及凝结水最小流量再循环阀，起动凝结水泵及凝结水升压泵，向除氧器供水。

（6）投入发电机冷却系统　为确保发电机安全，在起动发电机之前，应投入其冷却系统。对于水—氢—氢冷却系统的发电机，应投入氢气冷却系统和定子冷却水系统。对于双水内冷发电机，应投入定子冷却水系统和转子冷却水系统。

（7）投入轴封蒸汽系统　投入轴封蒸汽系统，必须在汽轮机盘车的状态下进行，如果未盘车就向轴封供汽，就会造成转子因受热不均而弯曲。

（8）起动抽真空系统　锅炉点火之前或同时，凝汽器应建立真空，否则，一旦锅炉点火就可能有蒸汽进入凝汽器，从而损坏凝汽器。机组冷态起动时，凝汽器的抽真空系统可与轴封蒸汽系统同时投入；但热态起动时，必须先供轴封蒸汽，后抽真空，以防抽真空时冷空气进入汽轮机汽缸，造成转子局部冷却，产生热应力，导致大轴弯曲。

（9）投入锅炉排污系统　锅炉点火后，根据蒸汽及炉水品质的要求，投入锅炉连续排污和定期排污系统。连续排污利用系统合格蒸汽应及时回收进入除氧器。

（10）投入主蒸汽系统　汽轮机冲转前，应投入主蒸汽系统，对主蒸汽管道进行疏水暖管，并注意其温升率应控制在规定的范围内。

（11）适时投入和停运汽轮机旁路系统　随着锅炉升温和升压的进行，适时投入汽轮机旁路系统，调整汽温、汽压，回收工质，并注意监视凝汽器真空的变化。根据机组的升负荷情况，逐渐关闭旁路系统。

（12）投入汽轮机本体疏水系统　在机组起动初期，疏水系统的各疏水阀必须开启，直至各设备和管道不可能有积水时关闭。

（13）投入高、低压加热器　高、低压加热器一般要求随主汽轮机一起滑起，这样可使加热器受热均匀，减小热应力，起动操作少，又可及时回收热量；也可根据机组的运行情况及时投入。

（14）切换辅助蒸汽系统　根据辅助蒸汽供汽情况，及时切换辅助蒸汽汽源。

（15）调整与切换有关设备和系统　在机组升负荷过程中，注意有关设备和系统的调整和切换。

2. 热力发电厂热力系统的停运顺序

机组正常停机过程一般分为四个阶段，即减负荷解列、转子惰走、盘车和辅机停运。停机过程中，发电厂的热力系统和辅助设备也要做必要的调整、切换和停运，现就其停运的共同规律归纳如下。

（1）系统和设备的调整和切换　根据汽轮机组的降负荷情况，注意热力系统及辅助设备做有关调整和切换。

1）注意凝汽器水位，调整主凝结水再循环阀开度。

2）根据辅助蒸汽系统的供汽情况，及时切换辅助汽源，保证用汽需要。

3）当负荷降到 50%MCR 时，起动备用锅炉给水泵（起动电动泵，停止汽动泵）。

4）根据除氧器抽汽压力的下降情况，切换辅助蒸汽。

5）根据负荷的降低情况，减少凝结水泵的运行台数。

6）根据负荷的降低情况，调整轴封供汽。

7）随着负荷的减少，发电机转子、静子电流减小，线圈及铁心温度下降，调整发电机的冷却水量，以防止由于过冷造成铁心、铜线膨胀不均而损伤绝缘。

（2）适时投入与停止汽轮机旁路系统　在降负荷过程中，根据锅炉与汽轮机的蒸汽量的匹配情况，投入汽轮机旁路系统收余汽。当锅炉不需要排放蒸汽时，停止汽轮机旁路系统。

（3）投入汽轮机本体疏水系统　当负荷降到 25%MCR 以下时，各疏水阀门开启，及时排放疏水。

（4）停运回热加热器　负荷降到零，自动主汽门关闭的同时，应检查联动关闭抽汽管道上的电动隔离阀和止回阀，各加热器停运。

（5）停运抽真空系统　汽轮机转速下降后，确认汽轮机旁路系统停运后，方可停止运行抽真空系统，此时真空破坏阀开启，凝汽器真空下降到零。

（6）停运发电机组冷却系统　当汽轮机转速下降至接近零时，发电机冷却水系统停运，发电机停止后，可进行排氢工作。

（7）停运轴封蒸汽系统　当转子静止，汽缸内外压差趋于零时，轴封蒸汽系统停运。

（8）停运除氧给水系统　当锅炉不需要进水时，方可停运除氧器及给水泵。除氧器停运后，可停止凝结水泵运行。

（9）停运闭式冷却水系统　只有接入闭式冷却水系统的各冷却器和运转设备不需要冷却水和密封水时，方可停止闭式冷却水系统。

（10）停运开式冷却水系统　接入开式冷却水系统的各冷却器停止后，可停运开式冷却水系统。

（11）停运循环水系统　当接在循环水母管上的开式冷却水系统停运后，凝汽器水侧停止。

（12）停运后的保养　系统和设备停运后，要放尽其中的余汽、余水，方可停止循环水系统运行，并做好保养工作。

5.2.2.2 主蒸汽、再热蒸汽和旁路系统运行与调整

主蒸汽、再热蒸汽和旁路系统都属于高温高压蒸汽管道。这些高温高压管道及其附件，在运行中容易产生裂纹和损坏，其主要原因有两个：一是高温蠕变，即管道及其附件经过长时间在高温高压状态下运行逐渐形成裂纹，最后导致破裂；二是由于机组起停时，管道及其附件中工作介质温度的改变，使管道承受温差热应力，在交变应力的作用下，材料产生疲劳形成裂纹，最后导致破裂。因此在管道运行中必须采用适当的方式，限制管道内的温度及温度的变化速度，以满足机组在起、停、正常运行和事故工况下的运行要求，确保机组安全经济运行。

1. 机组起动

机组起动状态是根据机、炉的停运时间和汽轮机缸壁温度划分的，一般分为冷态、温态、热态和极热态。

冷态起动时，机炉和蒸汽管道的金属处于较低的温度状态下，锅炉点火后，应开启主蒸汽管道上的所有暖管疏水阀，进行暖管。在暖管过程中，要监视管道的内外壁温差不能太大，采用调节疏水阀开度的方法，控制管壁温升率在规定的范围内，避免管道因热胀不均而引起裂纹。当锅炉汽压上升，烟气温度增高到再热器需要通汽冷却时，应投入旁路系统运行。在控制室手动操作投入旁路系统时，应同时开启高、低压旁路装置，或先投入低压旁路，再投高压旁路，决不允许顺序颠倒，否则将损坏旁路装置。旁路系统投入后，应开启再热热段蒸汽管道上全部低位点的疏水阀，进行暖管，这时同样要控制再热蒸汽管道系统的管壁温升率在允许的范围内。

当汽轮机主汽门前的主蒸汽的汽压、汽温达到汽轮机冲转参数的要求时，可对汽轮机进行冲转、暖机、升速、并网、带负荷等工作。在机组的整个起动调节过程中，应注意高、低压旁路的配合调节，除汽轮机有特殊需要外，在一般情况下应尽量使高、低压旁路的流量相接近，以免造成汽轮机高压缸和中、低压缸的负荷不匹配，引起汽轮机胀差的变化。汽轮机带负荷后，根据运行情况，关闭主蒸汽、再热蒸汽管道上的疏水阀。当汽轮机负荷达到一定值时，关闭高、低压旁路装置，开启高压旁路阀前、后的预热管或高、低压旁路阀前后经常疏水阀，使旁路系统处于热备用状态。高、低压旁路解列后，中压缸调节汽阀全开，不再调节再热蒸汽流量。对于采用汽动给水泵的机组，当负荷增大到一定值时，小汽轮机汽源通过内切换逐步由主汽轮机的抽汽供给，停用新汽汽源。此时，应开启小汽轮机高压主汽门前的预热管或经常疏水阀，使新汽汽源（高压汽源）管道处于热备用状态。

机组温态、热态起动时，汽轮机本体内部的金属温度较高，而汽轮机冲转的条件要求主蒸汽、再热蒸汽温度应高于高、中压缸内下缸壁温约50℃。因此，锅炉的升温升压速度要求较快，这时应尽快地投入旁路系统，提高主蒸汽、再热蒸汽温度，以满足汽轮机对于蒸汽参数的要求。由于在机组停运后，主蒸汽、再热蒸汽管道系统的冷却速度比汽轮机汽缸冷却得快，主蒸汽、再热蒸汽管道温度要低一些，所以热态起动暖管时，也要注意控制主蒸汽、再热蒸汽管道的温升率不超过允许值。

2. 正常运行

机组正常运行中，旁路系统应处于热备用状态，以便需要及时投用。主蒸汽系统按汽轮机的负荷，提供参数符合要求的蒸汽，根据汽轮机负荷的变化，由高压缸的调节汽阀控制进汽量，中压缸的调节汽阀全开，不调节进汽量。中压缸的进汽量随高压缸排汽量而定。进入汽轮机的主蒸汽、再热蒸汽温度应保持在额定参数范围内，当主蒸汽、再热蒸汽温度超过上限时，应通过锅炉调节降低汽温。若汽温下降到低于允许的下限值时，应开启有关疏水阀，防止汽轮机进水，同时要求锅炉调节中采取措施，并按规程要求，限制负荷运行。运行中还应监视主蒸汽和再热蒸汽管道两侧的蒸汽温度偏差不超过允许值，否则，应通过锅炉进行调整。

正常运行中，主蒸汽的压力应控制在额定参数范围内，当超过上限时，联系锅炉调整。若调整不能满足要求时，则投入旁路系统，排出多余工质，以降低汽压，减少锅炉溢流阀的动作次数。

3. 故障甩负荷

在汽轮机带厂用电或空载运行、停机不停炉的情况下，锅炉维持最低稳燃负荷运行，一般只维持 0.5~1h，在故障排除后，立即向汽轮机供汽。这两种运行工况下，应尽快投入旁路系统，排放多余蒸汽，协调机炉运行，同时可避免锅炉溢流阀动作。

在锅炉故障停机停炉的情况下，投入旁路系统运行，排放多余蒸汽，回收工质，也可避免锅炉溢流阀的动作或减少动作溢流阀的个数。

4. 停机

无论是采用滑参数停机方式还是正常停机方式，为了使汽轮机温差、胀差不超限，应严格控制主蒸汽、再热蒸汽的温降率在允许值以内。采用滑参数停机时，还应注意主蒸汽要有不小于 50℃ 的过热度。在机组停运时，通常锅炉的蒸发量大于汽轮机的汽耗量，投入旁路系统，将多余蒸汽排入凝汽器，可以协调机、炉停运，并回收工质。

若停机检修或机组长时间停运，应放尽管道中的积水，并进行管道的防腐保护。

5. 旁路系统的运行

旁路系统的运行方式与汽轮机的运行方式密切相关。如北仑电厂 2 号 600MW 机组，可以采用高压缸起动，也可以采用中压缸起动。制造厂建议优先采用中压缸起动。

高压旁路的运行方式可分为全自动、半自动和手动三种。全自动方式又对应着汽轮机的程控起动和跟随两种方式；半自动则对应着汽轮机的定压运行方式。冷态起动过程中，典型高压旁路阀开度与主蒸汽压力之间的关系如图 5-8 所示。

锅炉点火时，按下操作盘上的起动按钮，高压旁路系统即进入程控起动方式，高压旁路阀的开度将经过如下变化步骤：

1）高压旁路阀一进入程控起动方式，就应有一个最小开度 y_{min}，以使锅炉有少量蒸汽流量，防止再热器干烧。

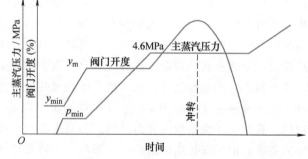

图 5-8　600MW 亚临界机组冷态起动高压旁路阀开度与主蒸汽压力的关系

2）该最小开度应保持至主蒸汽压力上升至最小设定值 p_{min} 为止。

3）维持 p_{min}，高压旁路阀开度随锅炉燃烧量的增加而开大，直至达到预先设定值 y_m 并保持这个开度。

4）随着锅炉燃烧加强，主蒸汽压力上升至 4.6MPa，机组转为定压运行方式。

5）调整燃烧，待蒸汽流量和过热度满足要求时，保持锅炉燃烧和蒸汽参数稳定，汽轮机冲转。

6）随汽轮机高压调节阀开度增大，高压旁路阀逐渐关小。怠速暖机期间，高压调节阀开度和高压旁路阀开度保持不变。

7）并网带初负荷后，高压旁路阀全关，旁路系统自动转为跟随方式的热备用状态。

8）增加燃料，主蒸汽压力又继续升高，经过规定的暖机过程后，直至额定功率。

低压旁路系统的运行方式也有全自动、半自动和手动三种。在全自动方式时，再热热段蒸汽压力的设定值，分为起动和正常运行两个阶段，由低压旁路控制系统自动给出。起动又有冷态和热态两种情况，需要分别给定压力设定值。

机组正常运行时，低压旁路阀处于关闭状态，当再热热段蒸汽压力上升太快时，低压旁路阀开启，参与调节；当再热热段蒸汽压力比设定值大 0.5MPa 时，低压旁路快开，以防再热热段蒸汽压力超限。

5.2.2.3 回热抽汽系统运行与调整

加热器作为电厂的重要辅机，它们的正常运行与否，对电厂的安全、经济性影响很大。机组实际运行的安全性和经济性，首先与设计、制造和安装有关，与电厂中严格、科学的管理分不开。下面就图 5-9 所示的 600MW 机组的回热抽汽系统运行中几个重要方面予以介绍。

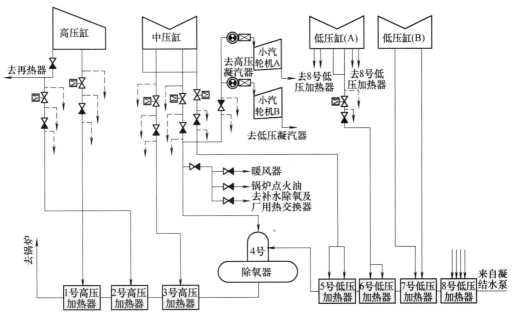

图 5-9 600MW 机组的回热抽汽系统

1. 机组起动

若加热器采用随机起动，在机组起动之前各抽汽管道上的电动隔离阀和气动止回阀以及各疏水阀处于开启状态。

若加热器是在机组达到某一负荷后逐个投入，则起动之前应将电动隔离阀关闭，隔离阀前疏水阀开启。机组负荷升高要投入加热器运行时，稍开抽汽管道上的电动隔离阀、止回阀前后疏水阀，对加热器进行预热。随着负荷的升高，电动隔离阀逐渐开大直至全开，此时控制加热器的升温速度在规定的范围内，抽汽管道上的疏水阀依次关闭。

对于单独起动的加热器，电动隔离阀前、气动止回阀前后疏水阀开启，抽汽管道充分疏水，进行暖管，逐渐缓慢开大电动隔离阀控制加热器进汽量，注意加热器壳体的温升速度。

电动阀全开后可关闭疏水阀。

机组起动前，至除氧器抽汽管道上的电动隔离阀关闭，止回阀前的自动疏水阀开启。由辅助蒸汽向除氧器供汽，加热除氧器中的给水，并由辅助蒸汽管道上压力调节阀维持除氧器定压运行。当机组负荷上升到20%MCR时，四级抽汽向除氧器供汽管道上电动隔离阀自动开启，而辅助蒸汽压力调节阀自动关闭，除氧器供汽由辅助蒸汽切换至四级抽汽。随着机组负荷的继续上升，四级抽汽压力逐渐升高，除氧器进入滑压运行。

2. 正常运行

机组正常运行时，所有抽汽管道上的电动隔离阀、气动止回阀均处于开启状态。自动疏水阀与有关的联动信号系统处于接通状态。

当机组变工况运行时，四级抽汽供辅助蒸汽备用汽系统，均能根据运行参数的变化，自动切换或进行相反的切换。

当机组负荷低到四级抽汽不能满足小汽轮机需要时，由内切换喷嘴自动切换主蒸汽供汽，在此期间，四级抽汽管道处于热备用状态。

3. 非正常运行

加热器水位上升到事故水位警戒线时，水位开关动作，在报警的同时自动关闭该加热器抽汽管道上的电动隔离阀和气动止回阀，并联动开启该抽汽管道上的气动疏水阀，同时打开隔离阀和止回阀后的手动疏水阀，以排除抽汽管内的积水。确认积水排除干净且不会形成积水后，关闭手动疏水阀。而汽轮机抽汽口附近的气动疏水阀仍处于开启位置。

汽轮机跳闸时，连锁关闭所有抽汽管道上的电动隔离阀和气动止回阀（包括第4级抽汽各支路上的电动隔离阀）。同时，自动开启抽汽管道上的所有疏水阀。

当除氧器水位上升到事故水位警戒线时，事故开关动作，在控制室报警，同时关闭抽汽管道上的电动隔离阀和止回阀，以防止除氧器给水箱满水，造成水通过抽汽管道进入汽轮机。

运行中由于加热器或除氧器中水位过高，再热器减温喷水过量，抽汽止回阀或高压缸排汽止回阀关不严等原因，都会造成汽轮机进水、进冷蒸汽，导致动静碰摩、大轴弯曲、推力轴承损坏等事故，运行人员要进行严密监视，发现问题及时采取措施。

5.2.2.4 回热加热器疏水与放气系统运行与调整

1. 起动和停机

起动前，加热器和除氧器的所有起动放气阀应处于开启位置。起动期间，由于起动时各级抽汽压力较低，如果相邻两级加热器间压差不足以克服疏水管道阻力损失和静水头，则加热器内水位上升时，高压加热器疏水会通过起动疏水阀排至起动疏水扩容器，或通过事故疏水阀排入事故疏水扩容器。低压加热器疏水通过起动疏水阀进入凝汽器。

若短期停运，高压加热器的所有进汽、进水阀和放水、放气阀严密关闭，使高压加热器慢慢冷却并保持密闭，防止空气漏入。凝汽器抽真空系统继续运行，使汽轮机抽汽管道、各低压加热器及其疏水管道处于真空状态并保持干燥，这样可防止设备和管道氧腐蚀。若长期停运，可通过氮气供应系统向各设备进行充氮保护。

2. 正常运行

机组正常运行时，正常疏水调节阀由各加热器水位信号控制，自动维持加热器正常水位。各加热器连续放气阀处于开启状态，加热器疏水与放气系统的所有起动阀均关闭。

3. 非正常运行

加热器出现高水位时，应打开事故疏水阀。如果水位继续升高，则应关闭上一级加热器的正常疏水阀，停止上一级疏水的进入，同时开启上一级加热器的事故疏水阀，保证上一级加热器的正常疏水。当水位升高到上限值时，由水位信号连锁关闭抽汽管道上的电动隔离阀和止回阀，加热器解列。

除氧器水箱出现高水位时，通过溢流阀将水排至高压加热器事故疏水扩容器或定期排污扩容器。若水位继续升高，则开启除氧器底部的紧急放水阀进行放水。

高压加热器事故疏水扩容器的排汽接到凝汽器的汽侧，其排水接至热井最高水位线以上，当高压加热器事故疏水扩容器内的温度超过 60℃ 时，自动投入喷水减温，以冷凝扩容器内的二次蒸汽，减温水来自主凝结水系统。

5.2.2.5 抽真空系统运行与调整

1. 起动和停运

由于水环式真空泵是利用水工作的，所以真空泵起动前必须投入工作水回路，由分离器的补充水阀向分离器进水至正常水位，向泵内灌水，灌水高度不应超过泵轴的高度。开启与凝汽器相连空气管道上的闸阀，合上电动机电源，真空泵起动，注意抽气管道上的气动蝶阀自动开启。当电动机速度达到额定值时，开启冷却器的冷却水进水阀。待系统呈真空时，关闭真空破坏阀，并送上水封。在机组起动时，需抽的空气量较大，要求所有的真空泵并列运行。

系统停运时，先停运真空泵，并注意抽气管上的气动蝶阀自动关闭，同时注意凝汽器真空的变化，停止工作水系统。若较长时间停运，应放尽泵中的积水。

2. 正常运行

机组正常运行时，其中一台真空泵处于自动备用状态，能随时根据系统真空度变化自动起停。

运行过程中，应监视工作水温度、分离器水位、电动机与泵的振动情况和轴承温度。进入泵内工作水温度，通过冷却器的闭式冷却水或开式冷却水进水调节阀控制。气水分离器中的水位由浮球式调节阀控制，当水位降低时，加大补水。

5.2.2.6 给水系统运行与调整

1. 给水系统

图 5-10 所示为 600MW 机组的给水系统全面性热力系统。该系统采用 3 台给水泵及其前置泵并列运行，其中 2 台为半容量的汽动泵为经常运行，其前置泵为与之不同轴串联连接方式；1 台半容量电动给水泵与前置泵为同轴串联连接方式，前置泵为定速泵，给水泵为调速泵，处于备用。

机组起动时，除氧器利用备用汽源的蒸汽加热给水箱内给水，同时运行起动循环泵 SP，进行除氧，当机组负荷达到 20% 额定负荷时，即自动开启四级抽汽阀，同时自动关闭备用汽源，除氧器自动投入滑压运行方式。

小汽轮机有两个自动主汽门，分别与主机 4 段抽汽和新蒸汽连接，为自动内切换方式。随着机组负荷降低，当给水量为 330t/h 左右，2 台汽动泵运行时，4 段抽汽满足不了给水泵功率要求，自动内切换为新蒸汽，随着负荷进一步降低，4 段抽汽量逐渐减少，新蒸汽量相

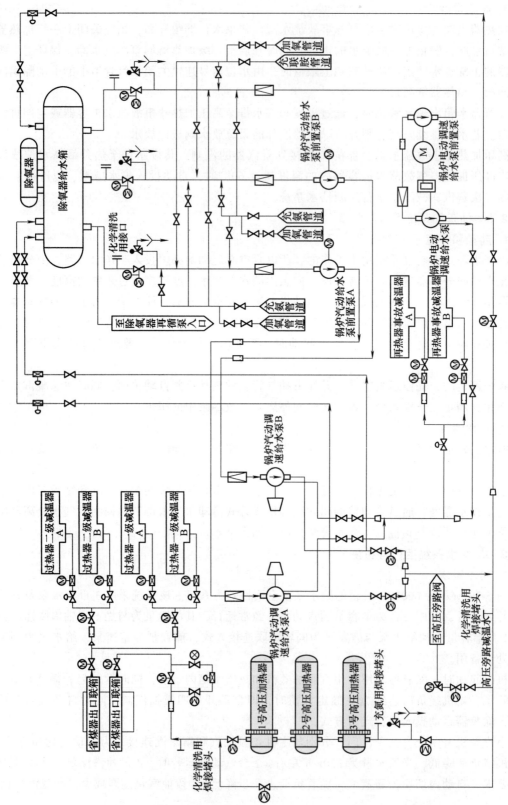

图 5-10 600MW 机组的给水系统全面性热力系统

应加大，直到给水量约为150t/h时，完全由新蒸汽驱动小汽轮机。

3台卧式高压加热器设有大旁路，即在进口设有一电动三通阀，出口设有快速电动闸阀，任一高压加热器故障解列，都同时切除3台高压加热器，给水旁路进入省煤器。

2. 给水系统的运行

给水系统安装或检修完毕，经试验合格后处于正常备用阶段。汽动给水泵组和电动给水泵组的运行方法大致相同，现以600MW机组配备的2台汽动给水泵和1台电动调速给水泵为例，简介其运行特点和注意事项。

1）起动前应投运冷却水系统，并确认在各冷却器中流动正常。检查前置泵机械密封冷却水回路的磁性分离器工作情况，其应无堵塞。打开最小流量回路人工控制隔离阀，关闭给水泵出口管路的阀门。对泵组进行注水、排气，起动给水循环泵。检查各油系统油的充满程度。起动前投入暖泵系统，使泵体上下温差正常后，方可起动。

2）初期起动时，应注意泵体内水质，避免因水质不良造成泵体动、静部分卡涩。

3）起动过程中，应注意监视给水泵出口压力、平衡盘压力、轴承温度以及密封水温度等运行参数是否正常，注意检查泵体振动及内部声音是否正常，注意最小流量控制阀是否正常，防止水泵过热而损坏。

4）停运时，应注意检查给水泵出口止回阀是否关严，防止水泵出现倒转。处于备用的给水泵，应使其一直处于暖泵状态，以便紧急起动。

对于驱动给水泵的小汽轮机或电动机，均应在整个起动、运行和停机过程中严格按各自的技术参数和要求进行检查和监控。

5.2.2.7 热力发电厂轴封系统的运行与调整

1. 起动

确认轴封蒸汽系统已具备投运的条件。开启汽源供汽阀门，对轴封蒸汽系统中有关供汽设备和管道进行暖管和疏水，以防止凝结水进入轴封蒸汽系统。

汽轮机冷态起动时，凝汽器开始抽真空之前或同时向轴封供汽。但在热态起动时，必须先投轴封蒸汽系统再抽真空，以使机组热应力减至最小并缩短起动时间。投入轴封蒸汽系统的顺序为：先起动轴封冷却器的射水抽气器或抽气风机，并调节射水抽气器的排气阀或抽气风机的蝶阀，使漏汽腔室压力保持在0.095MPa的微真空状态。投入轴封供汽，开启疏水阀一段时间后关闭，通过自动调节装置保持供汽压力在规定的范围内。冷态起动时，高、中、低压缸的轴封供汽温度为160~170℃。热态起动时，高、中压缸的供汽温度必须与汽轮机转子表面的温度相适应，一般要求供汽温度不得高于轴封区域金属温度，低压缸和小汽轮机的轴封蒸汽温度控制在120~170℃范围内。对于自密封轴封蒸汽系统，注意各汽源的切换，当负荷达到一定值时，实现自密封供汽，检查轴封母管溢流阀打开。

2. 正常运行

在机组正常运行时，调整并保持供汽压力，温度稳定在正常值，维持漏汽腔室处于微负压状态。在机组各种运行工况下，保证轴封蒸汽系统的正常工作。

3. 停机

汽轮机解列、打闸、停机后，轴封蒸汽系统仍需继续供汽，以防止冷空气漏入汽轮机内部，由于过快地局部降低金属温度而引起热应力。根据停机过程的具体情况，当凝汽器真空为零时，可停止向汽轮机轴封供汽。此时依次关闭供汽装置进汽阀，停运减温器，停止轴封冷却器的射水抽气器或抽气风机，打开轴封蒸汽系统各疏水阀。

5.3 热力发电厂调峰经济运行方式

随着国民经济的快速发展和人民生活水平的迅速提高，我国用电结构发生了很大的变化，除电负荷大幅度增加外，电网的峰谷差也日趋增大，一般为30%~40%。这就要求电网的调峰容量也相应地增大。因此，大容量火力发电机组参与调峰已势在必行。高参数、大容量机组频繁起动或大幅度地负荷变动，将要承担剧烈的温度和交变应力的变化，从而缩短机组使用寿命。为适应电网调峰的需要，还可能使机组在一些特殊工况下长时间运行，而对机组的安全和经济运行带来不利的影响。

5.3.1 热力发电厂调峰运行方式

在现代电力用户的条件下，运行实践中常用下述四种方法来度过电力负荷曲线的低谷。

1. 两班制调峰运行方式

两班制起停调峰运行方式，简称为两班制调峰方式。两班制调峰方式是通过起停部分机组的方式进行电网的调峰，即在电网低谷期间将部分机组停运，在次日电网高峰负荷到来之前再投入运行，通常这些机组每天停运6~8h。另有一些机组在每星期低峰负荷时间（星期六、日）停运，其他时间运行。频繁起停显然会增加机组的寿命损耗。

两班制调峰运行方式机组调峰范围大（可达100%），但运行操作复杂，对设备寿命影响大。这种运行方式由于频繁的起停，机组金属部件要经常受到剧烈的温度变化和因此产生的交变热应力，因而会导致部件的低周疲劳损耗，缩短机组的使用年限。

这种调峰方式需要解决的问题是，提高机组自动化水平，在保证安全性的前提下尽可能加快起停速度，减少起停损失。

2. 低负荷调峰运行方式

低负荷调峰运行方式是带基本负荷的机组参加电网调峰的主要运行方式之一，其最低负荷受到锅炉的燃烧稳定性等因素的限制，调峰幅度取决于机组技术上允许的最低负荷。

机组低负荷调峰运行方式需要解决的问题是，增大机组调峰能力（负荷变化量和变负荷速度），提高机组低负荷运行的经济性。

3. 少汽无功调峰运行方式

少汽无功调峰运行方式，又称为电动机工况，或调相机运行。少汽无功调峰运行方式是指停炉不停机，发电机在电动方式下运行，机组不与电网解列，处于热备用状态。来自邻机抽汽母管的少量蒸汽用来带走鼓风摩擦产生的热量。与两班制运行相比，其区别在于多了蒸汽运行阶段，少了冲转、并网过程。少汽无功调峰运行时，燃料消耗量的大小与供汽方式、机组容量、设备状态以及起停操作方式有关。一般情况下，少汽无功调峰运行时，冷却汽轮机叶片蒸汽的热能损失大，因而经济性比两班制略差。

少汽无功调峰运行方式的能量损耗计算方法与两班制调峰运行基本相同，只是还需要再统计出在调峰期间发电机从电网中吸收的电功率和辅助设备运行的能量损耗。

4. 低速旋转热备用调峰运行方式

低速旋转热备用调峰运行方式（低速热备用调峰方式），又称为两班制低速方式，是将汽轮机负荷降到零，发电机解列，汽轮机在低于转子第一阶临界转速的某一转速下运行，处于热备用状态。这种运行方式的经济性比两班制略好，但由于必须连续不断地监视机组状态，防止进入临界转速，其应用受到了很大的限制。低速热备用调峰方式的能量损耗计算方法与两班制基本相同，只是还需要再统计出在热备用期间的汽耗情况以及辅助设备运行的能量损耗。

这种方式调峰需要解决的问题是，要引入低压蒸汽，保持在低速运转时转速的稳定。

5.3.2 低负荷调峰运行方式的经济性

通过调节机组负荷以适应电网峰谷负荷的需要，称为变负荷调峰运行。在电网高峰负荷期间，机组应能在设计允许的最大出力工况下运行。在电网低谷负荷运行期间，机组在较低的负荷下运行。当电网负荷变化期间，机组应能以较快的速度改变机组负荷以适应电网的需要。

1. 低负荷运行时机组的效率

汽轮发电机组在低负荷工况下运行时，其效率将低于额定工况，效率变化的幅度与汽轮机低负荷运行方式有关，即定压运行还是滑压运行。

当机组在低负荷运行时，对中、低压缸的热力膨胀过程没有明显的影响，因而中间级的效率也基本不变，而高压缸效率的变化主要是由于调节级效率变化所引起的，与运行方式有关。在滑压运行中，调节阀处于全开状态，调节级前后压比在变工况下基本不变，高压缸其他各级的压比也基本保持不变。因而调节级和其他各级的效率也几乎不变。但在定压运行时，在低负荷时个别调节阀处于部分开启状态，将引起较大的节流损失，调节级前后的压比发生了明显变化，导致效率降低。

2. 高压缸内各段温度的变化

当负荷变化时，调节级汽温的变化是导致各部件产生热应力的重要因素，滑压运行时调节级汽温变化较少，可认为基本保持不变。而机组在喷嘴调节的定压运行工况下，调节级汽温则随负荷的下降而降低。因此，为了防止产生较大的热应力，则必须要控制其负荷的变化率。不同运行方式下，高压缸其他各段的温度变化规律与调节级相似，但滑压运行时，高压缸各抽汽段及排汽温度均比定压运行高。若维持再热蒸汽温度为额定值，则此时在再热器中吸收的热量将减少，从而提高了机组的热效率。

3. 汽温控制特性的改善

滑压运行有利于锅炉过热蒸汽温度及再热汽温的控制，从而可以降低机组的最低负荷点。在滑压运行时，汽压降低，蒸汽比体积相应地增加，而调节汽阀通流面积保持不变，汽压与流量成正比。这样流过过热器的蒸汽容积流量几乎与额定工况时相同，从而减轻了过热器热偏差现象，有利于低负荷运行的稳定性。同时，由于滑压运行时高压缸排汽温度高于定压运行，再热蒸汽吸收较少的热量就可以达到额定温度值，比较容易提高再热温度，因而降低了汽温的控制点。在保持蒸汽初温不变的情况下，滑压运行可以允许机组在更低的负荷下保持稳定运行。

4. 机组循环热效率

根据热力学原理，循环热效率随着工质初压的下降而降低，且随着初压的降低，效率下降的趋势将加快，因此滑压运行时主汽初压不宜低于某一临界值。

5. 给水泵耗功及厂用电

给水泵是电厂中耗功最大的辅助设备之一，其耗电比例约占厂用电的30%。其他辅机，如磨煤机、循环水泵、送引风机等的耗功对机组低负荷运行方式不太敏感，因此给水泵耗功大小是评价机组运行方式的重要指标。

给水泵耗功可用式（5-8）表示，即

$$P_p = \frac{D_0(p_0 v_0 - p_i v_i)}{\eta_p} \tag{5-8}$$

式中，D_0 为给水流量（t/h）；v_i、v_0 分别为给水泵入口及出口比体积（m^3/kg）；p_i、p_0 分别为给水泵入口及出口压力（Pa）；η_p 为给水泵装置效率（%）。

给水泵装置的效率在一定负荷范围内变化不大，由式（5-8）可看出，泵出口的压力越低，给水泵的耗功越小。因此在滑压运行时，应采用变速给水泵以节省厂用电。因为主汽压力随负荷的减少而降低，所需给水压力也相应降低。给水泵出口压力的变化可通过改变泵的转速来实现，即采用变速给水泵，可减少给水泵的耗功，提高机组低负荷运行的经济性。若仍采用定速给水泵，在低负荷运行时，由于泵的出口压力不变，给水调节阀前后形成了很大的压差，会引起很大的节流损失，并产生很大的噪声。目前大型汽轮机组均采用汽动变速给水泵。

6. 低负荷运行时的热耗及煤耗

采用滑压运行一方面可以节省给水泵耗功及厂用电，另一方面却降低了循环热效率，衡量综合经济效益的标准应归纳于热耗及煤耗的变化。

在升降负荷过程中，由于工况不稳定造成的损失中，升负荷造成的损失大于降负荷。因为在升负荷过程中，金属在升温时需吸收热量，而降负荷时金属则放出一定的热量。

5.3.3 机组起动和停机过程的经济损失

机组参与调峰运行，如采用二班制或少汽无功运行方式，每年一般要起停150次以上，因此分析其经济性对比较和评价调峰运行方式具有重要意义。

机组起停过程的热能损失与机组形式、容量、管道系统及起停方式有关，起停损失可以通过实验或理论估算确定。通过实测起停试验时机组的汽耗及煤耗，可以确定总损失。但是所测得的结果，通常只能适用本次起停实验，除非起停按优化曲线进行，否则难以代表本机组的真实情况，不具有通用性。理论计算可以将起停过程划分几个阶段，根据各阶段的特点及其影响因素，分别估算其损失量。机组起停过程，一般可分为以下几个阶段：

1）停机降负荷过程。

2）机组停运过程。

3）锅炉点火准备阶段。

4）点火、升压、冲转。

5）升负荷过程。

6）设备的热状态稳定过程。

通常在起停过程中，停运时间由电网负荷曲线决定，电厂没有选择的余地。点火准备到冲转所需时间取决于锅炉内的残余温度、压力、锅炉形式、燃烧和升温特性以及设备的保温质量。运行人员可控制的只有冲转并网及升负荷速度，即汽轮机起动温升率的选定。

起动过程中的燃料总消耗量和设备寿命损耗，特别是转子寿命损耗率是互为消长的，加长起动时间可以减少转子的寿命损耗，但却加大了燃料的消耗量，同时降低了机组适应负荷需要的机动性。从经济效益角度出发，为了减小转子的寿命损耗而过分延长起动时间是不合理的，应根据燃料价格和转子购进价格以及快速跟踪负荷的供电效益和社会效益各方面的得失来优选最佳起动方案。

5.3.4 机组调峰运行方式的经济性比较

不同调峰运行方式的能量损失是互有差异的，机组起停的时间长，能量损失大，但是设备的寿命损耗小。实际运行中，应根据电网的调峰要求，结合设备具体情况，综合考虑寿命损耗、能量损失等情况，选择合理的调峰运行方式。下面以最常见的两班制和低负荷运行两种调峰方式为例来比较运行经济性。

低负荷调峰运行方式的能量损失主要是机组效率低于设计工况而引起的，其损失的大小与带低谷负荷的时间有关。而两班制调峰运行方式的能量损失对既定机组和既定起动方式来说，其能量损失近似为一常数。这里所说的能量损失包括起停过程中的燃料消耗、厂用电消耗和工质的消耗，可以通过试验或计算的方法求得。这两种方式的经济性能进行比较时，存在着临界时间的问题，即在低负荷运行恰好到达这一临界时间时，低负荷运行所带来的经济损失等于两班制调峰所造成的经济损失；超过这一临界时间后，低负荷运行所带来的损失将大于两班制调峰的损失，应该将该机停运，将负荷转移到其他机组上。

对于一个电厂，在电网低谷期间如何确定机组的调峰方式，使整个电厂运行最为经济，取决于机组低负荷允许的经济性能、机组起停或工况转换的损失以及低负荷调峰运行的时间。

若有两类以上多台机组进行负荷分配时，在负荷低谷期间，一般有两种运行方案可供选择：一种方案是部分机组停运，另一部分机组带满负荷或接近满负荷；另一种方案是全部机组平均带低负荷运行。在第一种运行方案中，停运机组一般应该是热态起动时间要求较短、起动损失较小和煤耗率较大的机组。在第二种运行方案中，可以使一部分机组带满负荷，另一部分机组带最低负荷。但因机组煤耗率随负荷的变化接近抛物线规律，当负荷小于70%额定功率时，煤耗率急剧上升，因此这种负荷分配方式通常是不经济的。

对于不同调峰运行方式的评价，除了上述经济性和转子寿命损耗之外，还有其他一些因素需要考虑，例如在起停运行时，热态起动时高压加热器及给水泵承受热冲击问题、高压加热器停运期间的腐蚀问题、各阀门由于频繁开闭造成加快磨损及电动阀门失灵问题，以及机组起动点火烧油问题；低负荷运行时，当负荷低于50%时，锅炉将出现燃烧及水循环不稳现象；此外，尾部受热面由于结露会加快腐蚀、汽轮机末级叶片在小流量下会发生颤振问题，以及给水泵在低流量下会发生汽蚀及低频振动等问题。

5.4 运行参数的监视与调整

随着蒸汽参数的提高和机组容量的增大，整个机组的结构也更加复杂。从安全和经济的角度出发，对机组运行中调节的要求也越来越高。电厂的负荷取决于用户的需要，随时变动的负荷将影响机组的稳定工作，这种来自外界的干扰称为外扰。在整个电力系统中，即使部分机组在一段时间内可以带一定的固定负荷运行，但它们的工况也不可能完全没有变动，而任何工况的变动又都会引起某些运行参数的变化。机组调节的任务就是对其运行工况进行及时的调整，使它们尽快地适应外界负荷的需要，又使机组的所有运行参数都不超出各自的容许变动范围，即在各种扰动的条件下，要求保证安全和经济地运行。

5.4.1　直流锅炉的运行调整

1. 直流锅炉运行调整特点

直流锅炉的结构、系统不同于锅筒锅炉，因此在运行调整上有所不同。锅筒锅炉由于有锅筒水容积的作用，因而当给水量或燃料量有变动时，主要引起锅炉出力或锅筒水位的变化，而过热汽温的变化幅度不是很大。直流锅炉在负荷变化时，如果给水量与燃料量的比例发生变化，则会引起过热汽温的大幅度变化。这是因为不保持给水量与燃料量的比值，必然使得加热、蒸发、过热三区段的受热面长度发生变化。

直流锅炉水容积小，没有厚壁锅筒，又采用薄壁、小直径的管子，因而其工质与金属的蓄热能力比锅筒锅炉小，自行保持平衡的能力较差。所以，当工况变化时，直流锅炉运行参数变化的速度比锅筒锅炉快得多。显然，直流锅炉的自动调节设备及调节系统在可靠性、灵敏度、稳定性等方面的要求比锅筒锅炉高得多。直流锅炉出口过热汽温的变化同汽水通道中各截面的工质焓值的变化是密切相关的，所以在过热器系统中找一个中间点作为超前信号用来提前调节，以保持准确、稳定的参数。

另一方面，当机组出力改变时，由于蓄热能力小，直流锅炉参数的变化能迅速适应工况的变动。

2. 直流锅炉运行参数的调整

单元机组中，直流锅炉运行必须保证汽轮机所需要的蒸汽量、过热蒸汽压力和温度的稳定不变。其参数的稳定主要取决于两个平衡：汽轮机功率与锅炉蒸发量的平衡；燃料与给水的平衡。第一个平衡能稳住汽压，第二个平衡能稳住汽温。但是由于直流锅炉受热面的三个区段无固定分界线，使得汽压、汽温和蒸发量之间紧密相关，即一个运行调整手段不是仅仅影响一个被调参数。实际上，汽压和汽温这两个参数的运行调整过程并不独立，而是一个运行调整过程的两个方面。除了被调参数的相关性外，还由于这种锅炉的蓄热能力小，工况一旦受扰动，蒸汽参数的变化很敏感。

（1）过热蒸汽压力的调整　直流锅炉内的汽水串联通过各级受热面流动，其工质压力是由系统的质量平衡、能量平衡以及管路系统的流动阻力等因素决定的。过热蒸汽压力的变化反映了锅炉蒸发量与汽轮机所需蒸汽量的不适应。在自然循环锅炉中，锅炉蒸发量的调整首先依靠燃烧来调整，与给水量无直接关系，给水量根据锅炉水位来调整。但在直流锅炉中，炉内放热量的变化并不直接引起锅炉出力的变化（除扰动初始时的短暂突变外）。由于直流锅炉送出的蒸发量等于给水量（包括喷水量在内），因此，只有在给水量发生变化时才会引起蒸发量的变化。即直流锅炉的蒸发量首先应由给水量来保证，只有变更给水量才会引起锅炉出力的变化。所以，直流锅炉的汽压调节是通过对给水量的调节来实现的。

（2）过热蒸汽温度的调整　直流锅炉由省煤器、水冷壁和过热器串联而成，汽水状态无固定的分界点，由此形成不同于锅筒锅炉的汽温特性。在稳定工况下，若锅炉热效率、燃料收到基低位发热量、给水焓保持不变，则过热蒸汽焓只取决于燃料量与给水比例。如果该比例保持一定，则过热蒸汽焓与过热蒸汽温度便可保持不变。这说明煤水比的变化是造成过热汽温波动的基本原因。因此，直流锅炉的汽温调节主要是通过对给水量和燃料量的调整来完成的。但在实际运行中，要严格地保持煤水比是不容易的。因而一般只能把保持煤水比作为粗调节，而另外用喷水减温作为细调节。

在运行中，为了更好地控制出口汽温，常在过热区段的某中间部位取一测温点，将它固定在相应的数值上，这一点称为中间点。调节时应保持中间点汽温稳定，则出口汽温也保持稳定。中间点位置越靠前则出口汽温调节的灵敏度越高，但必须保证中间点的工质状态在正常负荷范围内为微过热蒸汽，因而不宜太靠前。

（3）再热蒸汽温度的调整 采用中间再热时，再热汽温的调整也极为重要。与过热器相比，再热器内工质压力较低，传热系数较小。工质比热容大，为减小流动阻力，质量流速又不宜过大。因此，再热器管壁的冷却条件较差。此外，低压蒸汽的比热容小，如受到同样的受热不均匀，再热汽温的偏差大于过热汽温的偏差。而且再热器的运行工况不仅受锅炉各种因素的影响，还与汽轮机的运行工况有关。这就增加了再热汽温调节的困难，不易找到有效的调节手段。由于再热蒸汽流量与燃料量之间无直接的单值关系，不能用燃料量与蒸汽量的比例来调节再热汽温。用喷水作为调节手段虽然有效，但因不经济只能作为事故超温时的调整。目前时常用烟气再循环、旁路烟气量作为调节手段。

综上所述，直流锅炉在带固定负荷时，由于汽压波动小，主要的调节任务是汽温调节。在变负荷运行时，汽温汽压必须同时调节，即燃料量必须随给水量作相应变动，才能在调压过程中同时稳定汽温。根据直流锅炉参数调节的特性，国内总结出一条行之有效的操作经验，即给水调压，燃料配合给水调温，抓住中间点，喷水微调。例如，当汽轮机负荷增加时，过热蒸汽压力必然下降，此时加大给水量以增加蒸汽流量，然后加大燃料量，保持燃料量与给水量的比值，以稳住过热蒸汽温度，同时监视中间点，用喷水作为细调的手段。

5.4.2 汽轮机运行参数的监视与调整

加强运行参数的监测和性能分析，是为了使机组保持或接近其设计热耗值，取得良好的经济效益。汽轮机运行时，蒸汽的初、终参数有时会偏离设计值。蒸汽参数在一定范围内的波动，在运行上不仅是允许的，而且实际上也是难以避免的。这种波动在允许范围内变化时，只影响汽轮机的经济性，不影响其安全性。但当这种波动超过偏差允许的范围时，则不但会引起汽轮机功率及各项经济指标的变化，还可能使汽轮机通流部分某些零部件的受力状况发生变化，危及汽轮机的安全性。

1. 主蒸汽压力的监视与调整

（1）主蒸汽压力升高 在主蒸汽温度和背压不变的情况下，进入汽轮机的主蒸汽压力升高的幅度在运行规程规定范围之内时，可提高机组的经济性。图5-11所示为初压升高前后的热力过程，由图可知，初压升高可使焓降增大，在同样的负荷下进汽流量就会减少，对机组的运行经济性有利。即在额定功率下，当初压升高后蒸汽流量将减少。由于流量的减少，各非调节级前压力均相应降低，各中间级的压差减少，使隔板前后的压差减少，轴向推力减少。因中间级焓降基本保持不变，故流量减少时，各级动叶的变应力将减少，因此新蒸汽压力升高时，中间级的安全性没有影响。

对末几级，由于流量减少而使级前压力降低，级内焓降减少，从动叶承受的汽流变应力来看，末几级是安全的。但因熔降的减少，使末几级的反动度增加，有可能使这些级的轴向推力增大。由于这些级处于低压部分，动叶前后的压差本身较小，同时又有级前压力降低的相反作用，故即使轴向推力增加，也增加得有限。再考虑到中间级的影响，整机的轴向推力还是减少的。

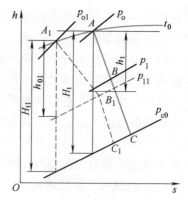

图 5-11 初压升高前后的热力过程

但是，如果主蒸汽压力升高超过规定范围时，将会直接威胁机组的安全。因此，制造厂及现场运行规程明文规定不允许汽轮机的进汽压力超过极限值。主蒸汽压力过高的危害有以下三个方面：

1）最危险的危害是引起调节级叶片过载，尤其当喷嘴调节的机组第一调节汽门全开，而第二调节汽门将要开启时，调速级熔降增大，动叶片上所承受的弯应力也达到最大，而动叶片的弯应力与蒸汽量和调速级熔降的乘积成正比，所以即使蒸汽量不超过设计值，也会因熔降增大引起动叶片超载。

2）蒸汽温度正常而压力升高时，机组末几级叶片的蒸汽湿度要增大，使末几级动叶片工作条件恶化，水冲刷严重。对高温高压机组来说，主蒸汽压力升高 0.5MPa，最末级叶片的湿度大约增加 2%。目前大型机组末几级叶片的蒸汽湿度一般控制在 15% 以内。

3）主蒸汽压力过高会引起主蒸汽管道、自动主汽门、调速汽门、汽缸法兰盘及螺栓等处的内应力增高。这些承压部件及紧固件在应力增高的条件下运行，会缩短使用寿命，甚至会造成部件的损坏或变形、松弛。

因此，当主蒸汽压力超过允许值时，必须采取措施，否则不允许运行。采取的措施有：通知锅炉恢复汽压或开启旁路系统降压，如果机组没有带到满负荷时，可暂时增大负荷，加大进汽量。必要时可开启锅炉溢流阀，达到降压目的。

（2）主蒸汽压力降低　当主蒸汽温度和背压不变、主蒸汽压力降低时，汽轮机内可用熔降减少，使汽耗量增加，经济性降低。如果调节阀限制在额定开度，则蒸汽流量将与初压成正比例减少，故汽轮机的最大出力也将受到限制。如果汽压降低过多，则带不到满负荷。当汽压降低超过允许值时，应通过调整锅炉燃烧及时恢复正常汽压，必要时可降低负荷，减少耗汽量，来恢复正常汽压。

因此，初压降低后仍要保证汽轮机发出额定功率，则汽轮机的流量将大于额定流量，此时会引起各非调节级前压力升高，并且使末几级熔降增大。因此各非调节级的负荷都有所增加，并以末几级过载最为严重，同时全机的轴向推力增大。此时能否安全运行，必须经过专门的计算来决定。一般在运行中，当初压降低时需要限制汽轮机的出力。

2. 主蒸汽温度的监视与调整

在实际运行中，主蒸汽温度变化的可能性较大，而主蒸汽温度变化对汽轮机安全、经济运行影响十分严重，因而要加强对主蒸汽温度的监视。

在初压不变的条件下初温升高，从经济性角度看是有利的。它不仅提高了机组的循环热效率，而且还减少了汽轮机的排汽湿度，从而减少了低压级的湿汽损失，使机组的相对内效率也有所提高。但从安全角度看，新蒸汽温度的升高将使金属材料的蠕变加剧，缩短其使用寿命，如蒸汽室、主汽阀、调节阀、调节级、高压轴封、汽缸法兰、螺纹连接及蒸汽管道等均要受到影响。因此，提高初温时应严格监视这些部件的安全性，尤其是高参数大容量的机组，即使初温增加不多，也可能会引起急剧的蠕变而大幅度地降低许用应力。因此，在大多数情况下不允许升高初温运行。再热蒸汽温度升高对汽轮机的影响，大致与新蒸汽温度的影响相同。

主蒸汽温度升高，汽轮机的焓降和功率会稍有升高，热耗降低，汽温每升高 5℃，热耗可降低 0.12% ~ 0.14%。主蒸汽温度的升高超过允许范围，这对汽轮机设备的主要危害有以下三个方面：

1）使调速级段内焓降增加，从而使该段的动叶片发生过负荷。

2）使金属材料的机械强度降低，蠕变速度增加。例如，主蒸汽管道和汽缸等高温部件工作温度超过允许的工作温度，将导致设备损坏或缩短部件的使用寿命，使汽缸、汽门、高压轴封等的紧固件发生松弛现象，乃至减小预紧力甚至松脱。这些紧固件的松弛现象随着在高温下工作时间的增加而增加。

3）使各部件受热变形和受热膨胀加大，如膨胀受阻有可能使机组的振动加剧。因此，在运行规程中严格地规定了主蒸汽温度允许升高的极限数值。例如，一般对于额定汽温为 535℃ 的机组，允许温度变化 -10 ~ 5℃。因此，在电网允许的情况下，当主蒸汽温度超过规定时，应进行锅炉调整，加强汽轮机监视，同时配合做好各项工作。如果锅炉调整无效，当主蒸汽温度达到停机条件时，应按规程规定停机或紧急停机。

主蒸汽温度降低不但影响机组的经济性，降温速度过快，还会威胁设备的安全，必须果断迅速处理。主蒸汽温度降低的危害主要有以下三个方面：

1）主蒸汽温度下降缓慢时，温度应力不是主要矛盾，但若要保持电负荷不变就要增加进汽量，使机组经济性降低。一般来说，主蒸汽温度每下降 10℃，汽耗将增加 1.3% ~ 1.5%，而热耗约增加 0.3%。

2）主蒸汽温度降低而汽压不变时，末几级叶片的蒸汽湿度将增大，对末几级动叶片的叶顶冲刷加剧，将缩短叶片的使用寿命。

3）当主蒸汽温度急剧下降时，将使轴封等套装部件的温度迅速降低，产生很大的热应力，汽缸等高温部件会产生不均匀变形，使轴向推力增大。汽温急剧下降时，往往又是发生水冲击事故的征兆。

对于额定汽温为 535℃ 的机组，当主蒸汽温度降至 500℃ 时，应停机；当汽温直线下降 50℃ 或在 10min 内下降 50℃ 时，应紧急停机。

3. 再热蒸汽参数的监视与调整

蒸汽从高压缸排出后，经过再热器管道进入中压缸，压力将会有不同程度的降低，这个压力损失通常称为再热器压损。再热器压损为蒸汽通过再热器系统的压力损失与高压缸排汽压力之比，一般以百分数表示。

在正常运行中，再热蒸汽压力是随蒸汽流量的变化而变化的。再热器压损的大小，对汽轮机的经济性有着显著的影响。

如果发现再热蒸汽压力不正常地升高，说明进入中压缸的蒸汽阻力增加，应及时查明原因并采取相应的措施。如果再热蒸汽压力升高达到安全门动作的程度，一般是由调节和保护系统方面的故障引起的。遇到此种情况，要首先检查中压自动主汽门和调速汽门是否关闭，并迅速采取措施处理，使之恢复正常。

再热蒸汽温度通常随着主蒸汽温度和汽轮机负荷的改变而发生变化。同主蒸汽温度一样，再热蒸汽温度的变化，也直接影响着设备的安全和经济性。

再热蒸汽温度超过额定值时，会造成汽轮机和锅炉部件损坏或缩短使用寿命。

当再热蒸汽温度升高时，最好不要使用喷水减温装置。因为此时向再热器喷水，将直接增加中、低压缸的蒸汽量，一方面会引起中、低压缸各级前的压力升高，造成隔板和动叶片的应力增加以及轴向推力的增加，另一方面对经济性也很不利。

再热蒸汽温度低于额定值时，不仅会使末级叶片应力增大，还会引起末几级叶片的湿度增加，若长期在低温下运行，将加剧叶片的侵蚀。在运行中，如果发现再热蒸汽汽温下降情况与负荷的变化不相适应，要检查锅炉再热器减温水门是否关闭严密。

4. 凝汽器真空的监视和调整

凝汽器真空的变化，对汽轮机的安全与经济运行有很大的影响。凝汽器真空高即汽轮机排汽压力低，可以使汽轮机减小耗汽量，从而提高经济性。一般情况下真空降低1%，汽轮机的热耗将增加 0.7% ~ 0.8%。正因为如此，凝汽式机组通常要维持较高的真空。

凝汽器的真空是依靠汽轮机的排汽在凝汽器内迅速凝结成水，体积急剧缩小而形成的。如排汽冷却而凝结成 30℃ 左右的凝结水，相应的饱和压力只有 4kPa，这时如果蒸汽干度为90%，则每千克蒸汽的容积为 $31.9m^3$，蒸汽凝结成水后每千克容积只有 $0.001m^3$，即缩小到原来蒸汽容积的 1/30000 左右。汽轮机带负荷运行中，抽汽器的作用是抽出凝汽器中不凝结的气体，以利于蒸汽的凝结。

汽轮机的真空下降时（即排汽室温度升高）会有如下危害：

1）使低压缸及轴承座部件受热膨胀，引起机组中心变化，使汽轮机产生振动。

2）由于热膨胀和热变形，可能使端部轴封径向间隙减小甚至消失。

3）如果排汽温度过分升高，可能引起凝汽器管板上的铜管胀口松弛，破坏了凝汽器的严密性。

4）由于排汽压力升高，汽轮机的可用焓降减小，除了不经济外，出力也将降低，还有可能引起轴向推力变化。

在实际运行中，真空下降的原因很多，但经常造成真空下降的原因是真空系统的严密性受到破坏。为保证真空系统的严密性，运行中要定期检查，发现问题及时消除。真空严密性的指标规定为：当负荷稳定在额定负荷的 80% 以上，关闭空气门或停止射水泵 3 ~ 5min，凝汽器真空下降速度不大于 0.4kPa/min。

真空下降，应及时采取措施，若真空继续下降，应按规程规定减负荷，直至将负荷减为零。凝汽器真空下降达低真空保护整定值时，停机保护装置动作。在低真空的条件下运行，对于末级叶片或较长叶片，由于偏离空气动力学设计点很远，汽流的冲击或颤动，易使叶片发生损坏。

5.5　并列运行单元机组之间负荷经济分配

在我国某些电网中，热力发电厂的大型汽轮发电机组的电力负荷是由电力调度中心根据电网的负荷情况直接调配的，这种调度方式在电力走向市场、实行竞价上网的当今已经不尽合理了。一方面，电厂必须以最合理、最具竞争力的电价向电网售电；另一方面，电力调度中心对电厂的单元机组进行直接调度，使得电厂无法根据自身的单元机组类型、按照最经济的运行方式和发电成本报出上网电价。一个比较合理的调度方式是以一个电厂或竞价上网的实体作为一个调度单元，单元机组间的负荷分配由调度单元自己内部解决，或者由调度单元根据其竞价得到的某一时段的上网电量，提供单元内各单元机组在这一时段内的负荷曲线，调度中心则根据这一曲线来进行负荷调度，这种调度方式可以最大限度地保证电网内的各单元机组在高效率区工作，降低发电成本。作为一个竞价上网的实体，可以较为精确地计算出发电成本，避免由竞价上网带来的市场风险。以一个调度单元为实体，综合考虑单元机组的起停、设备的寿命损耗和燃料消耗等因素后建立数学模型，用于计算一个时段内各台单元机组的负荷曲线。

单元机组并列运行是指燃用相同质量的燃料，各单元机组发出的电能应并列输入同一电网。并列运行单元机组间负荷经济分配是指当总负荷一定时，如何将这些负荷在各单元机组间合理地分配，使全厂（全网）的经济性最好。

由于不同类型的单元机组具有不同的经济性，即使相同类型的单元机组，由于设计上的某些变动、投运时间的长短、维护情况的好坏等因素，也会有不同的经济性。而对于同一台单元机组而言，在不同负荷、不同运行条件及大修前后的不同时间内，也将具有不同的经济性。通常在设计条件下运行时，单元机组的经济性最好。众所周知，电能是不能储存的，因此就电网而言，发电量必须与外界负荷相适应。对热力发电厂而言，其发电量必须满足电网调度的要求，那么单元机组就不一定都是在最经济的工况下运行。

单元机组的经济性，具体指标应是发电成本。对整个电力系统而言，由于电厂所在位置与煤矿的距离不同，各电厂的煤价不同，因此计算发电成本时应把煤价考虑在内。对某一电厂内的负荷分配问题，由于煤价在同一电厂是一致的，因此，可用发电煤耗量表示发电成本，进行并列运行单元机组间的负荷经济分配，使电厂总煤耗量为最低。

5.5.1　电力负荷曲线与工况系数

1. 发电厂的电力负荷曲线

发电厂的产品——电能是不能大量储存的，也就是说，发电厂的发电负荷（发电厂中各发电机组发出功率的总和）必须与用电负荷（连接在电网上的一切用电设备所消耗的功率）保持一致，否则将会出现供电的电压和频率不稳定，影响电能质量。用电负荷是随时间而变化的，相应的发电负荷也要随时间而变化。为了使发电厂负荷和用户负荷相平衡，使电厂能够经常、可靠、经济地工作，必须掌握电力负荷与时间的关系——电力负荷曲线，这也是发电厂经济运行的基础。

热力发电厂的电力负荷曲线，是根据所在地区电力负荷特点与用电负荷大小预测出来的。热力发电厂的电力负荷一般可以分为城市民用负荷、商业负荷、工业负荷、农业负荷以及其他负荷等，不同类型的负荷具有不同的特点和规律。

城市民用负荷主要是城市居民的家用电器，它具有年年增长的趋势，以及明显的昼夜和季节性波动特点，而且民用负荷的特点还与居民的日常生活和工作规律紧密相关。

商业负荷主要是指商业部门的照明、空调、动力等用电负荷。商业负荷覆盖面积大，且用电增长平稳，具有季节性波动的特性。虽然商业负荷在电力负荷中所占比例不及工业负荷和民用负荷，但商业负荷中的照明类负荷和电力系统负荷高峰时段相重合，此外，商业部门由于商业行为在节假日会增加营业时间，从而成为节假日中影响电力负荷的重要因素之一。

工业负荷是指用于工业生产的用电负荷。一般工业负荷的比例在用电构成中居于首位，它不仅取决于工业用户的工作方式（包括设备利用情况、企业的工作班制等），而且与各行业的行业特点、季节因素等都有紧密的联系。工业负荷一般是比较恒定的。

农村负荷则是指农村居民用电和农业生产用电。此类负荷与工业负荷相比，受气候、季节等自然条件影响很大，这是由农业生产特点所决定的。农业用电负荷受农作物种类、耕作习惯的影响，但就电网而言，由于农业用电负荷集中的时间与城市工业负荷高峰时间有差别，所以对提高电网负荷率有好处。

从以上分析可知，电力负荷的特点是经常变化的，不但按小时变、按日变，而且按周变、按年变，甚至会出现随机的负荷冲击。同时，负荷又是以天为单位周期变化的，具有较大的周期性。负荷变化是连续的过程，一般不会出现大的跃变。但电力负荷对季节、温度、天气等是敏感的。不同的季节、不同地区的气候以及温度的变化都会对负荷产生明显的影响。例如夏季民用空调的增加会使电力负荷成倍增长。

热力发电厂的任务是为各类用户提供经济、可靠和高质量的电能，且随时满足用户的负荷需求与负荷特性的要求。为此，在热力发电厂的设计、建设及运行中，必须对负荷需求的变化与负荷特性有一个准确的预测。电力负荷预测就是根据电力负荷、经济、社会、气象等的历史数据，探索电力负荷历史数据变化规律对未来负荷的影响，寻求电力负荷与各种相关因素之间的内在联系，从而对未来的电力负荷进行科学的预测。

热力发电厂的电力负荷预测一般包括最大负荷功率、负荷电量及负荷曲线的预测。最大负荷功率预测对于确定发电厂的发电设备及输变电设备的容量是非常重要的。为了选择适当的机组类型和合理的电源结构以及确定燃料计划等，还必须预测负荷及电量。

热力发电厂电力负荷曲线中的负荷预测根据目的的不同，可以分为超短期、短期、中期和长期四种。

（1）超短期负荷预测　超短期负荷预测是指未来 1h 以内的负荷预测，在安全监视状态下，往往需要 5~10s 或 1~5min 的预测值；预防性控制和紧急状态处理需要 10~60min 的预测值。

（2）短期负荷预测　短期负荷预测是指日负荷预测和周负荷预测，是制定目前发电计划的基础，分别用于安排日调度计划和周调度计划，包括确定机组起停、负荷经济分配和设备检修等。对短期预测，需充分研究电网负荷变化规律，分析负荷变化相关因素，特别是天气因素、日类型等和短期负荷变化的关系。

（3）中期负荷预测　中期负荷预测是指月至年的负荷预测，主要是确定机组运行方式和设备大修计划等。

（4）长期负荷预测　长期负荷预测是指未来 3~5 年甚至更长时间段内的负荷预测，主要是根据国民经济的发展和对电力负荷的需求，进行热力发电厂的改造和扩建工作的远景规划。

热力发电厂的电力负荷曲线可以用日负荷曲线（图5-12）和年负荷曲线（图5-13）来表示。前者表示一天内负荷随时间的变化关系，后者表示一年内负荷随时间的变化关系。

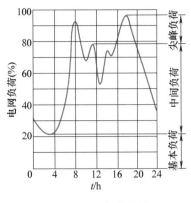

图 5-12 日负荷曲线

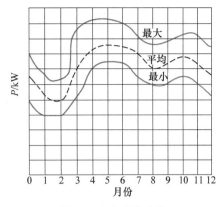

图 5-13 年负荷曲线

随着国民经济和电力工业的发展，电力负荷曲线的预测是以电力系统来进行的。电力系统是由若干个发电厂、变电站、送电线路、配电电网及电力用户组成的，它使发电、输电和用户联系成一个有机的整体。电力系统经济调度的目的是提高电力系统运行经济水平。在满足系统用电需要、安全运行及电能质量的条件下，根据系统经济调度的准则，在发电厂之间合理地分配负荷，使系统总的燃料消耗量最小，系统运行达到最大的经济效益。

电力系统的电力负荷曲线，是根据所在地区电力负荷特点与用电负荷大小预测出来的，而系统中并列运行的电厂，其负荷曲线是根据电力系统经济调度来决定的，它与电厂在系统中的地位和作用有关。

2. 工况系数

电力系统或热力发电厂为确保安全、优质、按需供电，同时也为了对电厂设备检修的需要，其装机容量要大于实际运行的容量。随着近年来国民经济的快速发展，对装机容量的需求越来越大，即热力发电厂负荷冗余量越来越大。如何减少冗余、提高设备的利用率是需要研究的课题。

一般采用平均负荷、平均负荷系数、全年设备利用小时数和设备利用系数来评价电力系统或热力发电厂对装机容量的有效利用程度。

（1）平均负荷 P_{av}　平均负荷是指电力系统或热力发电厂在一段时间内总发电量与该段时间的比值，即

$$P_{av} = \frac{W_t}{T} \tag{5-9}$$

式中，W_t 为电力系统或热力发电厂在时间 t 内总的发电量（$kW \cdot h$）；T 为电力系统或热力发电厂在时间 t 内的运行时间（h）。

如果某热力发电厂在时间 t 内所有机组满负荷运行，则按式（5-9）求得的平均负荷就等于热力发电厂的实际装机容量。当在时间 t 内只运行了 T（$T<t$），则平均负荷小于实际装机容量，平均负荷与实际装机容量差值越大，表示热力发电厂对装机容量的利用率越低。如果电厂参与调峰，平均负荷就不会和装机容量相等。

（2）平均负荷系数 μ_{av}　电力系统或热力发电厂在某段时间内平均负荷与其对应时间段内最大负荷的比值，称为在该段时间内的平均负荷系数，即

$$\mu_{av} = \frac{P_{av}}{P_{max}} \tag{5-10}$$

式中，P_{max} 为电力系统或热力发电厂在计算时间段内的最大负荷（MW）。

平均负荷系数直接反映了热力发电厂对发电设备的利用率。当平均负荷系数为 100% 时，表明热力发电厂在计算时间内设备处于连续最大负荷运行状态，对发电设备的利用率最高。该数值越小，表示对设备的利用率越低。

平均负荷系数也表示电力系统或热力发电厂电力负荷曲线的形状特征（图5-14），反映了负荷变化的均匀程度及其电力系统或热力发电厂的投资和运行的经济性，是电力系统或热力发电厂重要的经济指标之一。

图5-14所示为甲、乙两电厂的日负荷曲线，甲、乙两电厂日平均负荷相同，即日发电量相等。但甲厂的最大负荷要比乙厂的最大负荷大，甲厂的平均负荷系数比乙厂的平均负荷系数小，所以甲厂的经济性比乙厂差。因为甲、乙两厂如发同样电量，甲厂必须装置较多的设备才能满足电负荷的需要，这样甲厂的装机容量要大于乙厂，其装机容量的投资比乙厂多，运行经济性也差。一般较为经济的热力发电厂全年平均负荷系数在 0.8 左右，电力系统全日平均负荷系数在 0.85~0.90 之间。

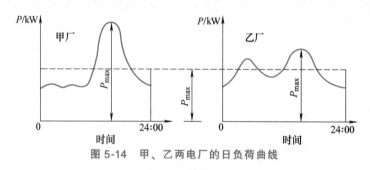

图5-14 甲、乙两电厂的日负荷曲线

（3）全年设备利用小时数 T_s　电力系统或热力发电厂全年设备利用小时数，是指电力系统或热力发电厂全年生产的总电量按其总装机容量的机组全部投入运行所持续的工作小时数，即

$$T_s = \frac{W_a}{P_{to}} \tag{5-11}$$

式中，W_a 为电力系统或热力发电厂全年的发电量（kW·h）；P_{to} 为电力系统或热力发电厂的总装机容量（kW）。

全年设备利用小时数反映了设备的有效利用程度，是衡量电力系统或热力发电厂运行经济与否的重要技术指标之一。它不是电力系统或发电厂某一具体设备的实际运行小时数，因为它们都有备用容量，热力发电厂实际运行容量小于其装机容量。因此，全年设备利用小时数要小于全年日历小时数。目前，我国热力发电厂全年设备利用小时数一般在 5500~6000h，通常可以用这一指标来估计新建电厂的年发电量。

例如，某电厂具有 1200MW 装机容量，其年发电量为70亿 kW·h，即 $W_a = 70$ 亿 kW·h。（若该电厂全年满负荷发电，每年按365天计，全年可发电时间为8760h，可发电105.12亿 kW·h），则全年设备利用小时数为

$$T_s = \frac{W_a}{P_{to}} = \frac{7 \times 10^9}{1200 \times 10^3} h = 5833h \tag{5-12}$$

（4）设备利用系数 设备利用系数反映了生产设备在数量、时间等方面的利用情况。设备利用系数一般指设备利用率和设备的平均利用率。

1）设备利用率用 μ_s 表示，指发电设备的最大负荷与发电设备总装机容量的百分比，即

$$\mu_s = \frac{P_{max}}{P_{to}} \times 100\% \tag{5-13}$$

设备利用率反映了发电设备容量利用的程度。

2）设备平均利用率用 μ 表示，指电力系统或热力发电厂全年设备利用小时数与全年日历小时数的百分比，即

$$\mu = \frac{T_s}{T_r} \tag{5-14}$$

式中，T_r 为全年日历小时数，一般按 8760h 计。

设备平均利用率反映了发电设备利用的程度。

5.5.2 热力发电厂的电能成本

1. 概述

成本是反映企业经济活动的一个综合性指标。成本核算是指把企业在生产和销售产品过程中发生的各种消耗和费用加以归集、分配，确定各种产品的总成本和单位成本，以反映一个企业的经营管理水平，包括劳动生产率、设备的有效利用程度、资金的有效使用程度、企业的盈利或亏损等。电能成本是全面评定一个电力网或各个热力发电厂工作质量的总经济指标，是指热力发电厂生产电能所需的全部费用，包括燃料费、材料费、水费、折旧费、修理费、工资、福利费和社保、制造及其他费用等。前三项为可变成本，随发电量而增减；后五项为固定成本，无论发电量多少均需支出。

在可变成本中，燃料费是各项费用中最大的一项，占发电成本的80%左右；材料费是电厂生产中维护检修所消耗的材料、备品、易耗品等的费用；水费是发电生产用的水资源费和外购水费。

在固定成本中，基本折旧费是对固定资产的补偿费；而修理费是为恢复固定资产已损耗的一部分价值，即按修理费占固定资产原值的比率而预提的资金。工资、福利费和社保随电厂职工数和工资水平而变化。制造及其他费用包括机械制造加工费用等以及办公费、科研教育经费、生产流动资金贷款利息等。

2. 电能生产成本费用及构成

（1）燃料费用 F_{rl} 燃料费用是指热力发电厂直接用于生产电能、热能所消耗的各种燃料的费用。目前其费用要占整个电能成本的80%左右。燃料费用的计算公式为

$$F_{rl} = B_1 J_{r1} + B_2 J_{r2} + \cdots + B_n J_{rn} \tag{5-15}$$

式中，B_1，B_2，$\cdots$，B_n 为热力发电厂各种燃料的消耗量（t）；J_{r1}，J_{r2}，$\cdots$，J_{rn} 为热力发电厂各种燃料的单价，包括运费及损耗等费用（元/t）。

（2）材料费用 F_{cl} 材料费用是指热力发电厂的生产和管理部门用于生产运行设备、房屋等设施的维修和中、小修等消耗的材料、备品、配件、消耗性工具（包括劳动安全用的工具）等费用。

（3）水费 F_{sh} 水费是指为发电、供热而用的外购水费。水费的计算公式为

$$F_{sh} = D_s J_s \tag{5-16}$$

式中，D_s 为热力发电厂外购水量（t）；J_s 为热力发电厂外购水的单价（元/t）。

（4）基本折旧费用 F_{zj} 固定资产设备在使用过程中必然逐渐损耗，所以它的价值随着实物的磨损而日渐减少，并以折旧形式计入产品成本。这部分损耗的价值称为折旧费用，折旧费用按国家规定的折旧率计算（表5-3）。

表5-3 国家规定的电力企业部分固定资产折旧率

固定资产分类	使用年限	残值占原值的百分数（%）	每年折旧率（%）
发电及供热设备	22	5	4.3
变电设备	22	5	4.3
配电设备	24	4	3.7
用电设备	10	0	10
检修机床及设备	14	5	6.8
金属及钢混结构	50	5	1.9
起重设备	22	5	4.3

（5）修理费用 F_{xl} 为了保证生产正常进行，必须对设备进行定期检修。设备大修时间间隔一般为 $1 \sim 2$ 年。大修检修费用比较多，有时需用更换某些设备和零、部件，若将设备大修检修费用直接计入生产成本，则会影响电能成本，不利于成本核算与管理。所以按照折旧提存的办法，从固定资产的年度折旧费用中提取一部分，作为热力发电厂的修理资金，用于热力发电厂的大修费用。年预提修理费可按下式计算，即

$$F_{xl} = F_{gd} N_{yd} \tag{5-17}$$

式中，F_{gd} 为年度应计折旧固定资产值（万元）；N_{yd} 为年修理费提存率（%）。

（6）工资、福利和社保 F_{gz} 计入电能成本中的工资、福利和社保是指人工成本，包括支付给全厂从业人员的劳动报酬总额、社会保障费、非在岗职工生活费、职工福利费、住房补贴、劳动保护费、教育经费、企业负担养老金以及工会经费和其他人工费用开支等，是人工投入的成本反映。

（7）购网电费 F_{gd} 购网电费是指发电厂为发电、供热需要向电网购电的费用。

（8）制造及其他费用 F_{gt} 制造及其他费用包括机械制造加工等费用以及办公费、科研教育经费、生产流动资金贷款利息等。

3. 电能成本计算

（1）电能成本的总费用 F_{zo} 热力发电厂的电能成本的总费用就是以上计算出的各项费用之和，即

$$F_{zo} = F_{rl} + F_{cl} + F_{sh} + F_{zj} + F_{xl} + F_{gz} + F_{gd} + F_{gt} \tag{5-18}$$

（2）单位电能成本 F_{fd} 按热力发电厂的对外供电量 W_{fd} 计算，则单位电能成本为对外供单位电能所消耗的费用 [元/(kW·h)]，即

$$F_{fd} = F_{zo} / W_{fd} \tag{5-19}$$

热力发电厂向电网供电，供电管理部门按合同电价支付电费，电费是电厂的主要收入。发电成本的降低，取决于煤耗率的降低和厂用电率的降低，以及对外供电量的增加和发电设备利用率的提高。这都依靠生产运行技术水平和经营管理水平的提高。

5.5.3　热力发电厂单元机组的耗量特性

热力发电厂单元机组的作用是将燃料的化学能最终转换成对外供应的电能和热能。单元机组发出一定的功率，就要消耗一定的燃料。现代大型火电单元机组均为锅炉、汽轮机和发电机组成的单元机组，系统在运行时输入燃料并输出电功率。热力发电厂单元机组的耗量特性就是单元机组在稳定状态运行时的燃料量和功率之间的关系。

热力发电厂单元机组的耗量特性是负荷经济分配计算的基础，其数据的精确性对计算结果有着直接的影响。确定单元机组的耗量特性是负荷经济分配中关键的一步。在热力发电厂厂级监控信息系统（SIS）系统平台下，用户可以通过在线厂级考核指标的计算结果实时确定出单元机组的耗量特性关系。

单元机组的燃料耗量 B 与汽轮发电机组输出功率 P 之间的关系比较复杂，而且随着汽轮机组进汽阀门开度的调节，B 与 P 之间的关系也随之发生变化。另外，在单元机组起停过程或低负荷燃烧过程中，为了保证锅炉的稳定燃烧需要进行投油稳燃。如果加入这些燃料消耗量，那么单元机组的 B 与 P 之间的关系将会变得更加复杂。为了便于研究，只讨论单元机组在稳定负荷下的耗量特性关系。

此时，单元机组的耗量特性可以表示为

$$B = f(P) \tag{5-20}$$

式中，B 为燃料消耗量（t/h），即每小时燃料消耗的标准煤量；P 为汽轮发电机组输出功率（MW）。

采用燃料消耗量来度量单元机组的费用消耗，是一种很直接的做法，也是我国电力系统一直采用的方法。采用标准煤耗量作为单元机组间负荷经济分配的目标函数，可以避免因其他费用估计的误差所导致的数据模型不能真实地反映经济运行的问题，还可以简化数学模型，使得计算结果比较准确。但这种方法在现在电力市场化的背景下，也存在一定的缺点，如没有考虑燃料的地区差价、输电线损失等问题。如果在负荷分配的目标函数中适当地加入一些反映市场变化因素的发电成本，那么整个单元机组间负荷经济分配所考虑的问题也将更加全面。

典型的热力发电厂单元机组耗量特性如图 5-15 所示，曲线起伏是由汽轮机的调节汽门随着汽轮发电机组输出功率的增大而依次开启所形成的，当上一级汽门已经全开而下一级汽门刚开时，蒸汽的流通会因节流效应产生损失，从而导致耗量增大，曲线向上凸起。

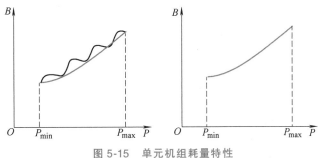

图 5-15　单元机组耗量特性

在计算分析中为了方便，通常采用一条近似的平滑曲线来代替实际的耗量特性曲线。

准确的单元机组耗量特性参数依赖于完整的单元机组性能试验。但在实际生产中，单元机组的性能试验需要花费相当大的成本，还需要调度部门、试验研究部门以电力生产部门的大力协调，因此电力企业很少做这种试验。为了得到单元机组的耗量特性，电力企业经常采用的方法有两种：

1）根据单元机组较长时间的运行记录和试验运行点数据，得出单元机组的耗量特性。

2）将制造厂商的设计数据和长期运行的数据结合，得出单元机组的耗量特性。

另外，值得注意的是，目前部分热力发电厂已经实现了单元机组效率在线监测，这样就可以实时得出单元机组特性曲线，并编制出单元机组的耗量关系，从而使得单元机组间的负荷经济调度的结果比离线测得的单元机组耗量特性的结果更为准确。

5.5.4 单元机组的负荷经济分配

1. 负荷等微增率的负荷经济分配

（1）负荷等微增率分配原则 单元机组供电微增煤耗率由组成单元的锅炉、汽轮发电机组、所有厂用蒸汽、厂用辅助设备的厂用电和变压器（变压器微增电耗率因变化不大取 1）等的微增能耗组成，如图 5-16 所示。它是负荷经济分配的依据，单元机组供电微增煤耗率的准确与否，直接影响到单元机组间负荷分配的合理性。因此，准确地描述单元机组的供电微增煤耗率是负荷经济调度的基础。

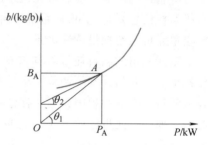

图 5-16 单元机组煤耗特性

假定电厂内并列运行单元机组之间的组合是给定的（有 n 台单元机组共同承担负荷），在某一时刻所需的负荷为 P，经济分配负荷使该厂的总煤耗为最小，其数学表达式为

$$\left.\begin{array}{l} P = P_1 + P_2 + \cdots + P_n = \text{const} \\ B = B_1 + B_2 + \cdots + B_n = \min \end{array}\right\} \tag{5-21}$$

式中，P 为所需的总负荷；B 为电厂的总煤耗量；P_j 为第 j（j=1，2，…，n）个单元机组承担的负荷；B_j 为第 j（j=1，2，…，n）台单元机组的煤耗量。

经济分配负荷问题，即数学上的等式约束条件下求多变量函数的极值问题，式（5-21）中第一式为等式约束条件，其第二式是优化目标函数，即在满足第一式的条件下，使第二式为最小值。

应用拉格朗日乘子法，将条件极值问题转化为无条件极值问题求解，对 $W = P_1 + P_2 + \cdots + P_n - P$ 引入待定乘子 A 及拉格朗日函数 $L = B - AW$。条件极值的必要条件为附加目标函数 L 的一阶偏导数为零，其充分条件为 L 的二阶偏导数大于零，则存在极小值。于是问题变成以 $P_1 + P_2 + \cdots + P_n$ 为多变量，求附加目标函数 L 的无条件极值，即 L 对多变量 P_j 的一阶导数为零，则

$$\left.\begin{array}{l} \dfrac{\partial L}{\partial P_1} = \dfrac{\partial B}{\partial P_1} - \lambda \dfrac{\partial W}{\partial P_1} = 0 \\ \dfrac{\partial L}{\partial P_2} = \dfrac{\partial B}{\partial P_2} - \lambda \dfrac{\partial W}{\partial P_2} = 0 \\ \vdots \\ \dfrac{\partial L}{\partial P_n} = \dfrac{\partial B}{\partial P_n} - \lambda \dfrac{\partial W}{\partial P_n} = 0 \end{array}\right\} \tag{5-22}$$

显然，每一单元机组的煤耗量仅仅与其自身的煤耗特性有关，故

$$\frac{\partial B}{\partial P_1} = \frac{\partial B_1}{\partial P_1}, \quad \frac{\partial B}{\partial P_2} = \frac{\partial B_2}{\partial P_2}, \quad \cdots, \quad \frac{\partial B}{\partial P_n} = \frac{\partial B_n}{\partial P_n} \qquad (5-23)$$

另外，当电厂承担的总功率 P 为一定值时，有

$$\frac{\partial W}{\partial P_1} = 1, \quad \frac{\partial W}{\partial P_2} = 1, \quad \cdots, \quad \frac{\partial W}{\partial P_n} = 1 \qquad (5-24)$$

将式（5-22）、式（5-23）代入式（5-24），得

$$\frac{\partial B_1}{\partial P_1} = \frac{\partial B_2}{\partial P_2} = \cdots = \frac{\partial B_n}{\partial P_n} = r_{\mathrm{u}} \qquad (5-25)$$

令 $b_j = \dfrac{\partial B_j}{\partial P_j}$，则有

$$b_1 = b_2 = \cdots = b_n = r_{\mathrm{u}} \qquad (5-26)$$

式中，b_j 为单元机组供电微增煤耗率，表示单元机组每增加单位功率所增加的煤耗量；r_{u} 为并列运行单元机组供电总微增煤耗率。

式（5-25）即为单元机组供电等微增煤耗率方程。其物理意义是，若全厂的燃料消耗微增率与各单元机组燃料消耗微增率相等，则全厂总燃料消耗量最少，即当电厂单元机组间负荷的分配达到了等燃料消耗微增率时，就实现了负荷的最佳分配。

采用等微增法进行并列运行单元机组间负荷经济分配，首先通过试验求得各单元机组的燃料消耗量和负荷的特性关系（其曲线应单调可微，且下凸或上凹），然后求导得出各台单元机组煤耗微增率，最后用解析法或图解法确定负荷分配方案。只有满足式（5-25）或式（5-26）的条件，才能使单元机组的总供电煤耗为最低，也即达到负荷的最优分配。这就是并列运行单元机组间负荷等微增率分配原则，即并列运行单元机组的微增煤耗率相等。

（2）等微增率法负荷经济分配实例　某电厂装有两台 600MW 超临界单元机组，平时单元机组负荷在 50% ~ 100% 之间波动。这两台单元机组型号相同，但性能有差异。尤其是 2 号单元机组，低压缸改造后，其效率优于 1 号单元机组。为使单元机组在调峰过程中充分发挥其优势，该厂采用等微增法制定了负荷经济分配方案。

1）现场实测数据。该厂装有单元机组性能在线检测装置，每 5min 平均 1 次并显示，每 1h 平均 1 次，并用反平衡法计算出发电煤耗率，进行在线分析，测量结果可随时记录打印。

首先，利用该装置连续一个星期同时测量两台单元机组负荷及有关参数，记录打印，获得原始数据；然后按负荷每隔 20MW 进行分组统计，计算平均值，其结果见表5-4。

表 5-4　1、2 号单元机组"性能在线"实测数据汇总

分组负荷/ MW	1号单元机组			2号单元机组		
	负荷/ MW	发电煤耗率/ [g/(kW·h)]	发电标准煤耗量/ (t/h)	负荷/ MW	发电煤耗率/ [g/(kW·h)]	发电标准煤耗量/ (t/h)
250 ~ 270	266.25*	324.65	86.44*	—	—	—
270 ~ 290	276.80*	321.40	88.96*	—	—	—
290 ~ 310	305.60	308.58	94.30	305.12	302.76	92.38
310 ~ 330	314.37	308.42	96.96	314.80	300.82	94.70
330 ~ 350	339.44	307.60	104.41	342.04	304.45	104.13

（续）

分组负荷/MW	1号单元机组			2号单元机组		
	负荷/MW	发电煤耗率/[g/(kW·h)]	发电标准煤耗量/(t/h)	负荷/MW	发电煤耗率/[g/(kW·h)]	发电标准煤耗量/(t/h)
350～370	353.78	306.84	108.55	358.73	301.03	107.99
370～390	373.90	302.30	113.03	373.30	295.35	110.25
390～410	399.80	301.08	120.27	399.53	292.28	116.77
410～430	414.15	303.55	125.72	418.63	292.23	122.34
430～450	442.55	300.05	132.79	443.90	292.02	129.63
450～470	456.76	298.22	136.21	456.72	291.34	133.06
470～490	481.65	298.60	143.82	480.38	290.38	139.49
490～510	502.00	298.30	149.75	505.00	290.16	146.53
510～530	520.20	297.56	154.79	519.75	290.56	151.02
530～550	540.95	298.20	161.31	544.63	288.73	157.25
550～570	556.37	297.57	165.56	556.70	289.81	161.34
570～590	581.17	298.27	173.35	576.78	287.78	165.99
590～610	600.56	299.01	179.57	601.79	289.28	174.09
610～630	610.00	301.70	184.04	618.84	287.24	177.76
630～650	—	—	—	640.30	287.96	184.38

注：* 为参考值。

2）用解析法进行负荷经济分配。对表5-4中发电标准煤耗量与负荷关系数据进行回归分析（去除偶然因素引起的特殊数据），得

1号单元机组

$$B_1 = 22.5197 + 0.2114263P_1 + 8.404016 \times 10^{-5}P_1^2 \qquad (5-27)$$

2号单元机组

$$B_2 = 15.8933 + 0.239339P_2 + 3.7497 \times 10^{-5}P_2^2 \qquad (5-28)$$

1号单元机组微增煤耗率

$$r_{u1} = \frac{dB_1}{dP_1} = 0.2114263 + 2 \times 8.404016 \times 10^{-5}P_1 \qquad (5-29)$$

2号单元机组微增煤耗率

$$r_{u2} = \frac{dB_2}{dP_2} = 0.239339 + 2 \times 3.7497 \times 10^{-5}P_2 \qquad (5-30)$$

根据微增煤耗率相等和总负荷等于两台单元机组负荷之和关系，$r_{u1} = r_{u2}$，得

$$P_1 = 166.06763 + 0.4461795P_2 \qquad (5-31)$$

$$P_1 + P_2 = P \qquad (5-32)$$

求解此方程组，便可得两台单元机组的负荷分配，见表 5-5。

表 5-5 单元机组的负荷经济分配表　　　　　　　　　　（单位：MW）

全厂负荷	计算负荷		计划负荷	
	1 号单元机组	2 号单元机组	1 号单元机组	2 号单元机组
550	284. 5196*	—	250*	300
600	299. 94571	300. 05429	300	300
650	315. 37185	334. 62815	320	330
700	330. 79800	369. 20200	330	370
750	346. 22414	403. 77586	350	400
800	361. 65029	438. 34971	360	440
850	377. 07643	472. 92357	380	470
900	392. 50258	507. 49742	390	510
950	407. 92872	542. 07128	410	540
1000	423. 35487	576. 64513	420	580
1050	438. 78101	611. 21899	440	610
1100	454. 20716	645. 7928*	490	610
1150	—	—	540	610
1200	—	—	590	610
1240	—	—	590	610
1250*	—	—	620	630*

注：* 为参考值。

3）两台单元机组负荷加减顺序。假设当前两台单元机组负荷各为 400MW，需增加 200MW，有两种加负荷方式：

①2 号单元机组负荷先加至 600MW。

②1 号单元机组负荷先加至 600MW。

比较两种方式煤耗量的大小，见表 5-6。

表 5-6 负荷变化后燃料消耗量比较

名　　称	运行方式 1		运行方式 2	
	1 号单元机组	2 号单元机组	1 号单元机组	2 号单元机组
单元机组负荷 P	400	400+200	400+200	200
空负荷煤耗量 B_0	B_{01}	B_{02}	B_{01}	B_{02}
负荷变化煤耗量 aP	$400a_1$	$600a_2$	$600a_1$	$400a_2$
全厂总燃料消耗量 B	$B_1 = F_{01} + 400a_1 + F_{02} + 600a_2$		$B_2 = F_{01} + 600a_1 + F_{02} + 400a_2$	
比较：$B_1 - B_2$	$B_1 - B_2 = 200a_2 - 200a_1 = 200(a_2 - a_1)$			

任取 $P_1 = P_2 = 400$MW，分别代入 1、2 号单元机组微增煤耗率计算公式，得 $a_1 = 0.2786584$，$a_2 = 0.2693366$。因 $a_2 < a_1$，所以 $B_1 - B_2 = 200(a_2 - a_1) < 0$，即 $B_1 < B_2$，也就是说，加负荷先加微增煤耗率低的 2 号单元机组，省煤；减负荷先减微增煤耗率高的 1 号单元机

组，省煤。

从本例单元机组微增煤耗率计算公式可以得出，每台单元机组负荷在 300MW 以上，$a_2 < a_1$，故加负荷先加 2 号单元机组，后加 1 号单元机组；减负荷先减 1 号单元机组，后减 2 号单元机组。

本次实测试验数据限定在 300MW 以上，若强令单元机组在 250MW 运行，则投油助燃，且效率很低。比较两台单元机组煤耗率，2 号单元机组低于 1 号单元机组，故让 1 号单元机组调谷 250MW（42%负荷）短时运行。单元机组加减负荷顺序见表 5-7。

表 5-7 单元机组加减负荷顺序

全厂负荷分界点	加负荷操作		减负荷操作	
	先加单元机组	后加单元机组	先减单元机组	后减单元机组
600MW 以上	2 号单元机组	1 号单元机组	1 号单元机组	2 号单元机组
600MW 以下	2 号单元机组	1 号单元机组	1 号单元机组	—

4）低谷单元机组负荷 250MW（42%负荷）的经济调度问题　由于该厂所处的地区日夜负荷悬殊，单元机组低谷出力可能达 250MW。此时是停一台单元机组，把负荷转移到另一台单元机组上，还是不停机？考虑到单元机组 250MW 负荷调谷运行时间短，停下单元机组所节约的燃料补偿不了单元机组起停能量损失，且单元机组起停涉及汽轮机寿命损耗、高压高温受热冲击、多耗燃油、起停操作有可能失误等问题，故不必停机，而采用低负荷运行方式。

2. 动态规划法的负荷经济分配

动态规划 DP（Dynamid Programming）方法是研究多阶段决策过程最优解的一种有效方法。所谓多阶段决策过程是指按时间或空间顺序，将问题分解为若干互相联系的阶段，依次对它的每一阶段做出决策，最后获得整个过程的最优解。

根据贝尔曼最优化原理把单元机组的负荷经济分配分成一个多级决策问题进行求解，将每一单元机组划分为一个决策阶段或决策级，把求全厂煤耗量最小的目标函数分解为求出每一决策级内煤耗量最小的问题。因此，目标函数优化的结果是各个阶段效应的累加和。负荷经济分配的依据是一定时期内的单元机组性能曲线，可以根据性能监测结果和热力试验结果对性能曲线进行修正。如果有在线分析系统如热力发电厂厂级监控信息系统（SIS）作为支持，则可实现负荷经济分配的在线计算。

动态规划法的实质是将 n 个多变量函数的最优分配问题，转化为 n 步递推函数的优化问题。应用于单元机组间负荷经济分配的递推关系式为

$$\min f_i(P) = \min_{d_i = 0, 1, \cdots, j} \left[q_i(d_i) + \min f_{i-1}(P - d_i) \right] \qquad (5\text{-}33)$$

式中，$\min f_i(P)$ 为第 i 步总负荷 P 分配给第 $j-i+1$ 台联合单元机组（共 i 台）的最优分配结果；$q_i(d_i)$ 为 d_i 个负荷分配给第 i 台联合单元机组的能耗；$\min f_{i-1}(P - d_i)$ 为第 $i-1$ 步负荷 $P - d_i$ 配给第 $j-i$ 台联合单元机组（共 $j-l$ 台）的最优分配结果。

从 $i=1$ 开始，直至第 j 步，完成 j 台单元机组最优分配负荷 P 的步骤。其中的每一步运算均为某项能耗特性的数学比较（最小运算）。单元机组间负荷经济分配采用动态规划的原理进行，实际上是一种算法的简化，由于利用了上一级负荷经济调度的结果，每次运行都是一台真实单元机组与另一台虚拟联合单元机组之间在约束下的寻优。并列运行单元机组台数

j 越多，则效果越明显。即使如此，采用人工手算也显繁琐，一般利用计算机实现。

动态规划方法是求解单元机组间负荷经济分配和单元机组组合使用最广泛的一种非线性规划方法。它根据最优决策的任何子阶段仍然是最优的原理，通过将多阶段决策过程转化为一系列单阶段问题，逐个求出最优解以得到全局的最优解。动态规划的主要缺点是：对于单元机组数目较多的电力系统或者热力发电厂，使用该方法进行单元机组间的负荷经济分配时，由于计算量太大，难以较快得出优化结果；另外，对于实时性要求高的系统，该算法在大系统中计算时间过长，会影响系统的实时性。

3. 智能决策法的负荷经济分配

智能决策法是利用计算机通过对数据库的智能检索、编程实现智能算法，模仿运行人员的操作习惯，在智能检索的结果中选出最优的规则，作为决策输出。

具体做法是，先建立规则库，即根据实际单元机组运行的负荷组合，结算出成本电价，若认为该组合比较理想，就可当作一条规则，输入规则库。当规则库的规则数超过1万条以后（此时基本上已经覆盖了所有的负荷与单元机组间组合），在输入新的规则时，查找与所有已有规则中距离最小的一组覆盖。

在规则库已经建立的前提下，遵循决策依据 A（改变负荷的单元机组台数最少）、B（成本电价在允许范围之内）进行决策计算。决策方法是：

1）得到负荷指令和当前单元机组负荷，定出所需改变的总负荷及死区负荷。

2）根据负荷指令，遍历规则库，查出总负荷处于指令负荷±20MW 之间的所有规则。

3）在上述规则中剔除成本电价较高的规则，并将剩余的规则按比例缩放，使其总负荷等于指令负荷。

4）比较当前单元机组负荷与每条规则中对应单元机组间负荷之差与死区负荷的大小，若存在只有一台单元机组负荷差大于死区负荷的规则，则以发电成本最低为原则，选出成本电价最低的一台，将负荷改变量加在负荷超出死区负荷的那台单元机组上。若有超上（下）限，则将该单元机组置为上（下）限，剩余负荷改变量加在余下单元机组中距上（下）限最远的单元机组上。

5）若不符合4）的规则，则查找存在两台单元机组间负荷差大于死区负荷的规则。同样以成本最低为原则，选出成本电价最低的一条，根据这两台单元机组距上（下）限负荷的差距，按比例将负荷改变量加在其上。若负荷超出上（下）限，则同4）处理。

6）以此类推，直至结束所有单元机组间负荷差都大于死区负荷情况的计算。

7）若不存在总负荷处于指令负荷±20MW 之间的规则，则根据各单元机组距上（下）限负荷的距离，按比例将负荷改变量加在各台单元机组上。

4. 结合设备状态综合评价法的负荷经济分配

（1）概述 电力生产是一个比较复杂的过程，许多不同类型的设备同时运行构成了整个庞大的系统。在生产过程中，系统或设备往往会由于设计、制造、安装、维护、管理和运行等方面的原因出现不同程度的故障，情况严重时会导致重大事故，造成不良的社会后果和很大的经济损失。因此，为了避免设备严重故障的发生，对单元机组进行状态监测和设备状态评价就很有必要。设备状态评价的结果将为单元机组的状态检修、状态监测以及判断单元机组故障严重程度提供一个有力的依据，指导单元机组的运行和维修。另外，随着电力市场的改革，发电公司也需要从管理和宏观调配的角度掌握发电机组的状态，了解设备运行维护情况。

单元机组间负荷经济分配侧重于解决单元机组运行中的经济性问题，良好的分配结果将会大大降低电力生产的能源消耗量，产生很大的经济效益。而设备状态评价则侧重于解决单元机组的安全性问题，对设备运行状况或者系统运行状况的掌握是电力安全生产的前提和根本。

随着生产过程实时监视水平的提高，用户可以在线监测单元机组的状态变化，这为设备的状态评价提供了便利条件。因此，将负荷经济分配与状态监测结合起来，在保证生产经济性的同时及时消除一些潜在的设备安全隐患，提高电力生产和设备利用的安全性，从而提高电力企业整体的经济效益和社会效益。

（2）单元机组设备状态综合评价　为了能将单元机组的综合状态反映到负荷经济分配中，利用模糊层次评价的方法将单元机组各类设备的运行状态进行综合分析，得出设备运行的综合状态量化值，并据此对负荷经济分配结果进行调整。

单元机组设备状态综合评价的总体原则是：根据模糊数学的基本理论，利用隶属度将各台设备状态的模糊信息定量化，合理选择评价因素的阈值，得出经过量化的单元机组设备综合状态。为了便于实施，将单元机组各类设备按照不同的类别分成几个评价子集，并且按照它们对单元机组运行安全的影响程度赋予不同权值。在各子集中进一步划分设备的类型，判断出设备的当前运行状态级别即评价矩阵，综合得出总的评价矩阵和设备综合状态的总得分。

模糊评价的数学模型为

$$F = C \cdot S \tag{5-34}$$

$$C = A \cdot B \tag{5-35}$$

$$B_i = A_i \cdot R_i \tag{5-36}$$

式中，F 为设备综合状态总得分；C 为设备综合状态评价矩阵；S 为相应因素的级分，将设备运行状态分成4个级别，分别是优、良、中、差，其对应的量化分值分别为95、80、65、30；A 为各类设备权值分配集，由各类设备的影响大小决定；B 为总评价矩阵；B_i 为各子设备的评价矩阵；A_i 为各因素对应子因素的权值分配集，由各子因素的影响大小决定；R_i 为各因素对应的评价矩阵，由若干专家或小组对各子因素状况按评价集投票得出或者由设备的实时监测得出。

（3）结合设备状态综合评价的单元机组间负荷经济分配的步骤　结合设备状态综合评价的单元机组间负荷经济分配过程，具体的计算步骤为：

1）通过设计数据或热力试验数据，得出单元机组的耗量特性曲线，将其作为负荷分配的基础依据。

2）在基本边界约束条件下，用动态规划方法对全厂单元机组进行初次负荷经济分配。

3）考虑辅助设备状态变化的边界约束。计算和判断单元机组的综合状态，使运行状态好的单元机组带更多的负荷，状态差的单元机组带较少的负荷。当各单元机组间的综合状态之差超出一定范围时，对单元机组的负荷分配结果进行二次调整，允许设备综合状态较好的单元机组带较多的负荷。同时，保证调整之后的供电成本和初次优化分配下的供电成本的差额不应该大于设定的差值，即按照单元机组状态二次调整的负荷分配不应牺牲过多的经济性，因此调整后的解仍然是一个优化解。

（4）负荷分配方法比较　以上介绍了单元机组间负荷经济分配的四种方法，从中可以看出：

1）等微增率法简单易懂，使用方便，在长期的实践中积累了丰富经验，是单元机组间负荷经济分配的常用方法。但它要求各单元机组煤耗量曲线单调可微并上凸，如不满足而作人为修正，则会引起偏差；同时，由于这些曲线是某一时段试验所得，运行一段时间后单元机组的性能曲线因设备状况和煤种的不同而发生变化；因测量误差、试验和计算方法的不同，加上数据拟合时只能保证试验点上误差的平方和最小，有可能造成微增率曲线失真的情况。所有这些，都会使负荷分配结果与最优方案产生一定的偏离。应用时，应根据设备、煤种等状况的变化，适时进行正规的单元机组特性试验，更新原有的数据。

2）动态规划法对各单元机组煤耗量曲线形状没有要求，也不需要对数据进行拟合，所以比等微增法具有更广的使用范围。但同样需要借助煤耗量特性曲线，也有时效性问题；同时，它没有考虑单元机组的当前负荷，可能产生总负荷变化不大，但几台单元机组间负荷大幅波动或波动频繁的情况，对单元机组安全性可能不利。应用时，也应适时更新原有的数据，以确保所依据的特性数据的时效性。

3）智能决策法不依赖单元机组的特性曲线，模仿运行人员的操作习惯，根据指令负荷在规则库中检索，选出最优的规则作为决策输出，而且规则库在不断更新，符合当前实际；在总负荷改变时，能使改变负荷单元机组的台数减到最少，避免了单元机组负荷频繁变动，能被运行人员接受，负荷分配科学，经济效益也很明显。其缺点是负荷分配可能并非最优，但随着时间的推移，会向最优靠拢。应用时，应加强数据采集系统的维护，确保所依据的决策数据的准确性。

4）考虑设备状态约束法将设备综合状态作为负荷分配的约束条件，使分配结果存在一定的误差，需要对上述各因素进一步地细化和研究才能够逐渐减少误差。尽管该方法无法精确地给出负荷分配的结果，但在人为可控的范围内可以得出合理解释，同时在指导运行人员运行上具有一定的经济指导意义。

思 考 题

5-1　提高热力发电厂运行经济性的途径有哪些？

5-2　加热器在正常运行中需要监视哪些项目？为什么？

5-3　高压加热器正常运行中的维护工作有哪些？

5-4　加热器运行中要注意什么问题？

5-5　除氧器采用滑压运行后对提高热力系统的经济性有哪些优点？

5-6　除氧器的滑压运行有什么缺点？应采取哪些措施消除？

5-7　什么是除氧器的自生沸腾现象？有何危害？防止发生自生沸腾的措施有哪些？

5-8　说明除氧器滑压运行与定压运行的概念，并进行其热经济性的比较。

5-9　除氧器运行中的主要故障有哪些？

5-10　降低汽轮机的排汽参数对单元机组热经济性有何影响？影响排汽压力的因素有哪些？

5-11　何谓凝汽器的最佳真空？单元机组在运行中如何使凝汽器在最佳真空下运行？

5-12　当夏季水温升高时，排汽压力由 0.0049MPa 升高到 0.0078MPa，试分析凝汽器的真空变化对高参数和中参数机组热经济性的影响。中参数机组的参数为：$p_0 = 3.43$MPa，$t_0 = 435$℃，$p_c = 0.0049$MPa；高参数机组的参数为：$p_0 = 8.83\text{MPa}$，$t_0 = 535℃$，$p_c = 0.0049\text{MPa}$。

5-13　大型火力发电机组调峰运行的意义及方式有哪些？

5-14　直流锅炉运行调整特点有哪些？

5-15　蒸汽初参数对电厂热经济性有何影响？

5-16　为什么要进行电力负荷预测？电力负荷的种类有哪些？

5-17　什么是电力负荷曲线？其作用是什么？

5-18　什么是平均负荷和平均负荷系数？

5-19　热力发电厂的电能成本包括哪些项目？电能成本中最大的一项是什么？

5-20　并列运行的单元机组间负荷经济分配的原则是什么？

5-21　并列运行单元机组间负荷等微增率分配的原则是什么？

5-22　动态规划方法负荷经济分配的原理是什么？有何优、缺点？

5-23　智能决策法负荷经济分配的原理及方法是什么？有何特点？

5-24　单元机组设备状态综合评价的总体原则是什么？

5-25　试说明结合设备状态综合评价的单元机组间负荷经济分配过程。

第6章
热力发电厂其他主要辅助系统

6.1 热力发电厂输煤系统及煤场设备

1. 概述

随着电力工业的发展，热力发电厂容量的不断增大，耗煤量日益增加，表6-1给出了各种容量热力发电厂的耗煤量。可见热力发电厂输煤系统及煤场设备是保证热力发电厂安全、可靠、经济运行的前提，是热力发电厂整个生产过程中最基本也是最重要的环节之一。

表6-1 各种容量热力发电厂的耗煤量

热力发电厂类型	热力发电厂容量/MW	日耗煤量/t	年耗煤量/×10⁴t
中温中压	100	1400	50
高温高压	200	2300	85
超高压	600	7100	250
亚临界压力	1000	12000	420
超(超)临界	2×1000	25000	908

热力发电厂的输煤系统是指燃煤发电厂的燃料运输与供应系统，包括厂外运煤、进厂卸煤、煤场储煤、厂内运输、清除杂物、计量、取样，并把煤送入锅炉原煤仓的整个生产工艺过程。对燃烧多煤种的热力发电厂，还要在输煤过程中进行混配煤工作。

目前，煤的厂外运输方式主要分陆路运输和水路运输两大类。

（1）陆路运输 陆路运输包括铁路、公路、长距离带式输送机、索道和管道运输等，其中铁路运输为主要运输方式，其余几种应用较少。

（2）水路运输 水路运输主要是采用拖轮和驳船，或采用水—陆联运方式。

厂内输煤系统是指运输部门用车船等将煤运进热力发电厂后，从卸煤开始，一直到将合格的煤块送到原煤仓的整个工艺过程，包括卸煤设备、受煤装置、储煤场、破碎与筛分、配煤系统及辅助生产环节。

2. 卸煤设备及受煤装置

卸煤设备是指将煤从车厢或船舱中卸下来的机械。对其要求是卸煤速度快、彻底干净且不损伤车厢或船舱。

受煤装置是指接受和转运设备的总称,对其要求是具备一定的货位,使之不影响一次或多次卸煤,并且能尽快地将接受的煤转运出去。

卸煤设备和受煤装置各有其特性和要求,两者必须合理配合。

(1)铁路运煤的卸煤设备

1)螺旋卸煤机。螺旋卸煤机是利用螺旋体的转动将煤从车厢的侧面排出,如图6-1所示。螺旋卸煤机主要由钢结构机架、大车行走机构、螺旋起升机构和螺旋回转机构组成。螺旋体有单向(单侧卸煤)和双向(双侧卸煤)两种,螺旋体的直径有600mm、800mm和1000mm等。螺旋卸煤机的行走速度一般为10~20m/min,螺旋回转速度为40~80r/min,出力为300~400t/h。

螺旋卸煤机比较适用于卸小块煤或碎煤,对于冻煤也有一定的适应性。其主要缺点是卸煤不彻底,需要配合人工清扫,对车箱也有损伤。

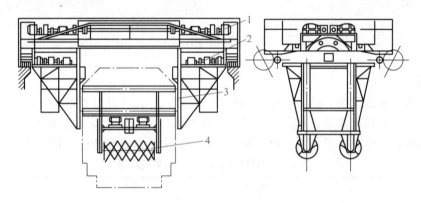

图6-1 桥式螺旋卸煤机

1—提升机构 2—行车机构 3—机架 4—螺旋体

2)翻车机。翻车机是一种利用机械的力量将车厢翻转并卸出煤的设备,如图6-2所示。它具有卸煤效率高、生产能力大、劳动条件好、机械化程度高、卸煤彻底、对所卸煤的块粒大小没有要求等优点,可实现自动化生产,所以广泛应用于以铁路敞车运输煤。翻车机卸车出力为600~4500t/h,适用于大型热力发电厂。它的主要缺点是对车厢有损伤。

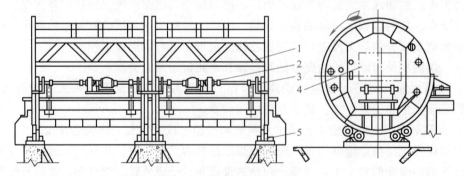

图6-2 KEJ33型转子式翻车机

1—机架 2—传动机构 3—齿轮 4—车厢 5—支座

翻车机有转子式、侧倾式、端倾式和复合式四种类型。翻车机按一次翻卸车辆节数分为单翻机、双翻机、三翻机和四翻机；翻车机按车箱类型又可分为适应标准车辆和适应非标准车辆两大类，适应标准车辆的翻车机又有旋转车钩和固定车钩之分。

3）自卸式底开车厢。自卸式底开车厢是铁路运煤专用车厢。它的车厢上部为长方形，下部为漏斗形，漏斗的侧壁为两块相互对合、下端可翻动的平板组成，可由手动、电动或气动使其向外翻动，当平板翻动时煤由车厢底部自动卸出。它的优点是卸煤速度快、操作简单、节省人力和能源、余煤量小、车厢周转快等。它的缺点是车厢投资较大。底开车厢特别适用于运量大、运距短的矿口热力发电厂。

（2）其他形式的卸煤设备

1）水路运煤。水路运输以拖轮和驳船为主。主要的卸船机械为链斗式卸船机、自卸煤船、翻船机和门式抓斗绳索牵引式卸船机。

2）长距离带式输送机。当煤矿距热力发电厂较近（10km 左右），煤矿至热力发电厂坡度较大（超过 2%）时，可采用长距离带式输送机。

3）公路运煤。当热力发电厂与煤矿相距较近，地区坡度不大时，可采用自卸货车运煤。

4）架空索道来煤。架空索道适用于山区和地形复杂地区煤的输送。单线架空索道的跨度为 500~1000m，爬坡达 70%，可自动翻卸。

5）管道运煤。管道运煤有两种方式：第一种是煤从煤矿运出前，先经破碎、过筛，在煤粒不大于 1.3mm 的情况下，加水混合成煤水比为 40：60 的煤浆，用泵加压，经管道送至热力发电厂，脱水干燥后再经煤的常规处理，最后供锅炉燃用。第二种是把煤制成水煤浆液体燃料进行管道输运。煤在湿式磨煤机中加水磨碎为 80%通过 200 目的煤粉，借助于表面活性剂制成煤粉占 70%左右的含水煤浆。它作为液体燃料可直接送入锅炉燃烧，无须脱水处理。

（3）受煤装置

1）长缝煤槽受煤装置。螺旋卸煤机和底开车厢通常与这种受煤装置相配合，装置的布置如图 6-3 所示。

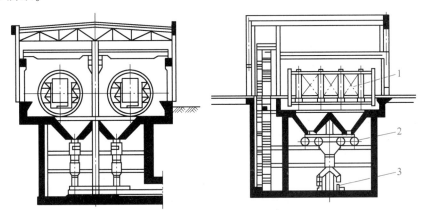

图 6-3 长缝煤槽受煤装置示意图

1—车厢　2—煤槽　3—叶轮给煤机

煤由铁路两侧的箅子落入煤槽中，经下边缘的长缝口散落在卸煤台上，再由叶轮给煤机单侧或双侧拨到单路或双路带式输送机的胶带上。煤槽壁倾角一般为 55°~60°，有效长度一

般为 8~10 节车厢的长度，有效储煤量应与叶轮给煤机最大出力相配合，一般按每列火车 52 节车厢计算为三列火车的煤量。

2）翻车机受煤装置。煤由单翻车机或双翻车机卸入设有箅子的受煤斗中，经带式给煤机输送至与翻车机轴线平行或垂直引出的带式输送机上，如图 6-4 所示。总容量通常在 120t 左右。

3）栈台或地槽受煤装置。栈台或地槽受煤装置如图 6-5 所示，与其配合使用的卸煤设备通常是螺旋卸车机和抓斗类卸车机。栈台或地槽受煤装置的优点是地下工作量少，维护工作量小，可以分类堆放不同种类的煤，便于混煤和扩建。其缺点是受气候影响较大，大风、严寒、高温、多雾时不便运行，司机工作比较繁重，劳动条件差，一般不宜用于大容量热力发电厂。

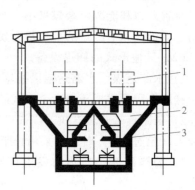

图 6-4　翻车机受煤装置示意图

1—翻车机　2—带式给煤机　3—带式输煤机

3. 储煤场及煤场机械

储煤场是热力发电厂用煤的备用库，是为安全发电而设置的。热力发电厂一般都在厂内设置机械化水平较高的储煤场，储存一定量的煤作为备用。同时储煤场还起到厂外运煤不均衡的调节与缓冲作用。有时还用储煤场进行混煤以及高水分煤的自然干燥。

（1）储煤场的类型和特点　在热力发电厂中常见的储煤类型、几何形状分类及其主要存取机械见表 6-2。

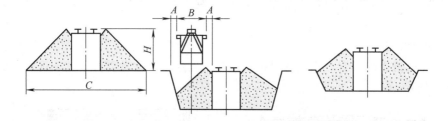

图 6-5　栈台或地槽受煤装置示意图

表 6-2　煤场机械的主要类型及其适用范围

储煤类型	几何形状分类	主 要 存 取 机 械
露天煤场	条形煤场	推煤机、铲煤机、桥式抓斗起重机、运载桥、斗轮机、滚轮机、耗煤机、筒型混匀煤机、圆盘混匀取煤机
	圆形煤场	推煤机、铲煤机、圆形运载桥、圆形斗轮机、圆形滚轮机、圆形耗煤机
半露天煤场棚	条形煤棚	推煤机、桥抓、斗轮机、耙煤机、滚轮机、筒型混匀煤机
	圆形煤棚	推煤机、圆形滚煤机、圆形耗煤机
仓　棚	条形仓棚	斗轮机、滚轮机、耗煤机、筒形混匀煤机
	圆形仓棚	圆形滚轮机、圆形耗煤机
储　仓	方、圆、长缝仓	厂外运输设备、胶带运输机、给煤机
半储仓	方仓、长缝仓	推煤机、胶带运输机

为满足环境保护要求，并保证燃料在炉内的燃烧质量，在多雨地区及来煤品种变化较多和杂煤品质不一的热力发电厂，一般都要设置干煤棚（仓棚）。干煤棚一般由仓棚、堆取设备、受煤装置及煤堆等几部分组成。

（2）煤场机械 煤场机械有推煤机、装载机、抓斗起重机、耙煤机、斗轮机、滚轮机、筒型混匀取煤机等。

热力发电厂中常见的储煤场和储煤场机械有抓斗起重机与条形煤场相配合，如图6-6所示。斗轮堆取煤机与圆形煤场相配合，如图6-7所示。推煤机作为储煤场的辅助机械。

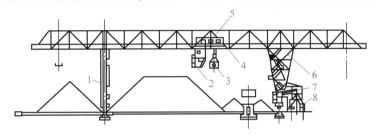

图 6-6　桥式抓斗机结构示意图

1—挠性支腿　2—司机室　3—抓斗装置　4—桥架　5—小车机构

6—刚性支腿　7—给料带式输送机　8—受料带式输送机

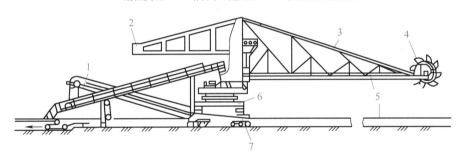

图 6-7　悬臂式斗轮堆取煤机

1—尾车　2—平衡装置　3—臂架　4—斗轮　5—带式输送机

6—回转机构　7—行走机构

4. 厂内运输系统中的辅助设备

煤的厂内输送，是指将煤从受煤装置或储煤场送往锅炉房原煤仓内。目前，热力发电厂中普遍采用固定式带式输送机，因为带式输送机是可靠、便利而价廉的机械。

（1）带式输送机 带式输送机如图6-8所示，有固定式和移动式两种，热力发电厂大多数采用固定式。带式输送机输送煤生产效率高，运行平稳可靠，输送连续均匀，操作维修方便，易于实现自动控制和远方操作，可作为从受煤装置、储煤场向锅炉房原煤仓输送或其他厂内输送的设备。此外，除了厂内短距离输送外，厂外长距离原煤输送也有采用带式输送机的。带式输送机的缺点是设备投资大，胶带易于磨损，不适宜于倾角太大的场合。

（2）给煤机 为使煤连续、均匀地进入带式输送机或煤筛进行筛分，在输煤系统中，一般均装有给煤机。热力发电厂中常用的给煤机有：

1）电磁振动给煤机。电磁振动给煤机由槽体、电磁激振器和减振器等部分构成，电磁激振器的电流经过单相半波整流。当线圈接通电源后，在正半周内有电压加在线圈上，当电

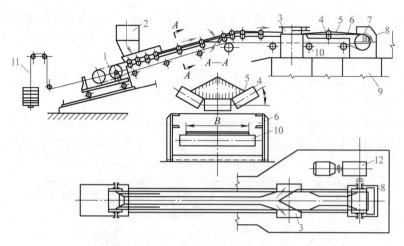

图 6-8 带式输送机简图

1—张紧滚筒 2—装载装置 3—犁形卸载挡板 4—槽形托辊 5—输送带 6—机架
7—驱动滚筒 8—卸载罩壳 9—清扫装置 10—平托辊 11—张紧装置 12—减速器

流通过时，在铁心与衔铁之间产生一脉冲电磁力而互相吸引，槽体向后运动，这时弹簧组发生变形储存有一定的势能。在负半周时，线圈中没有电流通过，电磁力消失，在弹簧组的作用下，铁心与衔铁向相反方向离开而槽体向前运动，如此交替进行，槽体以 3000 次/min 作往复振动，煤的抛落在 0.02s 内完成。

2）叶轮给煤机。叶轮给煤机是靠叶轮的转动将煤拨至带式输送机上，一般适用于长缝式煤槽，要求煤的粒度在 300mm 以下。

3）带式给煤机。带式给煤机由头部滚筒、尾部滚筒、上托辊、下托辊、滚筒支架、胶带、导煤槽、动装置等组成。在输送带上部的煤头出口处设有闸门，可调节给煤量的大小，输送带的断面有平型和槽型两种，一般采用平型断面。

带式给煤机的带速一般在 0.1～0.5m/s 范围，倾斜布置时，倾角应比带式输送机允许的倾角小 2°～5°。

（3）电磁分离器 电磁分离器是用来除去煤中的铁件的，在铁路运煤系统中，应在卸煤设施后的第一个转运站、煤场带式输送机出口处和碎煤机前各装设一级电磁分离器。当采用中速或高速磨煤机时，应在碎煤机后再增设一级或两级电磁分离器，以保护碎煤机和磨煤机的安全运行。热力发电厂中常用的电磁分离器有悬吊式电磁分离器、滚筒式电磁分离器和带式电磁分离器。

（4）煤筛 煤筛装于碎煤机之前，使粒径不大于 30mm 的小煤块经煤筛后绕过碎煤机直接送入原煤仓，否则进入碎煤机破碎。

（5）碎煤机 热力发电厂的制粉系统要求煤粒直径不大于 30mm。对于较大的煤块应预先进行破碎，然后再进入制粉系统。常用的碎煤机有锤击式、反击式和辊式等形式。

（6）木屑分离器 为清除煤中的碎木块、破布、纸屑等不易磨细的杂物，以防止煤粉制备机械发生堵塞，在碎煤机后从带式输送机头部滚筒下落的一段输送带上安装木屑分离器。木屑分离器通常由 9～11 排滚子组成，滚子线速度的大小在 1～15m/s 之间，滚子间隙为 65mm。

（7）计量设备 热力发电厂煤的计量包括两方面的内容：一是进厂煤的计量，用来作为对铁路、煤矿进行结算的依据；二是热力发电厂内部确定进入锅炉煤斗中的煤量，作为指导和考核热力发电厂经济运行的重要参考数据。计量设备主要有电子轨道衡、电子输送带秤等。

6.2 热力发电厂的供水系统

热力发电厂的供水系统主要是指保证供给凝汽器的冷却用水，同时还向辅助冷却水系统、化学水处理系统、锅炉除灰系统等提供水源的系统。

1. 热力发电厂供水系统的供水量

热力发电厂的供水量主要取决于凝汽器所需的冷却水量。在凝汽器冷却水的最高计算温度条件下，冷却水量应能保证汽轮机的排汽压力不超过满负荷运行的最高允许值。其数值可用下式估算，即

$$D_w = mD_c \tag{6-1}$$

式中，D_w 为凝汽器的冷却水量（t/h）；m 为冷却倍率；D_c 为汽轮机的凝汽流量（t/h）。

冷却倍率的含义是单位时间内冷却 1kg 蒸汽所需的冷却水量，其数值与热力发电厂的地理位置、季节和供水方式有关，见表6-3。

表6-3 冷却倍率的数值

地区	直流供水（%）		循环供水（%）	直流供水夏季平均水温 /℃
	夏季	冬季		
东北、华北、西北	50～60	30～40	60～70	18～20
中部	60～70	40～50	65～75	20～25
南部	65～75	50～55	70～80	25～30

热力发电厂其他用水量可按实际情况计算，也可以按相对于冷却水量的多少进行估算，按冷却汽轮机排汽的水量为100%计，其他用水量的相对估算值见表6-4。

表6-4 热力发电厂用水量

用 水 项 目	用水量（%）	用 水 项 目	用水量（%）
冷却汽轮机排汽	100	补充热电厂厂内外汽水损失	1.5以下
冷却发电机油和空气	3～7	排灰渣用水	2～5
冷却辅助机械轴承	0.6～1	生活及消防用水	0.03～0.05
补充凝汽式发电厂汽水损失	0.06～0.12	冷却塔或喷水池用水	4～6

2. 热力发电厂的供水系统

热力发电厂的供水系统由水源、取水设备、供水设备和管道、阀门等组成。根据地理条件和水源特征，供水系统可分为直流供水（也称开式供水）和循环供水（也称闭式供水）两种。

（1）直流供水系统 直流供水系统就是以江、河、海为水源，将冷却水供给凝汽器等设备使用后，再排放回水源的供水系统。按引水方式的不同，直流供水又可分为以下三种。

1）岸边水泵房直流供水系统。岸边水泵房直流供水系统是将循环水泵置于岸边水泵房

内较低的标高上，冷却水经循环水泵升压后，由铺设在地面的供水管道送至汽轮机房。从凝汽器和其他冷却设备出来的热水经排水渠流至水源的下游，如图 6-9 所示。冬季时，为防止水源结冰，可将一部分热水送回取水口，以调节水温。在取水设备的入口处，设有拦污栅，以防大块杂物或鱼类等进入。大型热力发电厂一般多用旋转式滤网。当热力发电厂的厂址标高与水源水位相差较大或水源水位变化较大时，常采用这种系统。

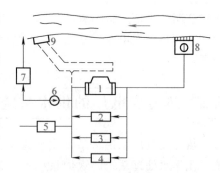

图 6-9　岸边水泵房直流供水系统
1—凝汽器　2—冷油器　3—空气冷却器
4—轴承　5—化学水处理装置　6—排灰
渣水泵　7—堆灰场　8—岸边水泵房
9—排水口

2）具有两级升压泵的直流供水系统。具有两级升压泵的直流供水系统有两级泵房，一个设在岸边，一个靠近主厂房或在主厂房内。两个水泵之间有较长距离，通过明渠或供水管道连接。当热力发电厂的厂址标高与水源水位相差较大或厂址距水源很远时，采用这种系统。

3）循环水泵布置在汽轮机房的直流供水系统。这种供水系统用明渠代替供水管道并且不需设水泵房，所以能节省投资，减少运行费用。但汽轮机房的占地面积略有增大。当厂区标高低于水源水位或相差很小及水源水位变化不大时，常采用这种系统。

（2）循环供水系统

1）循环供水系统。循环供水系统是指冷却水经凝汽器及其他设备吸热后进入冷却设备（冷却塔、冷却池或喷水池），将热量传给空气而本身冷却后，再由循环水泵送回凝汽器等重复使用。

在水源不足的地区，或水源虽充足，但采用直流供水系统在技术上较困难或不经济时，则采用循环供水系统。循环供水系统根据冷却设备的不同又分为冷却塔循环供水系统、冷却池循环供水系统和喷水池循环供水系统。由于后两种供水系统占地面积大，冷却效果差，只用于小中型热力发电厂。冷却塔循环供水系统根据通风方式的不同，又可分为自然通风和机械通风两种。大型热力发电厂普遍采用自然通风冷却塔循环供水系统，如图 6-10 所示。

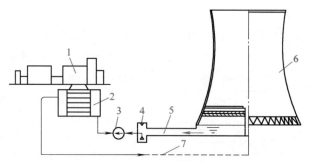

图 6-10　自然通风冷却塔的循环供水系统
1—汽轮发电机组　2—凝汽器　3—循环水泵　4—吸水井
5—自流渠　6—冷却塔　7—压力循环水管

自然通风冷却循环的工作流程：由凝汽器吸热后出来的循环水，经压力管道从冷却塔的底部进入冷却塔竖井，送入冷却塔。然后分流到各主水槽，再经分水槽流向配水槽。在配水槽上设有喷嘴，水通过喷嘴喷溅成水花，均匀地洒落在淋水填料层上，喷溅水逐步向下流动，造成多层次溅散。随着水的不断下淋，将热量传给与之逆向流动的空气，同时水不断蒸发，蒸汽携带汽化潜热，使水的温度下降，从而达到冷却循环水的目的。冷却后的循环水，落入冷却塔下面的集水池中，沿自流渠进入吸水井，由循环水泵升压后再送入凝汽器重复使用。

2）自然通风冷却塔。自然通风冷却塔主要为一高大的双曲线形风筒，靠塔内外空气的密度差造成的通风抽力，使空气由下部进入塔内，并与下淋的水形成逆向流动，因而冷却效果较为稳定。塔内外空气密度差越大，则通风抽力越大，对水的冷却越有利。

自然通风冷却塔按水流与气流方向，又可分为逆流冷却塔和横流冷却塔。

逆流自然通风冷却塔的结构如图 6-11 所示。其塔筒是用钢筋混凝土建造的双曲线旋转壳体，塔筒荷重由设在壳体底部沿圆周均匀分布的人字形支柱承受，支柱间构成进风口。底部为集水池。壳体内由淋水构架、淋水填料、配水系统和除水器等组件构成塔芯。淋水构架是塔内各组件的支承体系。淋水填料是循环冷却水和空气进行热、质交换的中心部件，布满塔内整个平面。按循环水在其中通过的不同状态，淋水填料有点滴式、薄膜式和点滴薄膜式等几种。淋水填料多采用塑料、水泥或木材制成，也有用石棉水泥、陶瓷制作的。

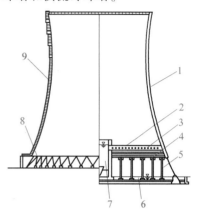

图 6-11 逆流自然通风冷却塔

1—塔筒 2—除水器 3—配水系统 4—淋水填料 5—淋水构架 6—集水池 7—竖井 8—进风口 9—梯子

横流式冷却塔的构造是将配水、淋水装置布置在筒底的周围，空气横向穿过淋水装置进入塔筒，最后从塔顶排出。这种冷却塔与逆流式冷却塔相比，具有通风阻力小、风筒直径小、送水高度低、造价较经济等优点；但空气与水之间传热效果较差，占地面积较大，国外虽有少数国家采用，但在我国目前还处于探索阶段。

3）机械通风冷却塔。机械通风冷却塔不设高大的风筒，其塔内空气流动是靠安装在塔顶部的轴流式风机所形成的吸力完成的。机械通风冷却塔具有冷却效果好，塔的体积小，占地面积小，造价低等优点。但风机及其传动装置的运行维护工作量较大，排出的湿热空气以及风机噪声对环境会产生较大影响，耗电量大。因此，机械通风冷却塔在我国的大、中型热力发电厂很少采用，只用于小型热力发电厂。

除了上面介绍的冷却系统外，热力发电厂向大容量和高参数发展，为节约水资源，采用干式冷却系统。目前，用于热力发电厂的干式冷却系统主要有三种，即直接空冷系统、表面式凝汽器的间接空冷系统和混合式凝汽器的间接空冷系统。直接空冷多采用机械通风方式，两种间接空冷系统多采用自然通风。

6.3 热力发电厂的除尘系统

热力发电厂的各种燃煤锅炉烟气排放量大，且含有大量固体粉尘、硫氧化物、氮氧化物、一氧化碳及微量有毒物质，会造成大气污染，影响生态环境。

热力发电厂的烟尘不加以分离清除而直接排入大气中，将有害于人们的身体健康，影响环境卫生和植物生长，甚至危及近邻企业的产品质量。此外，大量的飞灰还将加剧引风机的磨损，降低电器设备的绝缘性能等。热力发电厂虽然为国民经济各部门提供了巨大的能源，但如对锅炉的烟尘处理不当，就会同时成为严重的污染源。

为了减少粉尘对环境的污染，热力发电厂的锅炉必须安装高效率的除尘器。除尘器通常布置在锅炉尾部烟道和引风机之间，锅炉产生的烟气经除尘器除去粉尘，再经脱硫脱硝后，通过烟囱排入大气。

6.3.1　热力发电厂除尘设备的除尘效率

除尘设备是指将粉尘从烟气中分离出来并加以捕集的装置，其工作性能一般用除尘效率来表示。除尘效率是指单位时间内除尘设备捕捉下来的飞灰质量占进入除尘设备的烟气所携带飞灰质量的百分数，用 η 表示。即

$$\eta = \frac{G}{G_{in}} \times 100\% = \frac{G_{in} - G_{out}}{G_{in}} \times 100\% = \frac{G}{G + G_{out}} \times 100\% \tag{6-2}$$

式中，G 为除尘设备捕捉的灰量（kg/h）；G_{in} 为进入除尘设备的烟气所携带的灰量（kg/h）；G_{out} 为除尘设备出口处烟气所携带的灰量（kg/h）。

由于 G 和 G_{out} 值不易直接求得，除尘设备的效率是根据除尘器前后单位体积烟气中的含灰量求得的，即

$$\eta = \frac{aQ_{in} - cQ_{out}}{aQ_{in}} \times 100\% \tag{6-3}$$

式中，a 为标准状态下未净化烟气中的平均含灰量（g/m³）；c 为标准状态下净化后烟气中的平均含灰量（g/m³）；Q_{in} 为标准状态下进入除尘设备的烟气量（m³/h）；Q_{out} 为标准状态下排出除尘设备的烟气量（m³/h）。

若不计漏风，令 $Q_{in} = Q_{out}$，则

$$\eta = 1 - \frac{c}{a} \tag{6-4}$$

除尘效率是衡量除尘设备在各种情况下除尘效果的重要指标。而除尘设备的除尘效果在很大程度上取决于飞灰颗粒的大小和密度。因此，对各种除尘设备只有在相同的条件下才能用除尘效率比较除尘效果。

6.3.2　除尘设备类型和工作原理

我国热力发电厂应用除尘设备的主要类型如图 6-12 所示。

1. 干式除尘器

（1）干式旋风除尘器　干式旋风除尘器是利用惯性力和离心力来分离烟气中的尘粒的。热力发电厂中常用的干式除尘器为多管式除尘器，如图 6-13 所示。

多管式除尘器是由许多图 6-14 所示的旋风子组成的。每个旋风子内装有螺旋式或花瓣式导向叶片，以增强旋涡，加大离心力。常用的旋风子直径在 100~250mm 之间。

在多管式除尘器中，烟气沿旋风子的切向进入，经导向叶片作螺旋向下运动，经内管从上部流出。在这个过程中，烟气中的灰粒受离心作用和惯性作用而被分离。多管式除尘器处理的灰粒粒度为 3~100μm，除尘效率为 60%~80%。

多管式除尘器的优点是：结构简单，造价低，除尘器中没有活动部件，维护方便，可以捕集干灰，便于灰的综合利用，对于捕捉粒径大于 5μm 的粉尘颗粒效率较高。

多管式除尘器的缺点是：金属耗量大，易堵灰，处理粒径小于 5μm 的尘粒，效率低，检修不便，磨损严重，气流分配也不够均匀。

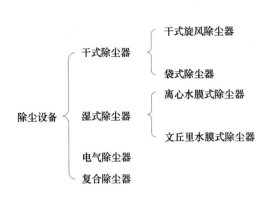

图 6-12　除尘设备类型

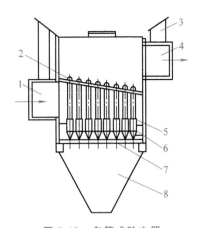

图 6-13　多管式除尘器

1—烟气入口　2—上隔板　3—防爆门　4—烟气出口
5—石棉水泥　6—旋风子　7—下隔板　8—灰斗

（2）袋式除尘器　袋式除尘器是一种干式的高效除尘器，是利用天然纤维、合成纤维等织物的过滤作用，将气体中的粉尘过滤出来的净化设备，因滤布都做成袋形，所以一般称袋式除尘器。在大型热力发电厂的干式输灰和除尘中采用袋式除尘器。

1）袋式除尘器的除尘原理。袋式除尘器的过滤机理主要有截留、惯性沉降、扩散沉降、重力沉降和静电沉降等，尘粒在纤维上的沉降是几个捕获机理共同作用的结果，其中有一两个机理占优势。当含尘气体通过滤布层时，使滤袋表面积聚了一层粉层（称为初层），在以后的过滤过程中，初层就成了滤袋的主要过滤层。依靠初层的作用，袋式除尘器能获得比较好的除尘效果。

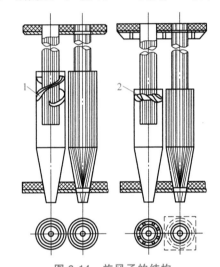

图 6-14　旋风子的结构

1—导向叶片（螺旋式）　2—导向叶片（花瓣式）

随着粉尘的堆积、加厚，使滤布阻力增加、处理能力降低、除尘系统的烟气量下降，从而影响局部的排烟量。为此，必须定期清除滤布上的粉尘，清粉层时不能破坏初层，以免降低除尘效果。

袋式除尘器的除尘效率较高（98% ~ 99%），但是袋式除尘器投资高，设备占地大，安装、运行、维护要求严格。

2）机械振打袋式除尘器的结构如图 6-15 所示。

机械振打袋式除尘器是将 8 ~ 18 个收尘袋分为一组，共分为若干组，用机械带动凸轮等装置，周期性地按组轮流振打滤袋，同时用机械方法控制有关风门，让干净空气反向吹入滤袋，使积尘很快掉落；操作较稳定，除尘效率能达到 98% 以上；过滤风速一般为 2 ~ 3m/min。其缺点是由于滤袋经常受到机械的振打，寿命比较短。

3）脉冲喷吹袋式除尘器。脉冲喷吹袋式除尘器是气体喷吹清灰的一种类型，另外还有气环反吹式，这两种袋式除尘器的风速较高，收灰效果比较好，除尘效率稳定。

脉冲喷吹袋式除尘器是一种新型高效袋式除尘器。采用 0.6～0.8MPa 的压缩空气脉冲喷吹方式，可以通过调节脉冲周期和宽度使滤袋保持良好的过滤状态。过滤风速为 3～6m/min，滤袋不受机械力作用，滤袋寿命长，但脉冲控制系统比较复杂，技术要求比较高。

脉冲喷吹袋式除尘器基本构造如图 6-16 所示。机体由上箱、中箱和灰斗组成。上箱包括喷吹排气箱、喷吹管、喇叭管、压缩空气包、脉冲阀及净化气出口管；中箱包括滤袋、支撑滤袋的骨架、除尘箱及花板；灰斗上有进气管，下部有排灰叶轮。

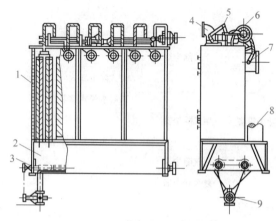

图 6-15　机械振打袋式除尘器

1—滤袋　2—集尘斗　3—螺旋机　4—排风管
5—排风阀　6—机械振打装置　7—反吹风阀
8—进气阀　9—排尘阀

脉冲喷吹袋式除尘器的工作过程：含尘气体由进气管 13 进入除尘箱，然后由外向内进入滤袋。净化后的气体经滤袋上部的喇叭管进入喷吹排气箱，由出口管排出。粉尘留在袋外侧，可借重力掉落，并每隔 30～60s 用压缩空气进行喷吹，每次喷吹时间为 0.1～0.2s。落到灰斗底部的粉尘经排灰叶轮排出。

清灰过程中每次喷吹的时间很短。在此期间，高压空气以高速从喷吹管的孔中向喇叭管（文氏管）喷射，同时从其周围引入 5～7 倍的二次空气。滤袋由于受这股气流的冲击振动及带入二次气流的膨胀作用，袋上积灰被清除下来。吹灰动作由专用控制器进行控制。脉冲除尘器按规格大小不同，装有几排至十几排滤袋，每排滤袋配有一根喷吹管及一套执行喷吹清灰的脉冲阀和控制器，喷吹按顺序进行。

2. 湿式除尘器

湿式除尘器是利用水滴或水膜来捕获烟气中的灰粒。热力发电厂中常用的湿式除尘器有离心式、湿栅式及文丘里式等湿式除尘器。

（1）离心水膜式除尘器　这种除尘器在热力发电厂中使用比较多，其结构如图 6-17 所示。它具有一个立式的、带有锥形底的中空圆筒。水由溢水槽或环形喷嘴形成的水膜沿圆筒内壁自上而下地均匀流动。烟气从烟道沿切向方向进入除尘器圆筒下部，烟气在圆筒内旋转上升，由此产生的离心作用力将灰粒抛到壁面上，被圆筒壁流下的水膜润湿、吸附和冲洗，最后由底部灰斗排出。净化后的烟气由顶部排出。

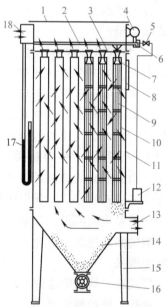

图 6-16　脉冲喷吹袋式除尘器

1—排气箱　2—喷吹管　3—花板
4—压缩空气包　5—压缩空气控制
阀　6—脉冲阀　7—喇叭管　8—备
用进气口　9—滤袋骨架　10—滤袋
11—除尘箱　12—脉冲信号发生器
13—进气管　14—灰斗　15—机架
16—排灰叶轮　17—U 形压力计
18—净化气出口管

这种除尘器的缺点是当灰粒中含有大量的氧化钙和碱性氧化物时，易在栅栏上新结成硫酸盐或碳酸盐，而这些硫酸盐或碳酸盐用水冲洗不掉，引起除尘器入口管堵塞从而降低除尘效果。离心水膜式除尘器可处理的灰粒度为 $1\sim100\mu m$，除尘效率为 $80\%\sim92\%$，流动阻力为 $588\sim980Pa$。

离心水膜式除尘器的优点是体积小，效率较高，金属消耗量小，运行比较可靠，同时可将烟气温度降低 $40\sim60℃$，相应地可以减少引风机的电耗，还可以除去烟气中的一部分硫，减少对环境的污染等；但也存在着耗水量较大、安装维修要求高、烟气中含酸时容易腐蚀引风机等缺点。

（2）文丘里水膜式除尘器　文丘里水膜式除尘器是由文丘里管和捕滴器（离心水膜式除尘器）组成的，如图 6-18 所示。

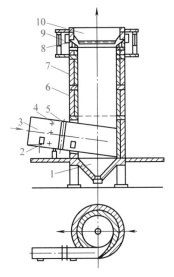

图 6-17　离心水膜式除尘器

1—灰斗　2—底壁冲灰喷嘴　3—烟气
入口　4—烟道冲灰渣嘴　5—栅栏
6—筒壁　7—内衬　8—溢流崖面
9—水管　10—烟气出口

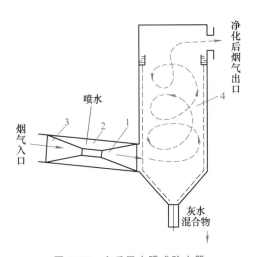

图 6-18　文丘里水膜式除尘器

1—扩散管　2—喉管　3—收缩管　4—捕滴管

烟气首先进入收缩管，在收缩管中流动时，烟气的流速越来越高，到达喉部时速度最高，处于强烈的湍流状态。水从文丘里管的喉部入口处喷入，在入口处喷入的水流被速度很高的烟气流击碎，充满于喉部空间。由于细小水珠和烟气中的飞灰之间存在着相对速度，因而灰粒冲破水珠周围的气膜并黏附在水珠上，在相对速度的作用下碰撞，聚合成较大颗粒的灰水滴，这种现象称为碰撞聚合。在文丘里管的扩散管中，气流的速度越来越低，而压力越来越高，灰粒所具有的动能便有一部分转化成压力能，使静压得到提高。烟气中的饱和蒸汽又有一部分以粉尘和灰水滴为核心，凝结成新的灰水滴，使原来的灰水滴直径增大。另外，粉尘与水滴（或灰水滴）之间的相对速度，使两者继续产生碰撞聚合而继续产生灰水滴。

含有大量灰水滴的烟气从文丘里管流出后，引入捕滴管下部，在捕滴管中喉管由下而上流动。在上升过程中，灰水滴在离心力和重力的作用下被清除，净化后烟气由捕滴器顶部排出。

文丘里水膜式除尘器可以处理的灰粒度范围为 0.1~100μm。除尘效率为 90%~98%。由于它有结构比较简单、制造安装较容易、除尘效率高等优点。其缺点是在喉部磨损严重，烟气带水造成引风机及烟道积灰腐蚀，使烟温下降为 65~85℃，对排烟的扩散不利等。

3. 电气除尘器

电气除尘器又称为静电除尘器，它是利用电晕放电，使气体中的尘粒带上电荷，并通过静电场的作用使尘粒从气流中分离出来的除尘装置。

（1）电除尘器 图 6-19 所示为 WB20 型卧式电除尘器，电极上的电压发生电晕放电，使排放烟气中的微粒带电，受库仑力作用而吸附在集尘极上，使微粒堆集，堆集在集尘极的微粒通过振动装置捕集在集尘室漏斗内。有的电除尘器因依赖固体微粒的比电阻值（图 6-20），故根据排放烟气的特性实施了各种各样的方法。煤燃烧排放烟气中高比电阻烟尘浓度较低时，采用避免逆电离现象的脉冲荷电方式，为了促进捕集煤烟的集尘极的剥离效果，采用移动电极方式。该电除尘器是纯粹的干式除尘器，存在着二次扬尘的污染问题。为了避免烟尘在集尘极上的再飞扬现象，获得更高集尘效果的同时兼顾脱硫，出现了湿式电除尘器。该装置采用水喷射，使以往的集尘极形成水膜，烟尘不会堆积在极板上，而是到了下方的回收装置，故不会产生二次飞扬，比电阻不再是影响除尘效率的因素，也解决了在电极上积灰的问题。

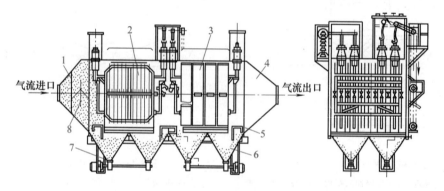

图 6-19 WB20 型卧式电除尘器

1—分布板 2—电晕极 3—集尘极 4—外壳体 5—内部走廊
6—下灰斗 7—旋转结料器 8—振打器

电除尘器的适应性强，可置于 300℃ 以下的烟气中，可处理的灰粒度为 0.05~20μm，除尘效率基本上不受负荷变化的影响，阻力小，一般流动阻力为 100~150Pa，除尘效率高，普遍可达 98%，有的甚至可达 99.99%。但它的控制系统复杂，本体设备庞大，一次投资大，对安装、检修、运行维护要求严格。

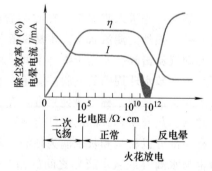

图 6-20 除尘效率与电阻的关系

（2）电子束脱硫脱氮除尘系统和荷电干式脱硫除尘系统

1）电子束脱硫脱氮除尘系统。电子束脱硫脱氮除尘系统的工艺是将电子束脱硫装置加装在电除尘器当中，利用加速电子束辐射烟气，使之发生辐射——化学反应，促使化学活性微粒与氧化硫和氮氧化物相互作用，在有水蒸气时形成硫酸和硝酸的悬浮微粒，而后输入碱性药剂（如氨），就产生了硫酸盐和硝酸盐（农业肥料），再由电除尘器加以回收。

2）荷电干式脱硫除尘系统（CDSI）。CDSI系统是通过在锅炉出口烟道内喷入干的吸收剂［通常用熟石灰 $Ca(OH)_2$］，使吸收剂与烟气中的 SO_2 发生反应，产生颗粒物质，被后面的除尘设备除去，从而达到脱硫的目的。

荷电干吸收剂喷射系统包括一个吸收剂喷射单元和一个吸收剂给料系统（进料控制器、料斗装置）等。吸收剂以高速流过喷射单元的高压静电电晕充电区，使吸收剂得到强大的静电电荷（通常是负电荷）。当吸收剂通过喷射单元的喷射管被喷射到烟气流中时，因为吸收剂颗粒都带同种电荷，相互排斥，所以很快在烟气中扩散，形成均匀的悬浮状态，使每个吸收剂粒子的表面都充分暴露在烟气中，与 SO_2 的反应机会大大增加，从而提高了脱硫效率。而且吸收剂粒子表面的电晕还大大提高了吸收剂的活性，降低了同 SO_2 完全反应所需要的滞留时间，一般在2s左右即可完成慢硫化反应，从而有效地提高了 SO_2 的去除效率。

除提高吸收剂化学反应效果外，荷电干吸收剂喷射系统对小颗粒（亚微米级PM10）粉尘的清除效率也很有帮助。带电的吸收剂粒子把小颗粒吸附在自己的表面，形成较大颗粒，提高了烟气中尘粒的平均粒径，这样就提高了相应除尘设备对亚微米级颗粒的去除效率。测试结果证明，在钙硫比在0.9~1.4的范围内，脱硫效率为57.9%~85.7%，平均效率为70%左右。

4. 复合除尘器

复合除尘器将干式和湿式除尘器的优点集于一身，而且除尘效率较高。

随着环保要求的提高，各国对除尘机理的研究都给予了高度重视，近年来取得很大进展。单一的普通除尘器在热力发电厂中已很少使用。不采用单一除尘器的原因是其效率低或不能达到国家环保标准的要求，偶尔有用的也需大量改进设备，如复合水雾式烟尘净化装置，已不是纯粹的单一式，而是采取了二次净化，加强烟气在除尘器中与水雾的接触时间，从而更好地除尘脱硫。目前，复合式的比例越来越多，如多管旋风—布袋复合除尘器、离心静电集尘器、多位一体除尘器等。复合后的除尘效率明显提高，而且排放浓度低。其中，多管旋风—布袋复合除尘器的使用寿命比单一布袋除尘器长，其原因是布袋的入口烟尘浓度下降，清灰周期延长，对布袋磨损更为严重的粗颗粒粉尘已被分离。离心静电集尘器，其旋风分离器具有结构简单、维修方便、价格低廉等特点，但让其有效地捕集 $10\mu m$ 以上的粒子是较为困难的。而静电集尘器的特点是在低负荷下具有较高的集尘效率，两者复合后，就具备了两者的优点，成为一种新型集尘装置，即使在气体负荷变动的情况下仍能保持较高的集尘效率。

6.3.3 除尘系统的能耗

除尘系统一般由收尘罩、除尘器、风管和风机等部分构成。除尘系统的能耗大体可分为两部分：一是使含尘气体通过除尘设备的能耗，即处理所捕集的气量和克服系统阻力所消耗的功，集中反映在主风机的功率上，这几乎是各种除尘器都具有的（除了利用热气流上升浮力的除尘器）；二是除尘或清灰的附加能耗，这与各类除尘器的特点有关，如静电除尘器的电晕功率、振打清灰所消耗的电能，湿式除尘器的供水耗电和耗水量，袋式除尘器因清灰方式不同所消耗的反吹风机的电能或压缩空气，另外还有输灰系统、电动阀门、烟气加热等消耗的电力、水蒸气、压缩空气等能源。

6.4 热力发电厂的除灰系统

热力发电厂的除灰系统是将锅炉灰渣斗中排出的渣和由除尘器、空气过滤器及省煤器灰斗捕捉下来的灰经除灰设备排放至灰场或者运往厂外的过程。目前热力发电厂的除灰方式，根据所采用的设备不同，有水力、气力和机械三种。

除灰方式的选择需要根据灰渣综合利用的要求、水量的多少及灰场的距离等因素来综合考虑。目前多数热力发电厂采用水力除灰方式。随着灰渣综合利用程度的提高，气力除灰越来越多地被热力发电厂采用。

除灰系统的选择，要从实际出发，尽量采用先进技术，努力提高机械化水平，逐步改善劳动条件，应根据灰渣量，灰渣的化学、物理特性，除尘器类型，水质、水量，热力发电厂与从场的距离、高度差、地形、地质、气象及灰渣综合利用要求等多方面的条件，通过技术经济比较来确定。

1. 水力除灰系统

水力除灰系统是以水为介质进行灰渣输送的系统，图 6-21 所示为水力除灰系统的流程。煤在锅炉内燃烧后所产生的灰渣由锅炉冷灰斗下面的排渣槽装置经破碎机破碎后，通过灰渣泵增压后经灰渣管送至灰场或者至热力发电厂外进行综合利用。除尘器灰斗、空气预热器灰斗和省煤器灰斗所产生的灰，经冲灰器用一定压力下的水将灰浆通过灰沟或管道冲到灰浆池，再用灰浆泵输送到灰场；也可以经沉灰池或脱水仓处理后送至热力发电厂外进行综合利用。

水力除灰系统具有机械化程度较高，灰渣能迅速、连续、可靠地排到储灰场，在运送过程中不会产生灰尘飞扬现象，有利于改善现场的环境卫生等优点。但同时水力除灰系统也有除灰用水量大，管道磨损快和易结垢堵灰等缺点。目前我国普遍采用的是灰渣泵的水力除灰系统，如图 6-21 所示。

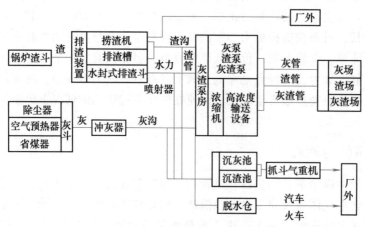

图 6-21 水力除灰系统的流程

随着热力发电厂容量的增加，排灰量也随之增加，水源日趋紧张，灰场则离热力发电厂越来越远，以往常用的单级灰渣泵已逐渐不能满足要求。在高浓度、高扬程的必然趋势下，近年来先后从国外或国内其他工业部门引入了诸如沃曼泵、柱塞泵、油隔离泥浆泵、水隔离泵、煤水泵等能满足高浓度远距离输送灰浆的新设备，出现了多样化的厂外高浓度水力除灰系统。

另外，随着热力发电厂机组容量的增大，灰渣量越来越多，采用水力除灰系统作为大型火电站的除灰设施，不仅热力发电厂需要消耗大量的补充水，而且造成灰场排水超标，严重地污染地下水，成为热力发电厂三废排放的主要灾害之一。若热力发电厂以气力除灰为主要输送灰的手段，则基本上不需要用水，既避免对环境和水质造成污染，也保证灰在输送的过程中不会发生化学变化，保持灰的原有特性，有利于灰渣综合利用。

2. 气力除灰系统

气力除灰系统是以空气为载体，借助于某种压力设备在管道中输送粉煤灰的系统，其主要方式有空气斜槽输送系统、负压气力除灰系统、正压气力除灰系统以及灰库系统等。

（1）空气斜槽输送系统　空气斜槽输送系统通常用于近距离输送粉状物料。如图6-22所示，物料进入斜槽后，通过透气层吹出的压缩空气支撑粉体使之形成流动状态，在倾斜布置的槽内下滑而达到输送目的。

斜槽是由固定的透气层构成的，透气层的结构和材质由帆布、陶瓷板、涤纶布、微孔橡胶板或塑料板制成。空气斜槽的斜坡不应小于6%。斜槽下部空气由专用风机或送风机供给，一般风压为3~5kPa，运行中斜槽体内灰层上方维持微负压为0~50Pa。空气斜槽的排气接至除尘器入口。

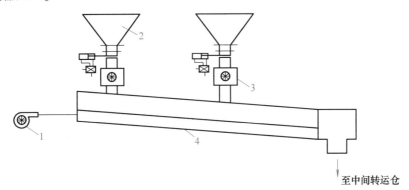

图 6-22　空气斜槽输送系统

1—风机　2—灰斗　3—叶轮给料机　4—空气斜槽

空气斜槽输送系统具有动力消耗少，无转动设备，系统布置简单，运行比较可靠等优点，但存在输送距离短的缺点，适用于输送距离小于或等于60m的除灰系统。

（2）负压气力除灰系统　负压气力除灰系统是利用负压风机产生系统负压将飞灰抽至灰库，如图6-23所示。其主要设备有负压风机、物料输送阀、旋风除尘器、平衡阀、袋式除尘器、锁气阀、隔离滑阀等。最佳负压为6.1×10^4Pa，风量约53m^3/min。

负压气力除灰系统中，每个灰斗下设有物料输送阀，物料输送阀上有补气阀和灰量调节装置。它使飞灰均匀顺利地投入输送管道。正常情况下，管道系统真空产生后，物料输送阀按设定的程序依次打开，直到灰斗内的灰输空为止。物料输送阀在真空度降到设定值时自动关闭，下一个物料输送阀开启，如此循环连续输送。除尘器的每个分电场布置一系列输送支管，用自动控制隔离滑阀将各支管分开，使其独立运行。支管端部的进气止回阀提供补充的

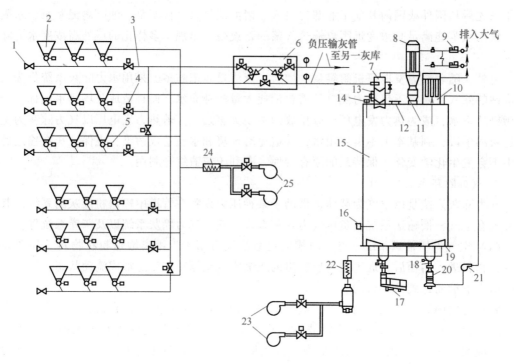

图 6-23 负压气力除灰系统及灰库系统示意图

1—进气止回阀 2—除尘器灰斗 3—输灰支管 4—隔离滑阀 5—物料输送阀 6—切换滑阀组

7—旋风除尘器 8—脉冲袋式除尘器 9—负压风机 10—库顶排气收尘器 11—锁气阀

12—压力真空释放阀 13—平衡阀 14—高料位计 15—灰库 16—低料位计

17—加水搅拌机 18—灰阀门 19—库底斜槽 20—干式卸料头 21—引风机

22—电加热器 23—灰库汽化风机 24—电加热器 25—灰斗汽化风机

输送空气；输送支管间用隔离滑阀来切换；切换滑阀组由五个隔离滑阀组成，用于输灰管间的切换作用。气灰混合物沿输灰管进入灰库顶部的分离装置，将灰从空气中分离出来后排入灰库。旋风除尘器作为一级分离装置，而袋式除尘器为二级分离装置。旋风除尘器中间有隔离仓、平衡阀，平衡阀平衡上下仓的压力，连续运行；袋式除尘器下装有锁气阀，以保证连续运行。灰库部分自成灰库分系统。

负压输送系统的特点：基建费用较低，且要求灰斗下面的净空最小；由于其泄漏只发生在系统内部，所以运行比较清洁。负压气力除灰系统适用于输送距离在 200~250m 范围内的情况，一般最大输送能力为 40t/h。

（3）正压气力除灰系统 正压气力除灰系统是用压缩空气推动粉煤灰的方法进行输送的。目前采用的有低压气锁阀气力除灰系统（图 6-24）和正压仓泵气力除灰系统（图 6-25）。

1）低压气锁阀气力除灰系统。低压气锁阀气力除灰系统中空气压力小于或等于0.2MPa。该系统在集灰斗的出口处装有气锁阀，作为供灰装置，其出口接在气力输送管道上。各气锁阀装置编组交替运行，其中某几个装灰，另外几个则在加压和向输灰管道内送灰，以保持在压力输送管道内的气灰混合流是连续的，其压缩空气由回转式鼓风机供给。输送干灰出力最大可达 100t/h，输送距离一般为 200~450m。

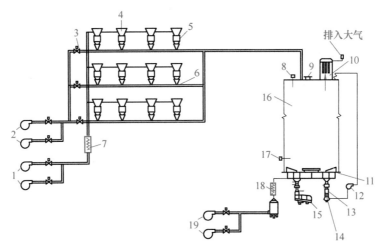

图 6-24　低压气锁阀气力除灰系统示意图

1—灰斗汽化风机　2—输送风机　3—电动切换阀　4—除尘器灰斗　5—气锁阀　6—输灰支管　7—电加热器
8—高料位计　9—压力真空释放阀　10—库顶排气收尘器　11—库底斜槽　12—引风机　13—干式卸料头
14—灰阀门　15—加水搅拌机　16—灰库　17—底料位计　18—电加热器　19—灰库汽化风机

该系统与负压系统相比，输送量比较大，能够输送较远的距离，也简化了灰库所需的灰气分离设备。其缺点是每个灰斗下面需要较大的净空来安装气锁阀，基建费用较高。

2）正压仓泵气力除灰系统。正压仓泵气力除灰系统是利用压缩空气使仓泵内的灰和空气混合，并吹入输送管，直接排入灰库，其压缩空气由压气机供给。图 6-25 所示为正压仓泵气力除灰系统示意图。

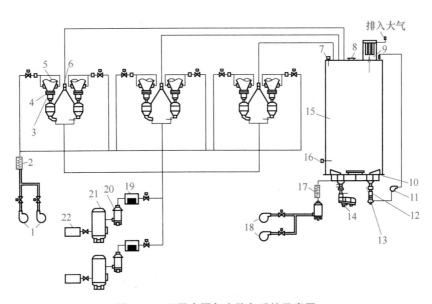

图 6-25　正压仓泵气力除灰系统示意图

1—灰斗汽化风机　2—电加热器　3—给料器　4—汽化装置截止阀　5—除尘器灰斗　6—出料阀　7—高料位计
8—压力真空释放阀　9—库顶排气收尘器　10—库底斜槽　11—引风机　12—干式卸料头　13—灰阀门
14—加水搅拌机　15—灰库　16—低料位计　17—电加热器　18—灰库汽化风机　19—干燥机
20—抽水分离器　21—储气罐　22—空气压缩机

正压仓泵除灰系统密封性能较好，输送距离最大可达1500m，此时系统出力降低较大。最经济安全的输送距离为500~1000m。

（4）灰库系统　灰库系统由灰库、库顶排气收尘器、真空压力释放阀、库底斜槽、卸料系统等组成。图6-26所示为灰库系统示意图。

库底斜槽布置在灰库底部，经过加热的气化空气接入库底斜槽使灰气化，以保证灰能够自由地流进卸料系统。

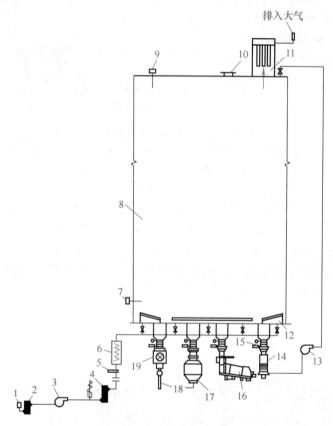

图6-26　灰库系统示意图

1—空气过滤器　2—消声器　3—汽化风机　4—消声器　5—气动蝶阀　6—电加热器　7—低料位计　8—灰库
9—高料位计　10—真空压力释放阀　11—库顶排气收尘器　12—库底斜槽　13—引风机　14—干式卸料头
15—灰阀门　16—加水搅拌机　17—仓泵　18—水力喷射泵　19—叶轮给料机

卸料系统有以下几种方式：

1）干式卸料。利用干式卸料头将灰引到装灰车，此设备设有防护罩和排气风机以控制灰尘。

2）湿式卸料。灰经旋转给料器进入加水搅拌机，灰水混合成湿灰后直接装入运输车。或采用立式搅拌机，灰水混合成湿灰后用输送带直接装船。

3）浆式卸料。灰经旋转给料器进入水力抽气器与水混合或进入高浓度搅拌机制浆后落入灰浆池，再由灰渣泵或其他设备输送至灰场。

4）正压输送。用仓泵进行远距离输送以利综合利用，或送至远处灰场。

正压气力除灰系统适用于距离在1500~2000m范围内的细灰输送，一般用此系统输送干灰到综合利用工厂的储灰仓或热力发电厂厂区外再转运，也可采用正、负压联合系统，即依靠正压输送细灰，负压抽吸灰渣或负压集中细灰经正压输送到较远的地方，然后再用转运设备向外运送。

　　实际工程中，由于受各种具体条件的限制，常常不采用单一的水力或气力的除灰方式，而采用组合式系统。它可以随工程要求组成各种方式，如：气力除灰与机械除渣组合，气力除灰与水力除渣组合，以及水力除灰（高浓度）与水力或机械除渣（特别是液态渣）组合等。

思　考　题

6-1　热力发电厂输煤系统的任务是什么？主要设备有哪些？

6-2　大型热力发电厂中常用的卸煤设备和受煤装置有哪些？各有什么优、缺点？

6-3　设计储煤场时，其容量和堆煤面积如何确定？

6-4　原煤为何要进行破碎？常用破碎机械有哪些？

6-5　热力发电厂常用的带式输送机由哪几部分构成？有何特点？

6-6　热力发电厂供水系统有哪几种？其选择原则是什么？

6-7　什么是直流供水系统？一般用于什么场合？

6-8　简述自然通风冷却塔的结构和原理。

6-9　干式冷却系统有哪几种？它们各有什么特点？

6-10　什么是除尘效率？如何计算？

6-11　除尘设备有哪些主要类型？

6-12　简述干式除尘器、湿式除尘器、袋式除尘器和电气除尘器的特点及工作原理。

6-13　热力发电厂除灰系统的除灰方式有哪些？如何选择除灰系统？

6-14　简述水力除灰系统的工作原理和构成。

6-15　气力除灰系统按输送压力的不同可分为哪几种？

6-16　灰库系统有哪些卸料方式？

参 考 文 献

[1] 冉景煜. 热力发电厂 [M]. 北京：机械工业出版社，2010.

[2] 叶涛. 热力发电厂 [M]. 北京：中国电力出版社，2004.

[3] 邱丽霞，韩晓琳，杨淑红. 热力发电厂 [M]. 北京：中国电力出版社，2008.

[4] 郑体宽. 热力发电厂 [M]. 北京：中国电力出版社，2001.

[5] 张艾萍. 火力发电厂经济运行技术及应用 [M]. 成都：西南交通大学出版社，2008.

[6] 电力节能技术丛书编委会. 火力发电厂节能技术 [M]. 北京：中国电力出版社，2008.

[7] 中国电力企业联合会科技服务中心. 汽轮机设备及系统节能 [M]. 北京：中国电力出版社，2008.

[8] 张磊. 超超临界火力发电机组问答精选 [M]. 北京：化学工业出版社，2008.

[9] 张燕平，张晓玲，黄树红等. 融合设备状态的单元机组负荷优化分配研究 [J]. 热力发电，2007（7）：1-4.

[10] 中国华电电站装备工程总公司. 火力发电厂设备手册 [M]. 北京：中国电力出版社，1998.

[11] 严俊杰. 发电厂热力设备及系统 [M]. 西安：西安交通大学出版社，2003.

[12] 胡念苏. 超超临界机组汽轮机设备及系统 [M]. 北京：化学工业出版社，2008.

[13] 马兆纬. 火力发电技术发展趋势 [J]. 江西电力职业技术学院学报，2003，16（4）：6-10.

[14] 危师让. 我国电力工业和发电技术未来发展趋势 [J]. 中国电力，2006，39（10）：1-5.

[15] 陈学俊，袁旦庆. 能源工程概论 [M]. 北京：机械工业出版社，1985.

[16] 李清，张兴营，徐光照. 火力发电厂生产指标管理手册 [M]. 北京：中国电力出版社，2007.

[17] 王志超. 火力发电厂生产经营管理指标释义与计算 [M]. 太原：山西经济出版社，1998.

[18] 张燕侠. 热力发电厂 [M]. 北京：中国电力出版社，2002.

[19] 邱丽霞，郝艳红，李润林，等. 直接空冷汽轮机及其热力系统 [M]. 北京：中国电力出版社，2006.

[20] 刘爱忠. 汽轮机设备及运行 [M]. 北京：中国电力出版社，2003.

[21] 代云修，张灿勇. 汽轮机设备及系统 [M]. 北京：中国电力出版社，2006.

[22] 田金. 热力发电厂 [M]. 北京：水利电力出版社，1995.

[23] 张磊，马明礼. 汽轮机设备与运行 [M]. 北京：中国电力出版社，2008.

[24] 国电太原第一热电厂. 汽轮机及辅助设备 [M]. 北京：中国电力出版社，2006.

[25] 吴季兰. 汽轮机设备及系统 [M]. 北京：中国电力出版社，2006.

[26] 郑体宽. 热力发电厂 [M]. 北京：水利电力出版社，1995.

[27] 华东六省一市电机工程（电力）学会. 汽轮机设备及其系统 [M]. 北京：中国电力出版社，2000.

[28] 李勤道，刘志真. 热力发电厂热经济性计算分析 [M]. 北京：中国电力出版社，2008.

[29] 叶涛. 热力发电厂 [M]. 2版. 北京：中国电力出版社，2006.

[30] 中国华电电站装备工程总公司. 热力发电厂设备手册 [M]. 北京：中国电力出版社，1998.

[31] 童明伟，王志远，何大林. 引射混合式低压加热器加热性能试验 [J]. 重庆大学学报，2009，32（1）：82-85.

[32] RAN J Y, YANG L, ZHANG L. A method of economical load dispatch for steam turbine unit of thermal power plant [J]. International Journal of Energy Research, 2008, 32 (8): 752-764.

[33] PRISYAZHNIUK, VITALY A. Alternative trends in development of thermal power plants [J]. Applied Thermal Engineering, 2008, 28 (2-3): 190-194.

[34] LEIKIN V Z, POZIN I A, AGAPOV K V, et al. Development and introduction of new designs for gas-dust flow mixing distribution systems at thermal power plants [J]. Power Technology and Engineering, 2008, 42 (5): 281-292.